油气项目后评价信息系统

中国石油天然气股份有限公司 编

石油工业出版社

内 容 提 要

本书全面分析了中国石油油气项目后评价信息管理系统从建设、运行到优化、提升的历程以及进一步发展的相关思考，展示了信息系统对提升企业后评价业务水平的重大意义和未来巨大的应用潜力。本书可为企业和机构开展后评价工作、改进管理提供参考，又可为开展管理科学研究和教学提供现实例证。

本书可供油气项目管理，尤其是项目后评价工作的管理人员与科研人员参考使用。

图书在版编目（CIP）数据

油气项目后评价信息系统/中国石油天然气股份有限公司编．—北京：石油工业出版社，2023.9

ISBN 978－7－5021－9966－1

Ⅰ．①油… Ⅱ．①中… Ⅲ．①油气田开发－项目管理－项目评价－管理信息系统 Ⅳ．①TE3－39

中国国家版本馆 CIP 数据核字（2023）第 049181 号

出版发行：石油工业出版社
（北京安定门外安华里 2 区 1 号　100011）
网　址：www. petropub. com
编辑部：（010）64523546　图书营销中心：（010）64523633
经　销：全国新华书店
印　刷：北京中石油彩色印刷有限责任公司

2023 年 9 月第 1 版　2023 年 9 月第 1 次印刷
787×1092 毫米　开本：1/16　印张：12.75
字数：310 千字

定价：80.00 元
（如出现印装质量问题，我社图书营销中心负责调换）

《油气项目后评价信息系统》
编写组

主　　编： 陈元鹏　葛雁冰

副 主 编： 方兴君

成　　员： 邵　阳　赵连增　齐志斌　徐　东　付定华　胡　滨

编写人员： 吕　杨　沙锦南　武　超　张书通　刘　斐　洪保民　宋国光　蒋文学　林清安　郝立新　郑　爽　董思学　张雨箐　张立宗　姚　双　王　喆　高　峰　伦少强　李　凌　郭炳睿　王丽娜　王璐瑶

前　言

我国经济经过30多年的高速增长，规模已跃居世界第二位，目前进入新的发展阶段。投资项目作为调结构、保增长，实现企业和社会发展目标的重要途径和手段，其数量和规模日益庞大。如何总结经验，吸取教训，不断提高投资项目决策和建设管理水平，切实贯彻科学发展观，实现高质量发展，是当前投资项目管理中亟须解决的问题。项目后评价是衡量投资项目有效性的重要工作，通过对已建成项目的建设过程和实际效果的检查总结，分析评价项目预期目标是否达到，项目的主要效益指标是否实现；分析评价投资决策者、管理者和建设者在工作中取得的经验和存在的问题，并通过及时有效的信息反馈，帮助投资人和项目具体实施单位提高决策和管理水平，合理配置和有效利用资源，提高投资效益，实现企业战略发展目标，发挥投资项目闭环管理作用，尤其是后评价工作在强化投资项目事中事后监管和持续促进企业优化资源配置、减少投资风险、提升项目经济效益及竞争力等方面具有独特优势。

项目后评价理论和方法于20世纪80年代末引入我国，并在90年代初期开始在全国范围推广应用，因种种原因项目后评价一直处于徘徊状态。2004年，国务院颁发的《关于投资体制改革的决定》确认了项目后评价在我国投资管理体制中的作用和地位；2005年，国务院国有资产监督管理委员会颁发了《中央企业固定资产投资项目后评价工作指南》；2008年，国家发展和改革委员会颁发了《中央政府投资项目后评价管理办法（试行)》，并于2014年对这一管理办法进行了修订和完善。这些文件的出台，极大地推动了我国的项目后评价工作，国内各行业对投资项目后评价工作日益重视。

中国石油天然气集团有限公司是中央企业中较早开展项目后评价的单位之一，率先成立了后评价管理机构，经过多年的实践探索和经验总结，已逐步形成了一套具有中国石油特色的后评价工作体系。随着业务发展和规模的扩大，面对日益复杂的经济环境形势，投资项目管理和投资控制的难度和压力不断加大，为进一步做好管理提升，实现以效益质量为导向的业务管理和提高业务运行效率，需要建立投资项目评价体系相关的信息化应用。

投资一体化系统是中国石油“十二五”信息技术总体规划的重要组成部分，是中国石油规划计划业务管理的重要部署安排，“十三五”期间投资一体化系统进一步扩展提升，覆盖了项目从规划储备、前期管理、经济评价、工程造价、投资计划、实施跟踪到后评价业务的闭环管理过程，有效支撑了投资业务的规范运行，实现了投资从上至下的有效管控和监管考核，全面提升了投资决策的科学性。投资项目后评价业务管理功能是投资项目一体化系统的重要组成部分，系统开发建设过程以《中国石油天然气集团有限公司投资项目后评价管理办法》（中油计〔2019〕436号）为依据，对24类项目简化后评价和14类项目详细后评价进行信息化管理，目标是建立完善的后评价业务管理功能，提高后评价工作质量和效益，实现后评价工作的体系化、自动化和协同化，推进后评价业务的数字化转型和智能化发展。

后评价信息系统涉及的组织机构包括中国石油发展计划部、各专业公司、咨询机构、各地区公司及所属二级单位。在系统中通过系统管理模块，对组织机构进行层级结构和编码管理。组织机构编码为 MDM 主数据平台编码，用于与 ERP 等其他系统进行数据集成。系统为用户提供了评价模型与指标体系管理、评价业务管理、成果管理、统计分析和驾驶舱 5 大模块，为用户提供后评价计划下达、数据录入、报告附件上传、综合查询、成果共享等功能。

本书共四篇，第一篇为概述，对项目后评价、后评价发展历程、中国石油项目后评价探索与发展进行系统介绍；第二篇重点介绍后评价信息系统建设方案及实施；第三篇为后评价信息系统建设成果及推广，重点介绍后评价信息系统开发建设成果、系统操作、业务和技术创新；第四篇重点介绍未来后评价信息系统的完善思路与设想。

编著本书的出发点是希望能为从事后评价工作的单位与从业人员答疑解惑并提供指导，以及对关心或参与后评价工作的规划计划、建设管理、设计施工、咨询服务和教学研究等方面的同志有所帮助。

由于水平有限，书中疏漏与不足之处在所难免，敬请广大读者批评指正。

目　　录

第一篇　概　　述

第二篇　后评价信息系统建设

第三篇　后评价信息系统建设成果及推广应用

第四篇　后评价信息系统提升与展望

第一篇 概述

第一章　项目后评价概述

第一节　投资项目的基本概念

一、项目定义

项目源于人类有组织的经济活动。随着人类社会的不断发展，有组织的经济活动逐步分化为两种类型。一类是连续不断、周而复始的活动，人们把这类活动看成为“作业”；另一类是被人们称为“项目”的活动。按照现代项目管理理论，一个组织为实现其预期目标，在一定的时间、人力和资源条件约束下所进行的具有独特性的一次性活动，称为项目。

二、建设项目定义

按照现代项目管理理论，建设项目的定义可概括为，在市场分析和预测基础上，为实现预期市场目标和社会经济效益目标，按照限定质量、工期、投资控制目标和各种资源约束条件，建设具有某种特定功能工程而进行的投资建设活动。建设项目需要遵循必要的建设程序和特定的建设过程，即从提出项目建设设想、建议、方案选择、评估、决策、勘察、设计、施工，直到竣工、投入使用，是一个有序的全过程。

三、投资项目定义

投资项目是指为了达到特定目标调集到一起的资源组合，是落实一次性投资活动的一种基本手段，是独立的、非重复性的经济活动，投资项目可以有少量的“建设活动”或完全没有“建设活动”。投资项目是企业扩大规模、调整结构、实现战略发展目标的基本手段。

四、投资项目划分

投资项目按照项目建设的性质不同，可划分为新建、改扩建、迁建、恢复、收购和控股等项目；按照项目投资主体的不同，可划分为政府投资、企业投资和合资合作等项目；按照项目建设规模和管理权限的不同，可划分为限额以上和限额以下等项目。

第二节　项目后评价基本概念

一、项目后评价定义

项目后评价是投资项目周期的一个重要阶段，是项目管理的重要内容。项目后评价主要服务于投资决策，是出资人对投资活动进行监管，改善和提升企业经营管理水平的重要手段，对提升企业投资决策能力和提高投资项目管理水平发挥着独特作用，正被越来越多企业广泛开展，并逐步制度化和日常化。

项目后评价包括狭义的后评价（或传统后评价概念）和广义的后评价，广义的后评价包括项目事后评价和中间评价。

项目后评价（Project Post Evaluation）是在项目竣工后对项目进行的综合性评价活动，即在项目投资完成后，通过对项目实施过程、结果及其影响进行调查研究和全面系统回顾，与项目决策时确定的目标以及技术、经济、环境、社会指标进行对比分析，找出差别和变化，分析原因，总结经验，吸取教训，得到启示，提出对策建议，通过信息反馈，改善投资管理和决策，达到提高投资效益的目的。

项目后评价是项目建设管理程序的最终环节，也是项目总结阶段。投资项目管理过程既包括前期的可研、设计、施工、竣工验收等阶段，也包括项目投产运营后的监督管理阶段。项目后评价需要坚持全过程、全方位的评价，注重调查研究，综合运用各种分析评价方法进行系统回顾、总结和评价。全过程评价是对项目前期决策、建设实施和生产运营各个阶段进行全面分析评价；全方位评价是对项目建设目标、建设内容、工程技术、项目管理、投资与财务效益、影响与持续性以及外部经济环境的变化等方面进行系统综合地分析评价。全过程分析的目的是对项目建设中各个阶段和各个环节的工作进行回顾和总结，研究项目实施过程与实施效果的关联关系，以总结最佳实践和发现存在的问题。全过程、全方位分析评价应紧密结合进行，项目建设中各个阶段和环节的工作均涉及多方面因素，每一个因素在每一个环节均有相应的表现。

项目中间评价是项目开工到竣工验收前任何一个时点进行的阶段性评价。通过评价及时发现项目实施过程中存在的问题，分析产生的原因，重新评价项目是否达到预定目标，是否实现项目效益指标，并针对出现的问题，提出对策和措施。中间评价往往侧重于项目执行过程出现的问题，一般应用于风险大、不确定因素多和外部环境变化大的项目，因而需要随时进行滚动监测评价，及时为项目决策、调整提供依据和对策。

狭义后评价（传统后评价）是在项目竣工验收并投入运营一定时间后开展的后评价工作。广义后评价是按照对项目全过程动态管理的要求，在项目决策完成后随即开始，而不是等到项目完成后进行。

传统后评价观点认为，按照项目周期的理论，项目后评价应在项目建成竣工验收并投入运营以后一段时间、项目效益和影响逐步显现出来后进行，对照项目可研和初步设计预期的建设目标和技术经济指标，分析项目建设实施的成效和存在的问题，评价项目的效率、效益、效果和影响，判断项目目标的实现程度，总结项目建设的经验教训，为指导拟建项目、调整在建项目和完善已建项目提出建议。

广义后评价观点认为，传统的项目评价范围有些狭隘，不能适应项目后评价工作的需要，等到项目竣工验收以后再进行项目评价有许多难点和不足。一是有些数据收集困难；二是未实现对项目建设、运营全过程进行监督，不利于及时发现问题，并进行整改，也不利于将苗头性问题规避在萌芽状态；三是事后评价对被评价项目本身建设起不到明显的指导作用，因“生米已煮成熟饭”，即使发现了一些问题，如缺乏有效管控体系、勘察设计深度不够、招标失控、合同条款不细致不合理、对参建各方监管不力、工程质量存在隐患等现象也很难加以补救；四是难以适应针对出现的新情况或热点问题进行研究，为阶段性工作重点提供支持。为此，项目后评价应向前延伸，即在项目开工之后到项目竣工验收这一时段也划为项目后评价范围，为中间评价，作为项目后评价工作的一个重要补充。

广义后评价是在决策完成后开始并持续到项目结束，强调针对项目建设过程进行动态、持续的监督、管理和评价，及时发现问题和解决问题，对项目建设具有实际指导意义。狭义后评价在项目投资完成后针对相关内容开展总结性评价，强调经验教训总结，以及对将来同类项目建设的借鉴作用。

我国现行投资项目后评价工作，采用以传统后评价工作为主，以中间评价为补充的工作模式。项目后评价工作主要对运营阶段实施管理，是投资项目闭环管理的重要环节，是投资项目管理工作的延续，既是项目周期的末端，又是一个新项目周期的前期，起到承前启后的作用，是“立足当前，着眼未来”的工作。项目后评价是以建设项目生产运行、项目绩效管理、项目中间评价、项目审查报告、项目竣工验收和调查研究结果为依据，进行分析评价，通常由独立咨询机构来完成。

二、项目后评价主体与客体

1. 项目后评价主体

项目后评价主体主要包括国家后评价机关、企业后评价主管部门、咨询机构以及项目建设单位等。

2. 项目后评价客体

项目后评价客体或对象，既包括建设项目本身，也包括所有参建单位，以及各参建单位在项目立项决策、建设实施、生产运营各阶段所进行的相关建设活动、管理活动、技术活动、经济活动，还有相应管理制度的建立和执行情况，并涉及项目建设的主观和客观环境。参建单位通常包括项目建设单位、上级主管部门，以及施工承包单位、监理单位、勘察设计单位、物资供应单位和其他参建单位等。

三、项目后评价分类

1. 按评价组织实施方式划分

按照评价组织实施方式的不同，项目后评价分为企业自我评价、委托咨询机构开展的独立后评价、企业与咨询机构联合开展的后评价。

主管部门对所属企业开展投资项目后评价，应将投资项目列入项目后评价计划，并下达相关单位，首先以项目所属企业为实施主体组织开展自我评价，然后主管部门委托咨询单位在企业自我评价的基础上开展独立后评价。企业开展自我评价应具备相应的基础条件，应成立包括投资计划、工程技术、项目管理、生产管理、市场营销、工程造价、财务审计和经济分析等方面的管理和技术人员组成的后评价工作组。后评价工作组负责人需要拥有较强的组织能力和丰富的项目建设管理实践经验，并能够保持客观公正立场。在企业不具备相应基础条件时，企业自我后评价工作也可与咨询机构联合开展。

2. 按评价时点划分

按照评价时点的不同，项目后评价可分为中间评价和事后评价。两者以项目竣工验收为分界线。中间评价是指项目开工后到项目竣工验收前任何一个时点所进行的阶段性评价。事后评价是指在项目竣工验收并投产运营一段时间后，对项目目标、实施过程、结果及其影响所进行的全面系统评价。

3. 按评价内容详略程度划分

按照具体评价内容详略程度的不同，项目后评价分为简化后评价和详细后评价。简化后评价主要是采用填报简化后评价表的形式，对项目全过程进行概要性的总结和评价。详细后评价即通常意义上的全过程、全方位项目后评价。

4. 按评价内容侧重点划分

按照评价内容侧重点的不同，项目后评价分为专项后评价和综合后评价。

专项后评价是指选择项目管理的某一个或几个方面而开展的针对性比较强的后评价，如招标采购管理专项后评价、投资控制与投资水平专项后评价、经济效益专项后评价等；或针对投资项目管理领域和投资体制机制改革进程中存在的突出问题展开的调查评价；或对同期、同一类型的若干个投资项目集中开展后评价以及在已有若干同类项目后评价成果的基础上开展的系统总结评价等。专项后评价具有反映问题比较集中的特点，通过同类型项目之间的对比与差异分析，发现和寻找共性问题，把评价侧重点放在发现共性、系统性问题，以及归因分析和提出对策建议，可在宏观管理层面上发挥积极的建设作用。

综合后评价是指评价内容覆盖项目全生命周期的各阶段、各环节，涵盖项目各个管理要素的综合系统的后评价，即通常意义上的全过程、全方位项目后评价。全过程评价是指对项目前期工作、建设实施和生产运行各个阶段进行全面分析、评价。全过程分析的目的是对项目建设中各阶段、各环节的工作进行全面回顾和总结，发现存在的问题。全方位评价是指后评价报告应当对项目的建设目标、建设内容、工程技术、项目管理、投资与财务效益、影响与持续性以及外部经济环境的变化等多方面进行系统综合分析评价。

5. 按项目目标划分

按照评价目标不同，项目后评价分为以发现和解决共性问题为目标的项目后评价与以发现和解决个性问题为目标的项目后评价。

以发现和解决共性问题为目标的项目后评价是指对同类型的若干个投资项目在短期内集中开展后评价，通过同类型项目之间的对比与差异分析，发现和寻找共性问题，进而予以重点解决。

以发现和解决个性问题为目标的项目后评价是指选择成绩或问题比较突出、过程与结果变化比较大、影响比较严重的个别投资项目开展后评价，对其最佳实践进行及时总结，或对其外在表象问题进行深入成因分析并得出评价结论，以达到推广经验或改进管理的目的。

四、项目后评价时点

通常将开始进行后评价的时间称为项目后评价时点，项目后评价时点一般选择在项目能力或直接经济效益发挥出来的时候，也就是在项目投资完成和运营之后进行项目后评价。因为在此时点进行后评价，可以全面系统地分析总结项目的实施过程和实施效果，以及预测项目的可持续性，为决策提出宏观的建议。但有时项目后评价工作也需要在项目竣工验收之前任何一个时点进行阶段性的评价，即中间评价。

根据项目全生命周期理论，一般认为项目后评价是在项目建成和竣工验收之后进行的评价，此前的过程可分为项目前评估、项目中间评价。项目中间评价与项目后评价一起构成广义的项目后评价。

项目中间评价是指对项目竣工验收前任何时点进行的阶段性评价。中间评价往往是针对建设周期长、影响因素多、调整变化大的项目实施的评价，其作用是及时发现项目建设过程中存在的问题，分析产生的原因，重新评价项目的目标是否可能达到，项目的效益指标是否可以实现，并据此提出相应的对策和措施，促使决策者调整和完善方案，以保证项目顺利完成。项目中间评价包括项目实施过程中从立项到项目完成前的各种评价，如开工评价、跟踪评价、调整评价、完工评价等。

五、项目后评价的原则

项目后评价应遵循“客观、公正、科学、独立”的原则。

1. 客观性原则

客观性原则是项目后评价工作应遵循的首要原则，必须从实际出发，实事求是，依据真实可靠的数据资料和信息，客观地反映项目决策、管理实施和运营的实际状况，只有建立在客观真实基础上的后评价成果才具有可信度，才能发挥项目后评价应有的作用。否则，很难达到发现问题、进行风险监测、提高项目风险管理水平和改进项目建设实施管理水平的目的，甚至会掩盖问题，产生负面效应。

2. 公正性原则

项目后评价既要注重对项目建设取得的突出成绩和好经验、好做法的总结，又要揭示管理上存在的问题，从而全面反映项目或企业的经营状况。任何一个项目或企业都有自身的优势和不足，仅仅从某个方面和某个环节很难判断其总体情况，必须从整体性和系统性上思考，综合考虑问题形成的背景、企业付出的努力等因素，揭示问题与肯定成绩相结合，客观、公正、全面地评价，使得所总结的经验教训有可借鉴性，所提出的对策措施具有可操作性。

3. 科学性原则

项目后评价要求评价者具有广泛的阅历和丰富的经验，依据真实可靠的信息资料，采用科学有效的评价方法，规范运作。积极运用调查手段，取得项目建设实施全过程和经营现状的第一手可靠的资料，“解剖麻雀”，深入研究，总结经验教训，有针对性地提出后评价的意见和建议，并及时反馈到决策部门，作为新项目立项和调整投资计划的依据。项目后评价的科学性还取决于项目管理者、执行者和参与项目的相关人员能否共同参与后评价活动，为项目后评价工作提供真实可靠的信息和资料。同时，要求后评价工作在一定程度上公开透明，以便在今后的工作实践中借鉴过去的经验和教训，使更多的单位和个人从中受益。

4. 独立性原则

项目后评价组织机构应相对独立，承担项目独立后评价的咨询机构，与该项目的（预）可行性研究报告和初步设计的编制、评估或评审单位，原则上不能为同一单位；独立后评价主要负责人不能够由该项目前评估的负责人担任。项目后评价工作应由专门团队、专业咨询单位独立自主开展和实施，不受项目决策者、管理者、执行者和前评估人员的影响或干扰。项目后评价的独立性原则是评价结果公正性和客观性的重要保障。项目后评价工作需要在坚持独立性原则的基础上，开展多方面合作，如专职咨询人员、技术经济分析人员、项目经理、企业经营管理人员、投资项目主管部门等，只有各方面通力合作，项目后评价工作才能顺利进行。

六、项目后评价的管理定位

项目后评价是投资项目周期的一个重要阶段，是项目管理的重要内容。项目后评价主要服务于投资决策，是出资人对投资活动进行监管的重要手段，也可以为改善企业经营管理提供帮助。

项目后评价的目的是通过系统的回顾、检查、总结和评价，总结项目管理最佳实践，揭示项目建设实施全过程中存在的问题，并提出意见和建议。项目后评价的基本特征是一项总结性的评价，从项目实际效果入手，对项目前期、建设、运营等过程展开分析，研究结果与过程的关联关系，通过“有所发现、有所总结”，总结出具有借鉴意义的经验和教训，进而达到"有所提高"的目的。同时，它又是一个阶段性的评价，从后评价时点项目的现实状况出发，是在一定的环境和条件下对项目的再分析、再评价，判断和评价项目的目标实现程度和发展前景。因此，项目后评价不是一个以定论为目标的评价，它的益处在于通过具有影响力的报告来说服相关利益群体改正投资行为中不经济、低效率、不良效应的问题。

项目后评价通过及时准确的信息反馈机制和相关配套机制，直接或间接地督促建设单位规范内部管理，从而发挥项目后评价在投资活动中的监管功能，保障项目建设的合法合规性，以及建设项目投资、质量、工期、安全文明施工等目标的实现。投资项目后评价组织的层次不同，其功能作用也不完全相同。当项目后评价由项目直接管理者自行组织时，其功能作用的重点是在纠错、避错和为今后积累经验上；当由上级组织开展后评价时，除同样具有上述功能外，还会增加对下级单位的监督考核功能。监督考核作用的大小与相关管理要求和下级单位对投资项目后评价的顾虑成正比，这是项目后评价工作推动中的正常摩擦力。

项目后评价的目的不仅是揭示项目存在的问题，更侧重于通过系统评价发现制度和管理上的缺陷，并通过促进完善有关制度，从根本上消除影响项目或企业绩效的不利因素，为投资者提供有价值的信息、参考，提高未来投资决策水平。项目后评价的最终目的不是项目本身的评价，而是以后评价项目为载体，分析相关政策、体制机制的合理性，对存在的不足和问题进行总结，并在未来予以纠正。

因此，项目后评价既是一种总结、一种监督，也是一种服务，是立足当前、着眼未来发展的总结性评价。总结经验是为了推广最佳实践，发现问题是为了自我纠偏、自我完善。项目后评价的管理定位包括四个方面。

（1）项目层面：评价项目目标实现程度，总结经验教训，为后续项目提供借鉴。

（2）管理层面：完善管理制度与机制，监督项目全过程管理，提高管理水平。

（3）战略层面：调整发展规划与投资计划，反思优化发展战略。

（4）最终目标：提高投资决策科学化水平，增强企业核心竞争力。

七、项目后评价的作用

项目后评价是对项目目标、执行过程、效益和影响等方面的全面系统分析和评价。其作用小到在项目层面提高项目的决策水平、提升项目的管理水平、促进项目运行正常化，大到可以在企业战略层面完善投资发展计划、优化资源配置、优化发展战略，以及在改变经济增长方式、保障国民经济的健康发展等方面发挥积极重要的作用。

项目后评价在投资项目中的作用是逐渐显现出来的，早期国外是为了对政府巨额的公共资金投入加强监管，开始采用后评价的方法手段进行有效监督。之后，各国政府和世界银行、亚洲开发银行等双边和多边金融组织，为了保障援助资金的合理使用，纷纷采用了后评价技术手段。目前我国许多行业、企业都建立和健全了项目后评价体系，站在优化企业发展战略、实现科学发展和资源优化配置的高度，认识和不断强化项目后评价工作，评价建设项目的工程建设与相关经济活动的效率、质量和效益，帮助投资人和项目具体实施单位提高决策和管理水平，合理配置和有效利用资源，提高投资效益，实现企业战略发展目标。结合我国开展项目后评价以来的实际效果，项目后评价的管理咨询水平不断提高，功能和作用不断拓展，其作用可归纳为以下几点。

1. 为提高投资项目决策科学化水平服务

项目后评价工作位于一个完成项目（或阶段）的末端，同时，项目后评价又处于一个新项目（新阶段）的开端，在项目周期中位于“承前启后”的重要位置，通过后评价信息的反馈，完善和调整相关政策和管理程序，逐步达到提高和改善投资决策、投资效益的目的。在项目后评价工作过程中，评价专家根据收集的资料，经过反复调研、座谈等，除对项目本身进行评价外，也结合项目实际对国家宏观经济形势、项目相关行业投资的竞争态势、投资方向及方式、布局及选址、建设方案及设备选型、市场预测等做出深度分析和咨询，为提高企业今后同类项目投资决策水平、优化投资结构提供有价值的借鉴。

项目前评估为项目投资决策提供依据。项目前评估中所做的预测是否正确，需要通过项目运营后的实际效果来检验，需要项目后评价来分析和判断。通过建立完善的建设项目后评价制度和科学的评价方法体系，一方面可以促使设计咨询单位和前评估人员增强责任感，努力做好项目前评估工作，提高项目预测的准确性，纠正项目立项论证不充分、可行性研究不深、投资估算不实、建设方案不细的问题；另一方面可以通过项目后评价反馈的信息，形成决策失误纠错改正机制，及时纠正建设项目决策中存在的问题，调整未来投资的方向和结构，完善投资的相关政策、制度和管理程序，从而提高未来建设项目决策的科学化水平，为今后新项目取得良好的经济效益和提高企业竞争力打下坚实的基础。项目后评价工作就是从投资项目实践中吸取经验教训，再运用到未来项目的实践中去。

2. *为提高投资项目管理水平服务*

由于项目后评价工作的独立性和透明性，通过客观分析投资活动的成功经验和失误教训，可以比较客观地评价投资者、管理者和建设者工作中的成绩和存在的问题，从而进一步提高他们的责任心和工作水平。项目后评价的警示作用可以直接或间接地督促建设单位规范内部管理，保障项目建设的合规性以及建设项目投资、质量、工期、安全文明施工等目标的实现。

首先，建设项目管理是一个复杂的系统性管理活动，参建单位多、建设过程复杂。在管理过程中，涉及政府有关部门、项目业主、设计制造和材料供应商，以及工程勘察设计、工程施工、工程监理等许多单位；建设过程包括勘察设计、前期报批手续、工程招标、合同签订、施工管理、工程变更、工程验收、工程结算、工程决算等复杂过程。只有各方面密切合作，建设项目才能顺利完成。如何进行有效管理、协调有关各方的关系、采取什么样的具体协作形式等，都应在项目建设过程中不断摸索、不断完善。项目后评价通过对已建成项目实际情况的分析研究与评价，从中总结项目在组织管理方面的经验教训，可以指导在建项目的实施，也可以对未来项目的项目管理工作提供参考。例如，工程建设管理与经济活动管理是否严谨有序高效；是否合理利用有关资源，减少损失、浪费，节约资金，使建设成本得以有效控制；是否加强管理和质量监督，保证工程质量；是否按照国家或上级批准的建设目标、建设工期和质量要求进行施工；竣工后，是否经过验收、试运转交付使用，是否发挥其经济效益、社会效益和环境生态效益等。

其次，项目后评价的透明性和评价结果的公开，能激励约束项目管理者、建设者注意分析项目中存在的实际问题，坚持“程序至上、重在执行”的原则，提高他们的工作责任感，起到自我完善、自我约束和监督制衡的作用。严禁“边审批、边设计、边施工”现象，严格控制重大设计变更，完善变更报批手续，坚持“先批准、后变更”原则。纠正不按规定申报变更设计内容、调整项目实施内容的问题；纠正不按招标项目批复内容招标、擅自改变招标方式、随意使用邀请招标、公开招标比例不高，甚至不招标的问题；纠正监理工作流程不规范、项目监理资料不齐全不完整的问题；严格合同会签和审批手续，纠正合同管理不规范，条款约定不明确、不严谨，合同实质性内容与招标文件及投标承诺不一致，甚至先开工后签合同的现象。

3. 为提高项目的全过程控制水平和阶段性工作重点服务

从项目开始实施到项目完成过程中，项目后评价工作可以为实现项目全过程控制服务。在项目实施中通过不断获取日常监测信息资料，针对出现的重大变化，分析产生偏差原因，重新评价项目的预定目标是否能达到，并针对出现的问题，提出切实可行的建议和改进措施，及时为项目优化调整提供依据，争取获得更大的投资收益。

当管理者发现当前投资项目存在某些倾向性的管理问题，或者多个投资项目出现共性问题，或者在某些方面有改进和加强管理的需求时，就需要借助后评价工作来进行深层次的调研与分析，以对项目管理工作进行客观、公正的评判，为阶段性工作重点提供支持。

4. 为促使项目运营状态正常化服务

项目后评价根据生产运行实际情况和发现的问题，分析和研究项目投产初期和达产时期的实际情况，比较实际情况与预测情况的偏离程度，分析产生偏差的原因，提出切实可行的措施，对企业经营管理进行“诊断”，从而促使项目运营状况正常化，提高项目的经济效益和社会效益。

5. 为制定企业发展规划、项目投资计划和调整投资政策服务

投资项目通常都是在一定的背景阶段和前提条件下进行立项决策和实施的，具有不同程度的局限性。因此，项目后评价工作通过对一段时期内投资项目的系统分析与回顾，总结不同类型项目的投资规律，发现投资管理中存在的不足，通过对项目投资计划执行情况的了解，避免低效率、浪费以及弄虚作假，以及认识建设项目对经济和社会的影响。结合当前的宏观经济环境和企业发展战略，为制定企业发展规划、项目投资计划，及时调整投资政策和技术经济指标参数等提供更为可靠的依据。

八、项目后评价的任务

项目后评价的目的和作用是通过项目后评价工作实现的，项目后评价工作的主要任务可以归纳为以下几个方面：

（1）评价项目立项所确定的目标是否实现及其实现程度；

（2）核实并确定项目实施各阶段建设范围、建设内容和规模标准的变化情况；

（3）评价项目的经济效益及其主要影响因素；

（4）评价项目对社会和环境的影响，分析项目的可持续性；

（5）综合评价项目的成功程度，分析项目成功与失败的原因，总结项目的经验教训，并提出整改措施与建议。

九、开展项目后评价的必要性

1. 适应国家投资体制改革和全面深化改革的需要

自《国务院关于投资体制改革的决定》（国发〔2004〕20 号）颁布后，国家加大了投资项目后评价的管理力度。2005 年，国务院国有资产监督管理委员会为加强中央企业固定资产投资项目管理，提高企业决策水平和投资效益，完善投资决策机制，建立投资项目后评价制度，根据《中华人民共和国公司法》《企业国有资产监督管理暂行条例》（中华人民共

和国务院令第378号）、《国务院关于投资体制改革的决定》，编制和发布了《中央企业固定资产投资项目后评价工作指南》（国资发规划〔2005〕92号）。2008年，国家发展和改革委员会发布了《中央政府投资项目后评价管理办法（试行）》（发改投资〔2008〕2959号），对开展投资项目后评价工作的重要性和程序、内容、管理、评价成果应用等都提出了规定和要求。2014年，国家发展和改革委员会对这一办法做了进一步的修改和完善，这些文件的出台，标志着我国项目后评价工作进入了制度化轨道。

随着十八届三中全会提出全面深化改革，进一步转变政府管理职能，由事前审批更多地转变为事中事后监管，作为投资项目重要监管手段的项目后评价工作，发展趋势将受到广泛重视，并成为制度化、日常化和规范化的工作。

2. 企业贯彻科学发展观、实现科学发展的必然要求

改革开放以来，我国经济建设取得了举世瞩目的成就，已成为世界第二大经济体。作为世界上最大的发展中国家，我国政府和企业每年投资规模巨大，但与巨大的投资建设规模不相匹配的是，较多的投资主体对建设项目的管控能力相对薄弱，由于各种原因，达不到预期的项目屡见不鲜，有的项目超投资，有的长期达不到设计能力，有的功能未能充分发挥，有的资产利用率低下。同时，每个企业都有投资发展的欲望与冲动，在发展中也都有自省和反思的本能。企业如何实现科学发展，如何有质量、有效益、可持续发展，防止高投入低产出、违规建设、超额投资、工程延期、管理混乱和政绩工程等现象发生，越来越多的投资主体认识到项目后评价在投资项目管理中的重要性，将项目后评价作为一种管控的有效手段，促进项目建设管理单位对相关法规政策、管控制度的贯彻落实，最终达到规范管理、防范风险、提高投资效益的目的。因此，开展项目后评价将成为企业落实科学发展观的必然要求。

3. 项目后评价相比其他监管手段具有独特优势

项目后评价是现代企业投资项目管理中的一个重要环节，项目后评价是全过程、全方位的评价，能够覆盖建设项目的可行性研究、设计、招投标、施工、竣工验收等全周期，通过中间评价还可以对建设项目全过程进行持续监督和过程纠偏，有利于防患于未然，在项目建设实施过程中及时发现和纠正问题。在项目后评价过程中，评价专家根据收集的资料，经过反复调研、座谈等，除对项目本身进行评价外，也结合项目实际对国家宏观经济形势、项目相关行业投资的竞争态势、投资方向和方式、布局和选址、建设方案和设备选型、市场预测等做出深度分析和咨询；还可以从战略上着眼，抓住那些影响项目绩效的全局性、关键性因素，把企业发展战略目标与具体项目的绩效紧密联系起来进行分析评价。项目后评价为提高企业今后同类项目投资决策水平、优化投资结构，建立透明的管理制度和高效的运行机制，切实增强项目和企业的竞争力，提供有价值的借鉴。

从国际经验看，发达国家对政府投资监管工作均制定了专门的法律法规，对投资监管的范围、程序、监督机构职责和监督作用都以法律法规形式予以明确规定。反观我国，至今尚未制定一部覆盖政府投资项目从项目决策到项目建设、运营全过程的监管法律法规；现有的《招投标法》《审计法》《国家重点项目管理办法》《国家重大建设项目稽查办法》（国办发〔2000〕54号）等法律法规，主要局限于对项目建设阶段的监管规定，而没有对包括项目决策、经济效益、影响与持续性等全过程、全方位进行监管做出明确规定。项目后评价是全过程、全方位的评价，相对其他投资监管手段具有独特优势，是完善项目投资决策与监督机制、总结项目成功经验、揭示项目失误原因和减少投资风险的有效措施，对提升企业投资决

策和项目管理水平，起到非常重要的推动作用。

十、项目后评价与项目前评估的区别

项目后评价与项目前评估，在评价原则和方法上没有太大的区别，都是采用定量与定性相结合的方法。但是，由于两者的评价时点、比较的标准、评价目的、评价内容、数据来源、组织实施和评价作用等方面的不完全相同，因此存在一些区别。项目后评价与项目前评估的区别主要表现在以下7个方面。

1. 评价所处的阶段和时点不同

项目可行性研究和项目前评估属于项目前期工作，是指在项目立项决策之前的时点上，分析评价建设项目的技术适用性、经济合理性和建设可能性，决定项目是否可以立项。项目后评价通常是在项目竣工投产的一定时期内，根据企业的实际经营结果对项目进行的再评价，是项目管理的延伸。项目前评估的目的是确定项目是否可以立项，它是站在项目的起点，主要应用预测技术来分析评价项目未来的效益，以确定项目投资是否值得及可行。项目后评价则是在项目竣工投产之后，总结项目的前期工作、建设实施和生产运营全过程，并通过预测对项目的未来进行新的分析评价，其目的是总结经验教训，改进投资决策和项目管理服务。项目后评价是在项目投资完成并已投产运营的时点上，一方面检查总结项目实施过程，找出问题，分析原因。另一方面要以项目后评价时点为基点，预测项目未来的发展。

2. 比较的标准不同

项目可行性研究和项目前评估主要依据国家、行业及企业相关的法律法规、技术标准和管理规定等，衡量建设项目的必要性、合理性和可行性。项目后评价主要是与项目前评估的预测情况，以及与其他同类项目或行业标准进行对比，检测项目的实际情况与预测情况或与行业标准的差距，并分析原因，提出改进措施。

3. 评价的目的不同

项目前评估的目的是分析确定项目是否可以立项和实施，主要应用预测技术和数据来分析评价项目未来的效益，以确定项目投资是否可行。项目后评价的目的是总结经验教训，为改进已完成项目和完善今后的项目决策与管理服务，所以项目后评价要同时进行项目的回顾总结和前景预测。

4. 评价的内容不同

项目前评估主要是预测分析项目的可行性，包括市场分析、工艺技术、建设方案、财务分析、风险分析，以及环境保护、安全和职业卫生等内容。项目后评价是在项目前评估的基础上，对已完成项目的建设实施全过程、经济效益、环境影响、社会影响和项目可持续性等内容进行评价，总结经验教训，评价项目目标实现程度，并通过使用预测数据对项目的未来进行新的分析评价。

5. 数据的来源不同

项目前评估的数据通常采用的是预测数据、历史和经验性资料、相关参数以及类似项目的数据进行分析预测。项目后评价是根据企业的实际经营结果进行评价，在项目后评价时点以前，采用的是项目实际发生的数据；在项目后评价时点以后，采用的是以实际发生值为基础的新的预测值。

6. 组织实施上不同

项目可行性研究和项目前评估主要由投资主体或投资计划部门组织实施，一般是专门评估单位与投资主体和设计咨询单位间的合作，由专职的评价人员提出评估报告。项目后评价则主要由项目后评价主管部门组织实施，一般由独立的项目后评价专业咨询机构开展评价，以确保项目后评价的公正性和客观性。项目后评价需要更多方面的合作，如专业咨询机构、后评价主管部门、项目主管部门、项目建设运营单位及相关部门，以及勘察设计、施工、监理和设备材料供应商等参建单位，只有各方面通力合作，项目后评价才能顺利进行。

7. 评价的作用不同

项目前评估的结论是项目是否可行以及预期效果。项目后评价的结论是项目成功与否，并分析项目前评估的预期与实际之间的差异，提出改进的措施和意见以及对未来的预测。

十一、项目后评价与审计、竣工验收的关系

1. 项目后评价与审计的关系

项目审计是对建设项目引起的一系列投资、筹资、财务支出、技术经济管理等活动，以及与建设项目有关的建设单位、项目法人、设计单位、施工单位、监理单位等的财务收支进行监督的行为。其目的是确定项目的各项经济活动的合法性、经济性。

2. 合法性

合法性是指建设项目在其拟建到全部竣工投产的整个过程中，各种审批手续是否完备，项目投资建设是否符合国家的有关规定，是否执行建设程序，有无擅自改变建设内容、扩大建设规模、提高建设标准、搞计划外工程等问题，设备采购是否符合有关规定，建设质量是否符合国家要求，项目财务收支活动是否符合财经法规和相应的会计制度。

3. 公允性

公允性是指与项目有关的各项资金收支活动是否真实存在，是否入账；与项目建设有关的各种图纸、合同、报告等资料是否存在，内容是否真实。

4. 合理性

合理性是指与建设项目有关的各项活动是否必要，有无不当之处，如建设项目立项、各项资金来源、资金运用等是否合理，是否存在重复建设的问题等。

5. 效益性

效益性是指用较小的投入取得较大的产出。

根据我国审计法的规定，项目审计的主要任务是审计建设项目预算执行和决算是否真实合规，建设项目管理是否有效合法，项目投资效益是否合理可行；并通过对审计资料的分析，对具有倾向性和普遍性的问题向有关部门反映，对宏观控制和管理方面提出建议，以严肃财经纪律、提高投资效益。

工程项目审计，是指建设工程项目从项目立项开始至正式竣工验收前，审计机构依法对建设工程项目建设成本的真实性、合法性和效益性进行的审计监督。其目的是核实工程造价，保障建设资金合理、合法使用，正确评价投资效益，总结建设经验，提高建设工程项目管理水平。审计属于经济领域的监督范畴，是一种独立和依法进行的财务监督评价活动。

一般把投资项目审计划分为开工前审计、在建工程审计和竣工审计。也就是说，按项目

建设程序，建设工程项目审计内容包括可行性研究阶段审计、建设工程初步设计概算审计、建设期间审计、竣工决算审计等。

项目审计为项目后评价提供所需要使用的投资信息和结论，有助于提高项目后评价效率。可以说，项目后评价与项目审计存在许多共同点，但也存在根本性的区别，主要表现在以下 2 个方面：

（1）评价的重点不同。

审计是评价投资是否合法，项目后评价是评价投资是否有效。审计主要是依据相关规定，对照原定目标和预算计划，检查项目的实际执行情况，项目审计的重点是财务监督和评价，审核项目收支是否合法，资产、负债、效益是否属实等，其范围限制在会计和报告程序方面。而项目后评价侧重目标、效益和影响等多方面的评价，突出前后对比和横向对比，重点是总结经验和教训。

（2）评价的目的不同。

项目审计就是要按相关法规检查、处理建设工程中出现的问题，提出审计建议，并对建议落实情况进行记录。而项目后评价的目的是全面总结项目目标是否实现，项目在决策、实施、效益和影响等投资活动是否有效，并为其他项目提供可借鉴的经验教训。

对建设项目进行审计检查是以项目投资活动为主线，注重违法违纪、损失浪费和经济财务方面的审查工作，经过审计检查的项目，其财务数据更为真实可靠，为项目后评价工作提供重要的分析线索。项目后评价是全过程、全方位的综合评价，相对审计工作，其评价范围更广、方式方法更灵活，不仅包括项目建设实施的全过程评价，还包括项目的投资效果、效益和可持续性等方面的分析、评价和预测。如果对建设项目的事后审计能扩展到项目决策审计、设计、采购和竣工管理审计以及项目效益审计的领域，那么项目后评价工作和审计工作将可能合作进行。世界银行业务评价局对项目的项目后评价就是以项目审计评议方式进行的。

6. 项目后评价与竣工验收的关系

竣工验收以设计文件为依据，注重移交过程是否依据其要求按质、按量、按标准完成，在功能上是否形成生产能力，生产出合格产品。它仅是项目后评价内容中对建设实施阶段进行评价的环节之一。

建设项目竣工验收以投资由建设转入生产、使用和运营为标志，是全面考核和检查建设工作是否符合要求和工程质量的重要环节，是项目承担方向投资方汇报建设成果和交付新增固定资产的过程。按规定，所有投资项目应该在项目完工后进行竣工验收，办理固定资产移交手续。

通常，项目竣工验收分为竣工报告和验收报告两个阶段。项目竣工报告是由项目承担方编制的项目实施总结，从工程质量、进度、造价等方面总结项目的建设工作。竣工报告主要包括竣工资料和竣工验收文件，它是建设项目的历史记录，是建设项目投产后生产运营、管理、维检修与改扩建的重要资料和科学依据。项目的竣工验收，是依据相关的竣工验收制度，由投资方（或委托相关单位）成立验收委员会或验收小组审查项目实施的各个环节，听取有关方面工作汇报，审阅资料，实地考察工程及运营情况，全面评价项目的设计、施工、质量、进度和成本，分析财务执行情况，考核投资情况，形成竣工验收报告，报送项目投资方。

项目竣工验收可为项目后评价提供大量的数据信息，是开展项目后评价工作的基础。项目后评价与竣工验收存在许多共同点，但也存在根本的区别，主要表现在以下 2 个方面：

（1）评价重点不同。

竣工验收侧重于项目的工程质量、进度和造价等方面，项目后评价侧重于目标、效益和影响等方面。虽然项目后评价需要了解工程方面的情况，但重点是分析原因，解决项目的管理、效益和影响问题，为在建项目管理和新建项目决策提供借鉴。

（2）评价目的不同。

竣工验收的目的是转移项目建设成果，转入正常生产，使项目承担方与项目接收方终止各自的权利、义务和责任，以获得各自的权益。项目后评价的目的是全面总结项目的决策、实施、效益、作用和影响，为其他项目提供可以借鉴的经验与教训。

项目后评价具有事后进行广泛观察的优越条件，可充分利用竣工验收、审计检查和中间评价成果，客观全面地评价项目目标实现程度和总结提炼可借鉴的经验与教训。

第二章　项目后评价的历史与发展

第一节　国外投资项目后评价发展情况简介

一、国外投资项目后评价的发展历程

国外项目后评价与项目前评估几乎同时产生，是20世纪30年代美国国会为监督政府"新政"政策性投资的手段。到20世纪60年代，随着一大批大型公益项目开始建设，无论美国国会还是公众，对大量资金的投入、使用、效益和影响都特别关注，为此，以投资效益为核心的项目后评价产生了。这种以投资效益为核心的后评价被世界各国广泛采用并延续至今。从此，项目后评价理论与实践已经发展成为经济发达国家和国际金融组织实施投资监督、进行项目管理的得力手段和工具。在发达国家和发展中国家，项目后评价得到越来越广泛的应用，较为完善的项目后评价体系正在形成之中。

发达国家后评价主要是对国家的预算、计划和项目进行评价。美国是项目后评价做得比较好的国家之一。在过去的20世纪，为促进社会和经济的发展，美国对两次主要由政府控制的投资计划开展后评价。在20世纪七八十年代，某些公益性项目的决策由美国联邦政府下放到州政府或地方政府，项目后评价也相应地扩展到地方。目前，在公众日益关注项目效益的趋势下，要求增加国家对各级政府管理的透明度，对政府是否"尽职"方面提出质疑。在经济衰退和预算紧缩时期更增加了对项目后评价的要求，预算来源的挑战也对项目后评价起到了推动作用。发达国家在国家预算中都有一部分资金用于向第三世界投资，为了保证资金使用的合理性和效益性，一般设立一个相对独立的办公室，专门从事海外援助项目的后评价。之后项目后评价进入美国立法部门，美国国会将其对项目后评价的研究与实践作为一种监督功能，总会计办公室作为国会的监督代理机构，除其原有的国家决算和审计功能外，增强了它的评价能力。1979年，美国管理和预算办公室颁布了题为《行政部门管理改进和后评价应用》的第A-117号文，作为所有行政部门的正式政策。该文件明确提出，联邦政府所有行政部门应该评价其项目的效果和项目实施效率，坚持不懈地寻求改进措施，以便联邦政府的管理能反映最先进的公共管理和工商管理实践，并以此向公众提供服务。到1980年，美国国会要求美国会计总署进行的后评价项目已经非常多，于是美国会计总署成立了后评价研究所，后更名为项目后评价方法处，该处现有约80名专业人员，对美国联邦政府所有部门的后评价问题进行研究，每年做30~40个后评价项目。美国国会共有4个机构向国会提供后评价信息，它们是美国会计总署、国会图书馆、国会研究服务中心、国会预算办公室及技术评价办公室。

1980年以来，许多美国私有公司和企业也有增强后评价的趋势，根据实际结果监测和评价其部门的执行情况，不断地调整和修订其目标和策略。

20世纪70年代以来，越来越多的国际金融组织依靠评价来检查其投资活动的结果。在全世界24个多边金融机构的评价系统中，包括8个国际银行和12个联合国机构，后评价工作均迅速发展，评价费用约占同期总投资的0.17%。几乎所有组织都有综合性的项目前评估系统和有组织的监测系统。事实表明，集中管理的后评价组织形式更有利于开展正规的后

评价工作。在各国际性金融组织中，世界银行和亚洲开发银行由于投资贷款额大、后评价任务重，在项目执行评价方面积累了大量的经验。

近年来，发展中国家的后评价有了很大的发展。据联合国开发署（UNDP）的资料，大多数发展中国家已经成立了中央评价机构，许多从属或挂靠政府的下属机构，相对独立的后评价机构体系尚未真正形成。后评价成果的反馈情况并不令人满意，主要问题是没有完善的反馈机制。

二、国外投资项目后评价的内容

1. 美国投资项目后评价内容

美国是最早开展后评价的国家，也是国际上后评价理论与方法的倡导者。从20世纪30年代美国政府在“新分配”计划项目中第一次有计划地开始对项目进行后评价以来，目前在项目后评价的研究与实践方面已取得巨大的成就。

20世纪60年代，美国联邦政府制订了一个“向贫困宣战”的计划。为实现这一计划，美国政府动用了数以亿计的资金新建了一大批公益项目，国会和公众对这些资金的使用、效益和影响表现出极大的关注，于是在计划实施的同时，又进行了以投资效益为核心的项目后评价。这种效益评价的原则延续至今，并为各国所接受和采纳。

20世纪60年代末期，美国的文化革命导致了环境运动的出现，罗马俱乐部的活动进一步加剧了环境运动。1969年，美国国会在环境运动的压力下，通过了国家环境政策法令（NEPA），要求用环境影响评价来分析评价美国联邦政府投资或实施的政策、项目或规划方案在环境方面的影响，以减轻发展项目对生态环境的不利影响。

20世纪七八十年代，某些公益性项目决策由美国政府下放到州政府或地方政府，后评价工作也从联邦政府扩展到地方。随着后评价工作的不断深入，对后评价也提出了不少新的要求，在做法和思想方法上都有不少创新。更注重对项目过程的研究，其范围涉及社会的各个方面。诸如从环境保护到教育及创造就业机会等，其内容涉及公共资源的投资效率、管理水平和项目效果等。

到1980年，美国联邦政府认为，项目后评价有多种用途并有很多的使用者，任何单一后评价战略或单一后评价报告都不可能满足用户对不同类型信息的要求。因此，联邦政府主张，对不同信息需求的用户，提供不同类型的后评价成果；对政策周期的不同阶段，提供不同的后评价信息。

2. 欧盟投资项目后评价内容

20世纪60年代以前，国际通行的项目评估和评价的重点是财务分析，以财务分析的好坏作为评价项目成败的主要指标。

20世纪60年代，欧洲国家能源、交通、通信等基础设施以及社会福利事业将经济评价（国内称国民经济评价）的概念引入了项目效益评价的范围。

20世纪70年代，世界经济发展带来的严重污染问题引起人们广泛的重视，项目评价因此而增加了“环境评价”的内容。此后，随着经济的发展，项目的社会作用和影响日益受到投资者的关注。

20世纪80年代以后，世界银行等组织十分关心其援助项目对受援地区的经济、社会、文化和持续发展等方面所产生的影响。因此，社会影响评价成为投资活动评估和评价的重要内容之一。

近些年来，国外援助组织多年实践的经验证明了机构设置和管理机制对项目成败的重要作用，于是又将其纳入了项目后评价的范围。

3. 印度投资项目后评价内容

印度是发展中国家项目后评价开展最好的国家之一。印度自独立后，就开始有计划、有组织地实施经济发展规划。第一个五年计划（1951—1955 年）期间成立了中央规划评议组，负责组织项目后评价工作，当时的任务是评价在农村改造中“居民区发展规划”的工作。此后，规划评议组进行项目后评价的范围逐步扩展，现已涉及几乎所有部门的项目，如农业、灌溉、农村电气化、工业、保健、教育等项目。

4. 国际金融组织项目后评价内容

国际金融组织的主要业务之一就是为各国项目提供贷款或投资支持，因此，国际金融组织开展项目后评价的主要目的也是检查其投资活动的效果。项目后评价工作在国际金融组织中开展情况良好，项目后评价成果显著，其项目后评价管理方式和实施程序已被多数发展中国家所接受，形成了国际模式。

5. 加拿大政府项目后评价内容

加拿大建立了完善的后评价组织管理体系，包括行业部门从事后评价的规定以及内部审计和议会审计制度，以保证后评价工作的有效开展。

20 世纪 60 年代初，加拿大政府尝试在联邦政府建立一个综合后评价机构。1969 年，国库委员会建立了计划局，该机构在负责其他工作的同时，开展了一系列的后评价工作及政策评审，扶持政府各部门建立后评价机构，并指导各部门更多和更好地开展部门内的后评价。20 世纪 70 年代中期，该计划局进行了一系列项目的后评价，但总审计长的报告认为后评价做得成功的很少，并一再呼吁要有更多更好的后评价。议会对总审计长的报告作出了快速反应，1977 年，总审计长法案允许总审计长“提请议会对政府没有建立满意的关于项目效果测度和报告程序的情况予以关注”，总审计长和一些皇家委员会再三强调开展后评价工作的必要性。在此背景下，政府不得不作出反应，于 1977 年建立了总监办公室。该办公室的主要任务是进行效率和效果评价，即后评价。总监办公室被授权对各部门进行监督，要求各部门从事后评价工作；同时，还要求各部门建立效率和效果检测系统，总审计长办公室负责审计项目效果监测和报告的执行情况。至此，加拿大政府开展后评价体系已经具备，并着手开展后评价工作。1990 年 12 月，加拿大政府推出了“2000 年的公共服务”白皮书，特别强调重视业绩监督和相应地减少中央控制，并要求后评价在提供有关业绩监督信息中扮演重要角色。1991 年 1 月，参议院全国财政委员会提供了一份关于对加拿大政府后评价的研究报告。该报告认为，系统地使用后评价的结果，可为委员会提供一个强有力的评审事务的方法，并为政府项目提出具体的改进建议，但该报告也表达了对现有后评价系统的不满意。他们对后评价人员的独立性和客观性、总监办公室质量控制措施以及政府项目的后评价都提出了一些质疑，下院的公共账务委员会也对此表示极大的关注，并于 1991 年秋举行了一系列关于财政部税收政策后评价机构重组的听证会，极大地改善了后评价系统。现在，加拿大政府已把后评价与项目实施过程中的评价结合起来，取得了更好的后评价效果。

6. 世界银行投资项目后评价

世界银行是世界范围内项目后评价制度建立得比较完善的机构。世界银行项目后评价制度建立始于 20 世纪 70 年代初期，现已形成了独立的项目后评价机构和一整套项目后评价的程序、方法，指导世界银行项目后评价工作的开展，也带动了其他国际金融组织及国家项目后评价工作的研究与实践。

1）世界银行项目后评价机构的建立

世界银行于 1970 年成立了项目后评价机构，1975 年设立了负责项目后评价的总督察，并正式成立了业务评价局（OED），从此，项目后评价纳入了世界银行重要的正规管理和实施轨道。

在世界银行，项目后评价组织机构与其他业务部门完全独立，称为业务评价局。业务评价局只对银行执行董事和行长负责，不受外来干扰，独立地对项目执行结果做出结论，并将信息直接反馈到世界银行最高决策机构。

联合审核委员会（JAC）是执行董事会全体委员会的一个常务分委员会，它由执行董事会全体委员会任命的 8 位执行董事组成。该委员会的主要职责是：监督世界银行和国家金融公司项目后评价标准、程序和活动；保证世界银行项目后评价工作有效开展；每年向执行董事会全体委员会报告项目后评价工作的业绩和产出，在必要的情况下提出有关问题供执行董事会考虑；审核世界银行业务评价局和国际金融公司的年度工作计划和预算、总督察的年度项目后评价报告、业务评价局的项目后评价结果年度评论以及业务评价局和国际金融公司业务评价机构的所有研究报告。

世界银行的项目后评价由总督察负责，总督察由执行董事会任命，任期 5 年，可以连任，在联合审核委员会的支持下对执行董事会负责。总督察领导着世界银行的业务评价局和国际金融公司（IFC）的业务评价办公室（PEG）。

项目后评价机构有两个主要职责：一是评估世界银行项目后评价系统，就其完备性向世界银行和会员国提出报告；二是有选择地对业务活动和项目进行独立的审核，检验其是否实现预定目标，是否需要采取措施提高效率、效益和更好地满足会员国的要求，鼓励和帮助会员国政府发展其自身的项目后评价系统。

2）世界银行的项目后评价原则

（1）独立性原则。

世界银行要求项目后评价必须公正，其分析和结论不能带有偏见，这意味着项目后评价工作必须在其全过程中都独立于业务管理部门，包括工作计划的制订、工作大纲的编制、项目后评价人员的配置和项目后评价报告的审定等。

（2）有用性原则。

项目后评价影响决策的前提条件是决策者认为项目后评价结果有用和符合需要。

（3）可信性原则。

管理者和职员使用项目后评价结论的条件是项目后评价结论客观、公正和严密。项目后评价的可信性取决于项目后评价人员的专业水平、方法的严谨性和工作成果的公开性。

（4）透明性原则。

所有项目后评价报告向世界银行所有会员国、世界银行管理人员和世界银行支行公开，项目后评价（包括自我评价）应受世界银行执行董事会联合审计委员会独立年度审核，世界银行业务评价局每年发表项目后评价成果年度评论、项目后评价研究报告和一系列文摘。

7. 世界银行的项目后评价形式

世界银行的项目后评价形式主要有两种：一种由有关政策和项目管理人员负责进行的自

我评价，另一种由其业务评价局负责进行的独立评价。

世界银行贷款业务的自我评价主要由业务官员承担，它既包括实施过程中的自我评价，又包括实施完成后的自我评价。世界银行规定在项目贷款支付完毕后的6～12个月内，每个项目都要编制一份《项目完成报告》，主要由世界银行贷款项目准备和实施的业务人员负编制。《项目完成报告》按照世界银行最新颁布的《项目完成报告编写指南》编写，主要包括三大部分。第一部分主要概括项目执行过程的基本情况、存在的主要问题、采取的主要措施、获得的经验及教训，由世界银行编写。第二部分着重从借款人的角度对世界银行、项目管理机构及个人的工作情况作出评价，由借款国编写。第三部分是与项目概况的执行情况有关的统计资料，这些数据包括贷款情况、执行情况、成本和资金使用情况、项目的直接效果、对经济的影响以及协议执行情况等，由世界银行编写。

为了保证向世界银行执行董事会提供有关世界银行业务效果和影响的独立、客观、公正和准确可信的信息，世界银行业务评价局承担各种业务的独立评价工作。业务评价局行政预算占世界银行总的行政预算的1%，它有权向任何业务部门索取任何业务信息。

世界银行开展的独立评价有以下4种形式。

1）执行情况审核

每个《项目完成报告》编制完成后都要送世界银行业务评价局。世界银行业务评价局根据不同情况，对这些报告分类审核、指定专人通过查阅有关文件，实地调查、会议讨论等多种方法，对项目进行客观、公正、全面的总结评价，完成《项目执行情况审核报告》，连同《项目完成报告》一并上报董事会和银行行长。《项目执行情况审核报告》是对业务实施情况进行的一项独立于业务管理职能的评价。对《项目完成报告》一般分成三类审核：第一类项目是那些经济效果较好、工期符合计划要求、投资没有超过预算、在《项目完成报告》中已充分反映出经验教训的项目，对这类项目，仅作粗略审核，在项目审核备忘录上记录一些概况和带有普遍意义的教训；第二类项目是那些经验和教训对当前世界银行开展业务有重要指导意义的项目，对这类项目要进行实地考察，与借款国政府和项目实施机构讨论项目的成功经验和失败教训，与项目不同阶段的有关人员一起进行详细总结；第三类项目介于第一类和第二类之间，审计的粗细程度由业务评价局根据情况具体掌握。

按世界银行规定，《项目执行情况审核报告》一般包括两部分：第一部分是项目审核备忘录，审核备忘录一般包括三部分，即项目背景、项目审核结果和项目经验及教训；第二部分是项目完成报告，作为审核的依据附后。

2）年度评价

在《项目完成报告》和《项目执行情况审核报告》的基础上，把各个项目的经验和教训综合起来，得出对世界银行贷款工作具有普遍意义的结论，指导世界银行将来的贷款方向和贷款重点。这些工作反映在业务评价局一年一度的年度报告中，并产生该阶段的文件——《年度评价报告》。

3）影响评价

以《项目完成报告》为基础所进行的上述一系列工作，构成了业务评价局经常性的后评价业务。但这些工作的基础有一个明显的问题，就是有些项目在其完成时效益、效果尚未完全确定，因此《项目完成报告》所做的一系列评价必然带有局限性。这样业务评价局就要在上述项目中挑出一部分项目完成5年以后进行复评，并编制该项目的《影响评价报告》，或称《效应评价报告》，主要采取实地调查，如访谈、直接观察、查阅现有信息等方式。

4）项目后评价研究

业务评价局利用《项目完成报告》《执行情况审核报告》和《影响评价报告》，并通过其官员实地考察和调查，开展项目后评价研究工作。项目后评价研究从业务执行角度出发，评价世界银行政策、程序和规范的有效性。像审核报告一样，项目后评价研究报告在征求借款国和世界银行业务官员意见后定稿，并发送到执行董事会及具有关国家和世界银行管理阶层，该报告可以向世界银行所有官员提供。

三、亚洲开发银行投资项目后评价

项目后评价是亚洲开发银行（简称亚行）管理体系中不可缺少的一部分。其目的在于评价亚行贷款项目的效果，以及为实现这些效果而采取的各种手段的有效性，分析导致贷款成败的因素，为今后的决策提供科学依据。

1. 亚洲开发银行项目后评价机构的建立

亚行认为，作为开发性金融机构，自己负有责任和义务监督项目的执行，以确保项目实现其目的，保证资金使用经济且高效，从而促进借款人经济的发展和社会的进步。因此，从20世纪70年代成立亚行项目后评价办公室（PEO）至今，亚行不断完善其项目后评价机构，拓展其业务领域。1999年，亚行将PEO改为业务评价办公室（OEO），虽然仅是名称上的改变，更为重要的是亚行项目后评价业务领域向全过程延伸。

2. 亚洲开发银行项目后评价程序

亚行经过几十年的实践，也形成了相对稳定的项目后评价程序，这个程序分为五个阶段：项目竣工验收、项目执行审计、项目后评价报告的年度回顾、影响评价研究和特别研究。

1）项目竣工验收

亚行认为项目竣工验收是项目后评价的第一个阶段。因为《项目竣工报告》将为项目后评价提供大量的基本信息和原始数据，这些都是进行项目后评价所必需的资料。

2）项目执行审计

亚行规定对已完工并已编制项目竣工报告的亚行资助项目都要进行项目执行审计，并作为亚行项目后评价办公室的基本工作，最后编制《项目执行审计报告》。《项目执行审计报告》将审查下述问题：项目准备和评价、贷款文件、项目执行、工作表现、经济再评价、亚行和借款人或项目执行机构的表现。最后项目后评价办公室向亚行有关职员和借款国有关机构征求对《项目执行审计报告》草案的意见，并反馈到《项目执行审计报告》中，《项目执行审计报告》定稿后，报送董事会。

3）项目后评价报告的年度总结

亚行项目后评价办公室每年都要对过去一年中项目后评价报告中的观点和结论进行分析、总结和归纳，形成年度总结文件，以提高亚行业务和政策水平。年度总结还选择一些值得详细评价的问题做专题研究。

4）影响评价研究

亚行对项目的关注要持续到全面投产阶段或预计的满负荷生产效益实现之时，因此，亚行项目后评价办公室定期选择部分自助项目对其进行长期影响研究。一种方法是对某一国家的一组由亚行资助的项目进行影响评价；另一种方法是对不同国家中某个行业的一组项目进行重新比较评价。

5）特别研究

特别研究是亚行项目后评价办公室对项目的某些特别方面进行总结评价，重点分析亚行需要进行回顾和评价的某些特定方面，深入细致地研究项目执行审计报告中普遍反映出的共性问题。

四、国外项目后评价发展的特点

（1）由于发达国家项目后评价起步较早，经过多年的实践和总结，形成了较为完整的项目后评价体系，且各发达国家和国际金融组织都根据自身的特点，有所侧重地开展项目后评价工作。

（2）项目后评价工作组织机构的建立和项目后评价成果应用程度直接影响项目后评价工作的开展和深入。只有项目后评价成果被广泛地运用，项目后评价的工作才能深入、持久、广泛地开展下去。

（3）随着监督范围的扩大和深入，项目后评价的范围逐步趋向全过程评价。从前评价到后评价，再到对项目的全过程进行监督和管理的评价，逐步形成了项目全过程的预测、监督、管理、分析、总结等多方面的完整体系，这对项目全过程的监测和监督管理方面起着非常重要的作用。

（4）随着实践的深入和认识的不断提高，项目后评价的内容和方法由单一化向多样化发展，逐步由单一的财务评价向包括财务评价、过程评价、经济评价、环境影响评价和社会评价等的多种评价演化；评价的对象和内容逐步向多角度、多层次、多目标研究方面发展，各种新兴边缘的科学被应用到项目后评价中，也推动项目后评价工作向深度发展，完善了项目后评价的理论体系和方法体系。

（5）项目后评价机构的功能逐步扩大。国际金融组织所设立的项目后评价机构除进行贷款项目后评价日常工作外，同时还负责对整个金融机构的业务工作进行年度评价，并结合项目后评价，来评价各业务部门的工作质量和效果。项目后评价已经成为国际金融组织内部监督的重要工具，后评价局更名为业务评价局。

五、国外项目后评价对我国开展项目后评价的启示

（1）推进投资项目后评价工作的制度化、法律化进程，使之成为投资项目管理的必要环节和重要组成部分。美国公共投资项目后评价工作有较完善的法律制度作保障，具有强制性。与项目可行性研究和项目论证相比，项目后评价更为重要，它不仅关系到项目本身合理性的评价，而且直接关系到决策者决策行为的评价，是政府制定下一期公共投资政策的重要参考依据，是一项十分严肃的工作。我国应尽快将政府和企业投资项目后评价工作作为一项投资管理制度以法律的形式固定下来，明确项目后评价工作的重要性，进一步完善项目后评价管理体制，明确界定项目后评价工作。

（2）建立项目后评价数据资料信息库和科学的项目后评价指标体系。项目后评价工作的发展趋势将是一个多层次、多目标、多因素、内容复杂的技术经济管理相结合的综合分析评价体系，需要有大量翔实的数据信息资料作为依据。后评价项目数据信息资料库不完备，缺乏类似项目横向对比数据等，已成为制约项目后评价工作深入、有效开展的瓶颈。建立项目后评价数据资料信息库和科学的项目后评价指标体系已成为投资项目后评价工作质量与权威性的重要保证。美国公共投资项目后评价中，对立项评价、效益评价、影响评价、持续性评价均有一套科学完整的评价指标体系。美国社会的子项目评价咨询机构，针对企业竞争性项目后评价，建立了庞大的项目后评价数据库，采用标准化的数据资料收集方法，建立和使用统计分析模型，在大量数据资料横向对比、量化分析的基础上，进行基础研究和行业项目基准研究，并将研究成果应用于不同的项目分析之中。多年实践已经在项目后评价工作方面形成了资料数据采集标准化、数据分析处理模型化、横向对比分析定量化和工作周期相对较短的特点。我国应结合政府和企业投资项目的特点，尽快建立科学、简洁、实用的项目后评价指标体系，建立政府和企业投资后评价工作数据库，提高项目后评价的客观性、科学性和权威性。

（3）建立投资项目后评价专门机构，培养训练有素的项目后评价专业队伍。借鉴美国公共投资项目后评价工作的经验，结合我国政府和企业投资项目规模不断扩大、对政府和企业投资项目进行后评价工作的必要性日渐显现的实际，尤其是十八届三中全会提出全面深化改革、进一步转变政府管理职能，由事前审批更多地转变为事中事后监管，国家、社会、投资人和管理层对投资项目实施效果进行审视的需求在不断增加。项目后评价是全过程、全方位的评价，涉及面广，要求评价人员应具有广泛的阅历和丰富的经验，熟悉相关业务的宏观政策、管理规定和技术规范，了解行业的发展趋势和发展水平，并具有较好的文字表达能力。为此，需要建立专门的项目后评价机构，培养训练有素的专业队伍，进一步提高项目后评价工作水平，通过规范化运行，有利于减少项目后评价工作风险，使项目后评价工作有序有效开展，成为制度化、日常化和规范化的工作。

第二节　我国投资项目后评价发展情况简介

我国对项目后评价方法的研究要早于实际应用，20 世纪 80 年代中期，我国一些研究机构在开始研究投资项目可行性分析方法的同时，开展了后评价方法的研究，但实际应用较晚。在后评价方法的研究过程中，大量借鉴了国外已有的成果，以弥补国内经验的不足。对外开放政策的实施，使我国有机会接触到较先进的技术与方法，而外资项目的进入又带来了对投资项目后评价的实际需要。

20 世纪 80 年代中后期，我国开始进行项目后评价工作。20 世纪 90 年代，在项目后评价得到国际社会普遍认同和我国建设投资规模不断增大的大背景下，我国开展项目后评价的企业逐步增多。但因缺乏明确的制度规定和管理机构，项目后评价工作一直处于徘徊状态，造成项目后评价工作滞后，甚至不被重视，不利于项目后评价工作在政府和企业投资项目监管中发挥应有作用。

2004 年 7 月，国家颁发了《国务院关于投资体制改革的决定》（国发〔2004〕20 号），明确提出要求对政府投资项目“完善重大项目稽查制度，建立政府投资项目后评价制度，对政府投资项目进行全过程监管”。由此，确立了项目后评价在项目全过程管理中的地位，开启了项目后评价在政府和企业投资项目管理中实践应用的新阶段。项目后评价制度作为一项制度安排，成为投资体制改革的十分重要而关键的内容。

2005 年，国务院国有资产监督管理委员会发布了《中央企业固定资产投资项目后评价工作指南》（国资发规划〔2005〕92 号）；2008 年，国家发展和改革委员会发布了《中央政府投资项目后评价管理办法（试行）》（发改投资〔2008〕2959 号）并于 2014 年对该管理办法进行了进一步修订和完善，这些文件的出台，标志着我国项目后评价工作进入了制度化轨道，对各行业和中央企业后评价工作起到了明显的推动作用。

一、各部委项目后评价发展历程

1. 国家发展和改革委员会

原国家计划发展委员会（以下简称国家计委）是我国率先开展项目后评价工作的部门。20 世纪 80 年代初，国家计委为总结国家重点建设项目的建设经验，开展了后评价试点工作。1988 年，国家计委为适应国外贷款的要求，下发了计外资〔1988〕933 号文，要求对利用外资项目进行项目后评价。1990 年，国家计委又下达 54 号文《关于开展 1990 年国家重点建设项目后评价工作的通知》，对国家重点建设项目开展项目后评价的目的和意义、评价内容、程序及方法、项目选择评价层次以及项目后评价报告意见的反馈和传播作了明确规定；并委托中国国际工程咨询公司进行了第一批国家重点投资建设项目的后评价，它标志着项目后评价在我国的正式开始。1991 年，国家计委提出了《国家重点建设项目后评价暂行办法》（讨论稿），将 54 号文实施后的经验进行系统化并形成规定，尤其对项目后评价成果的应用和反馈作了明确规定。这两个文件是中国政府部门较早制定的有关项目后评价的政策法规，对行业、部门和企业开展项目后评价工作起了很大作用。1990 年 4 月，国家计委在北京召开了重点建设项目后评价工作会议，会议上部署了对 14 个项目进行后评价的任务。1991 年 7 月，国家计委在哈尔滨召开了全国重点建设项目后评价座谈会，会上总结交流了 14 个重点建设项目后评价工作的经验，讨论修改了《国家重点建设项目后评价暂行办法》（讨论稿）。国家计委下发通知，确定 1991 年对 10 个重点建设项目进行后评价。1992 年，国家计委和建设部共同出版了《建设项目经济评价办法与参数（第二版）》一书，为我国建设项目经济评价提供了方法与参数。1994 年，国家计委投资研究所和建设部标准定额所共同研究并出版了《投资项目社会评价方法》一书，这些办法、参数和方法为我国项目后评价研究与实践提供了评价的依据。1996 年，国家计委发布《国家重点建设项目管理办法》，正式规定国家重点建设项目应进行项目后评价。2008 年年底，国家发展和改革委员会发布了《中央政府投资项目后评价管理办法（试行）》，对中央政府投资项目的后评价工作进行规范，标志着我国政府投资项目的后评价工作进入了制度化、规范化轨道。除了建设投资项目，目前国内对于股权投资项目、规划项目后评价等也进行了探讨和研究，并开展了一些典型项目后评价工作的试点。其他所有制成分的企业也开始积极考虑对项目进行后评价工作。2014 年，该办法进行了进一步修订和完善，提出了加强中央政府投资项目全过程管理，明确了推广后评价经验和做法的形式，增加了对于项目单位不按时提交自我总结评价报告、不配合后评价工作的相关惩处措施以及经验教训及相关对策建议反馈到项目参与各方，形成良性项目决策机制的要求等内容。

2. 国有资产监督管理委员会

为贯彻落实《国务院关于投资体制改革的决定》（国发〔2004〕20 号）精神，更好地履行出资人职责，指导中央企业提高投资决策水平、管理水平和投资效益，国务院国有资产监督管理委员会（简称国资委）组织编制了《中央企业固定资产投资项目后评价工作指南》（国资发规划〔2005〕92 号）。该工作指南意在规范投资项目后评价工作，推动投资项目后评价制度和责任追究制度的建立，是中央企业开展投资项目后评价工作的指导性文件。文件中明确了中央企业的后评价工作由国资委规划发展局具体负责指导、管理。国资委每年将选择少数具有典型意义的项目组织实施后评价，督促检查中央企业后评价制度的建立和后评价工作的开展，及时反馈后评价工作信息和成果，组织开展后评价工作的培训和交流活动。

3. 财政部

财政部世界银行司专门负责我国利用世界银行贷款项目的评价工作，按照银行的相关要求组织协调项目单位，对所有世界银行贷款的项目编制项目完成报告（或项目执行情况报告），并总结贷款的经验教训。财政部世界银行司受世界银行委托，开展中国项目后评价能力调查、机构设置情况、人员培训和项目后评价课程的专题研究工作。为加强对基本建设投资项目的财务管理，财政部1993年专门成立了基本建设财务司，为加强对国有资产经营的评价工作，又专门成立了国家国有资产管理局，归属财政部。1996年，财政部以财基字〔1996〕145号文颁发了《财政部关于加强基本建本财务管理若干意见的通知》，通知中第5条明确指出，各级财政部门要协调项目的主管部门切实开展和搞好建设项目后评价工作。

4. 国家审计署

20世纪80年代以来，国家审计署对利用国外贷款项目每年进行年度审计，并向国外贷款组织提交报告。1991年，国家审计署颁布了《涉外贷款资助项目后评价办法》，同时也颁布了一些地方贷款项目的评价准则，对一些已竣工项目开展投产后3年内的财务效益审计。1992年，国家审计署与国家计委、中国人民建设银行联合发布了《基本建设项目竣工决算审计试行办法》。1994年8月31日（1995年1月1日执行）颁布实施的《中华人民共和国审计法》，其发展趋势是将资金预算、监测、审计和评价结合在一起，形成一个有效的管理循环和评价体系。

5. 交通运输部

为了全面总结港口建设项目从决策、设计、实施到投产营运全过程的经验、教训，科学评价建设成果，使港口建设管理步入程序化、规范化、科学化的轨道，强化全行业宏观管理机制，提高港口建设的管理水平。交通运输部（简称交通部）在1986年建立的《交通建设重点项目管理卡》和《交通建设重点项目总结工作制度》试点的基础上，1989年以交计字〔1989〕701号文颁发了《港口建设项目后评价报告编制办法》。该办法明确了项目后评价是港口建设项目管理的最终环节，并对港口建设项目后评价依据的文件、方法、范围、责任等进行了明确交代，强调港口建设项目后评价成果的主要文件为《后评价报告》《项目综合管理卡》和《施工监理大事记》。1990年，交通部下发了《公路建设项目后评价报告编制办法（试行）》，对后评价工作的内容进行了规范。1994年，上海、广东、陕西、辽宁等四省（市）先后完成了沪嘉、广佛、西三、沈大四条高速公路后评价报告的编制工作，取得了初步的经验和一系列富有开拓性的成果。在总结这些经验、成果的基础上，1996年，交通部以交计发〔1996〕1130号文发布了《公路建设项目后评价工作管理办法》和《公路建设项目后评价报告编制办法》，详细规定了公路项目后评价工作的重点、必备条件和组织管理方式，同时也进一步明确了后评价报告的文本格式及内容要求，这标志着我国公路建设项目的后评价工作已经开始迈入程序化、规范化的轨道。

6. 原铁道部

原铁道部从世界银行及一些国际金融机构的贷款项目中也认识到项目后评价工作的重要性。原铁道部授权铁道部计划司负责铁路建设项目后评价的组织管理工作，具体评价则委托铁路设计院、咨询公司等单位完成。《铁路建设项目后评价报告》完成后，铁道部计划司会组织一个由各方人士组成的专家小组对其进行审查和验收，将最终的后评价报告交有关领导审批。1997 年，铁道部科教司设立了第一个铁路建设项目后评价课题“铁路建设项目后评价理论及应用研究”，1998 年，铁道部计划司会同铁道部几家设计院共同编写了《铁路建设项目后评价暂行办法》（送审稿），这些都推动了铁路建设项目后评价工作的开展。

7. 水利部

1998 年，水利部发布了《水利工程建设程序管理暂行规定》，明确规定后评价是水利工程建设的重要阶段，同时开始了水利建设项目相关办法和标准的研究工作。2002—2004 年，水利部组织制定了《水利建设项目后评价报告编制规程》。2010 年，水利部制定了《水利建设项目后评价管理办法（试行）》（水规计〔2010〕51 号）。

二、国家开发银行后评价发展历程

国家开发银行是 1994 年国务院新成立的国家政策性投资银行，该行后评价局对国家政策性投资项目进行后评价，并通过后评价检验项目贷款效益。该行于 1995 年 12 月 11 日以国家开发银行后评价〔1995〕278 号文颁发了《国家开发银行贷款项目后评价管理暂行办法》，该办法对国家开发银行后评价工作的组织、原则、对象、程序、方式、内容、依据及报告格式进行了具体规定。该办法对加强和完善国家开发银行信贷管理，总结贷款评审和资金运作的经验，吸取教训，提高贷款项目决策、管理谁评价及信贷资产质量，规范开发银行贷款项目后评价工作具有重要意义，并具体指导了一些实际项目的后评价工作。

三、中国部分企业项目后评价发展历程

1996 年，中国石化开始开展后评价工作。2001 年，中国石油化工集团公司在印发的《固定资产投资决策程序及管理办法（试行）》中，将后评价列入中国石化的基本建设管理程序，2004 年，中国石油化工集团公司印发《中国石油化工集团公司石油化工投资项目后评价报告编制规定》。2005 年以来，中国石化开展了燕山、扬子、金山、齐鲁、茂名等多套乙烯改造项目综合对比后评价。

2003 年，中国大唐发电集团公司编制了《火电项目后评价细则》，2006 年对大唐发电集团公司成立 4 年来投资的 29 个项目开展了经济效益专项后评价，项目独立后评价并汇总编制了综合后评价报告，2009 年开展了 11 个火电项目独立后评价。2009 年，中国大唐集团公司相继修订和编制了《中国大唐集团公司基本建设项目后评价管理办法》《中国大唐集团公司火电项目后评价实施细则》《火电项目后评价报告编制规程》《火电项目综合后评价报告编制规程》，并汇总形成《中国大唐集团公司火电项目后评价工作手册》。

2005 年，国家电网下发了《国家电网公司固定资产投资项目后评价实施细则（试行）》。实施细则制定的目的是加强国家电网公司投资管理，提高投资决策水平，完善投资决策机制，规范投资项目后评价工作。国家电网制定完善了投资项目后评价等一系列规章制度，形成了严谨完整的投资管理制度体系，为规范投资管理提供了制度保障，实现了投资项目的全过程闭环管理。近年来，在电网工程后评价方面先后完成了西北 750kV 示范、三广、三常、呼辽、宁东、德宝及向上直流等一批重点工程后评价，开展溪洛渡左岸—浙江金华特高压直流、华北东北直流背靠背等工程后评价，及时总结经验，加强后评价信息和成果的反馈，提高了后评价对投资决策的支撑作用。

第三章 中国石油项目后评价探索与发展

第一节 企业概况

中国石油天然气集团有限公司（以下简称中国石油）是1998年7月在原中国石油天然气总公司基础上组建的特大型石油石化企业集团，2017年12月完成公司制改制，是国家授权投资的机构和国家控股公司，是实行上下游、内外贸、产销一体化、按照现代企业制度运作，跨地区、跨行业、跨国经营的综合性石油公司。中国石油是国有独资公司，是产炼运销储贸一体化的综合性国际能源公司，主要业务包括国内外石油天然气勘探开发、炼油化工、油气销售、管道运输、国际贸易、工程技术服务、工程建设、装备制造、金融服务、新能源开发等。中国石油下设油气和新能源、炼化销售和新材料、支持和服务、资本和金融四个子集团，实行业务归口管理。经过近50年的积累和多年的快速发展，中国石油建成了一支门类齐全、技术先进、经验丰富的石油专业化生产建设队伍，具有参与国内外各种类型油气田和工程技术服务项目的全套技术实力和技术优势，总体技术水平在国内处于领先地位，不少技术已达世界先进水平。

中国石油天然气股份有限公司（China National Petroleum Corporation）是中国石油最大的控股子公司，主要经营石油和天然气勘探、开发、生产、炼制、储运、销售等主营业务。公司牢牢把握科学发展主题和加快转变发展方式主线，坚持油气发展不动摇，坚定不移地把油气勘探开发作为重中之重，统筹炼油化工、销售贸易、管道储运等业务协同发展，充分发挥工程技术等业务的服务保障作用，确保业务规模、发展速度与质量效益同步增长，打造绿色、国际、可持续的中国石油，更好地服务经济社会发展。

中国石油覆盖国内外勘探与生产、天然气与管道、炼油与化工、销售、工程技术、工程建设、装备制造和金融服务等业务。勘探与生产业务主要包括国内石油天然气资源勘探和对已探明资源的开发生产，以及新能源利用开发。天然气与管道业务主要包括中国石油的油气调运、天然气市场开发与销售、油气储运设施建设管理、资产完整性等。炼油与化工业务主要负责中国石油的炼油、化工生产和化工产品销售等。销售业务主要负责成品油、润滑油、燃料油、沥青以及其他炼油小产品、非油品的销售和成品油进出口业务的组织管理工作。国际油气业务主要负责中国石油海外油气勘探开发、炼油化工、管道建设与运营业务的归口管理。国际贸易业务主要包括通过进出口、委托加工以及油品炼制、仓储、运输、批发、零售等形式开展的原油、成品油、天然气、石化产品贸易和油品期货业务。工程技术业务主要负责物探、钻井、测井、地质录井及酸化、压裂等石油工程技术服务。工程建设业务负责中国石油油气田地面、炼油化工、管道工程、油库的勘察设计、施工和监理与海洋工程建设的勘察、设计、采购、施工、监理等。装备制造业务为中国石油生产运营提供设备保障，主要生产钻井、采油、钢管、动力、炼化、物探、测井、海工、天然气等九大类产品。金融服务业务主要包括银行、信托、排放权交易、保险、金融租赁、资产管理等，为实现中国石油产融结合的发展战略提供保障。此外还有矿区服务、车辆运输等业务。

中国石油坚持以习近平新时代中国特色社会主义思想为指导，围绕建设世界一流综合性国际能源公司目标，全面贯彻新发展理念，服务和融入新发展格局，牢牢把握稳中求进工作总基调，遵循“四个坚持”兴企方略和“四化”治企准则，以提高质量效益为中心，坚持问题导向、目标导向、结果导向，着力发展主营业务，强化企业管理、改革创新、提质增效、绿色转型、数字化转型和风险防范，大力实施资源、市场、国际化和创新战略，弘扬石油精神、重塑良好形象、推进稳健发展，在建设具有全球竞争力的世界一流企业进程中走在中央企业前列，为保障国家能源安全、实现中华民族伟大复兴的中国梦作出新的更大的贡献。

第二节　后评价工作发展历程

早在1991年，原中国石油天然气总公司就选取了10个油气田开发项目开展后评价工作，首次对后评价工作进行了试点尝试。中国石油天然气集团有限公司（以下简称中国石油或集团公司）系统性开展后评价工作始于2001年，以公司文件形式在上、中、下游业务分别选取1个项目开展后评价，自此中国石油后评价工作步入起步发展阶段。10多年来，中国石油后评价工作经历了三个发展阶段。

一、探索起步阶段（2001—2004年）

探索起步阶段试点开展了勘探、开发、管道、炼化、销售等项目后评价，主要为下一步全面开展后评价工作摸索经验。由于后评价工作刚起步，工作处于边干边摸索、边认识的阶段，还没有形成一套比较符合石油企业实际、相对完整的工作思路和方法。各级领导和管理部门对后评价工作的认识也处于一个逐步了解、从接受到支持的过程。

随着公司领导对后评价工作愈发重视和支持，各级主管部门努力克服困难，后评价初步见到实效，发挥了积极作用。例如，总结出勘探开发一体化有效加快增储上产步伐；先进工艺技术促进了我国管道建设技术水平；依托老厂挖潜改造，以内涵为主扩大生产能力是炼化企业发展的有效途径等。同时，也提出了项目管理存在的一些问题，得到了相关部门的高度关注。

二、全面发展阶段（2005—2010年）

全面发展阶段主要以在总部机关成立专门的后评价管理部门为标志。这一阶段主要是完善了后评价管理制度、构建了后评价组织体系，并按照全面开展后评价工作的要求，组织开展了项目简化后评价和详细后评价工作，走出了一条适合中国石油特色的后评价工作的新路子。在制度建设方面，逐步探索出了一套以管理办法为纲、典型项目推动、简化评价铺开的后评价工作制度，为后评价工作有效有序开展奠定了制度基础。在队伍建设方面，积极组建机构，加大人员培训和支撑体系建设，初步建立了专职人员与兼职人员相结合、专家咨询机构为支撑的后评价组织体系。在理论探索方面，出版了《油气勘探项目后评价》和《油气田开发项目后评价》两本专著，较为系统地探讨了油气勘探项目后评价内容，并结合具体项目进行了实例分析，开展了后评价论文征集评选活动。在项目评价方面，将项目简化后评价工作纳入公司日常化管理轨道，积极推进典型项目详细后评价工作，实现了后评价工作的全面展开；在成果利用方面，初步建立了项目后评价意见、后评价呈报、简报以及通报等多渠道信息反馈机制。后评价工作得到了国务院国有资产监督管理委员会（以下简称国资委）和集团公司领导的肯定。连续两年都在国资委举办的后评价会议上进行了经验交流。

三、深化提高阶段（2011—2014 年）

深化提高阶段主要以正式发布后评价工作纲要为主要标志。这一阶段明确了后评价工作“总结项目最佳实践，为构建科学投资决策体系提供支持”的工作定位，并围绕这一定位厘清了下一步后评价工作的发展方向和工作目标，进一步完善了后评价工作制度和组织体系，深化后评价内容，拓展后评价范围，完善后评价反馈机制，探索出了一条具有中国石油特色的后评价工作新路子。2014 年，出版了《石油工业投资项目后评价系列丛书》，结合中国石油油气项目后评价工作实践，对油气田勘探、开发、炼化、管道、销售等项目的后评价管理、评价内容以及后评价的学术前沿进行了系统地论述和分析。

四、成熟完善阶段（2015—至今）

通过多年的探索实践，集团公司的后评价工作成果丰硕，通过完善三个基础，搭建一个平台，进一步巩固了后评价工作在央企中的领先地位。

三个基础分别是：（1）制度基础，包括《后评价管理办法》等；（2）理论基础，包括后评价手册、后评价系列丛书；（3）组织基础，成立中国石油项目后评价中心。一个平台就是搭建后评价信息系统平台。

经多年的探索实践，后评价工作已经进入新的发展阶段，已由单纯的总结经验教训和为投资决策提供借鉴，向实现投资活动全过程监管和开展投资效果跟踪评价发展转变，迫切需要培养一支训练有素和稳定的后评价专业队伍，2015 年 7 月，作为后评价工作专门的支撑机构中国石油项目后评价中心应运而生，注重经验积累，统一评价标准，致力于为中国石油后评价工作提供专业化的技术服务与支持。

随着工作基础和平台建设的不断完善，中国石油后评价工作始终以服务决策支持、规范项目管理和提高投资效益为根本目标，典型项目评价与专项研究相结合，问题导向与系统评价相结合，以信息化平台建设为抓手，强化信息反馈和成果利用，务实创新，扎实推进自身建设，各项工作取得明显成效。

第三节　特色后评价工作体系的主要内容

一、工作定位

科学管理离不开清晰准确的定位。后评价工作定位是总结项目最佳实践，为构建科学投资管理体系提供支持。具体讲，一是评价考核，考查项目建设和运营目标实现程度；二是改进提高，针对项目发现的问题及时提出措施建议，实现项目高效运营；三是总结推广，推广项目建设运营管理的经验，为在建和后续项目提供借鉴；四是完善规范，将发现问题与完善制度和管理相结合，从机制体制上提高项目管理；五是挂钩联动，建立后评价与新上项目挂钩机制，实现项目立项审批的有机联动。

二、制度体系

形成了以管理办法为纲领，实施细则为配套，各业务简化评价编制模板、报告编制细则、项目量化评分标准等规定为支撑，后评价手册为指导的有机统一整体。管理办法主要明确了管理职责要求及后评价内容和形式，在后评价工作中居于纲领性地位；实施细则作为管理办法的配套文件，进一步细化了工作要求和发展方向；相关编制细则等支持性制度对规范各业务后评价内容和方法起到有效的指导作用；按照集成性、可操作性原则编制形成的后评价手册，是细化和解读制度规范、指导实际操作的有效工具。

三、实施层次

着眼于评价范围全覆盖、评价项目无盲点的目标，在实践路径上，形成了典型引路、简化铺开、逐步推行的工作方式；在工作布局上，注重实现简化评价、详细评价、专项评价、中间评价、跟踪评价的有机结合，从而构筑宽领域、多层次、全覆盖的发展态势；在工作流程上，强化简化后评价的基础性作用，形成了项目建设单位自我后评价、咨询单位独立后评价、反馈后评价意见和企业整改落实的闭环管理工作流程，始终将问题和建议的整改落实作为实现项目闭环管理的着力点和落脚点。

四、方法内容

后评价主要包括项目前期工作评价、建设实施评价、生产运营评价、经济效益评价、影响与持续性评价等内容，不同投资项目类型根据项目特点各有侧重。利用现代系统论、控制论和统计学的基本原理，形成了对比分析法、调查法、逻辑框架法、因果分析法和成功度评价法等定性和定量相结合的合理有效的评价体系。在实施中，根据项目特点合理选择，综合运用各种方法，对项目进行系统分析和综合评价。

第四节　特色后评价工作体系的特征

中国石油特色后评价体系是在借鉴国际先进理念与成功做法的基础上，与我国国情和中国石油发展阶段性相适应，同时充分汲取了企业发展长期积累的全过程管理经验，既具有历史传承性与开放性，又具有十分鲜明的特征。

一、体现了企业强化管理的本质要求

强化管理是企业实现有效发展的永恒主题。回顾我国石油工业发展历史，在取得丰硕成果的同时，也存在一些不成功的案例。但在总结经验教训时，多从专业角度、技术上进行，而不是将其作为项目管理的重要环节，采用科学的方法进行系统、全面地总结。当前，随着石油企业现代企业制度的逐步完善，为提高投资效益和增加企业竞争力，满足投资者对项目监督和评价的要求，实现决策科学化，迫切需要建立完善的后评价机制。同时，由于油气资源品质劣质化加重，实现同等效益的投资增大，对投资决策水平的要求也越来越高，也需要通过后评价来总结经验教训，提高决策水平。近年来，中国石油建立了“规划—可研—设计—实施—验收—后评价”全过程管理流程，将后评价作为项目管理的重要环节，注重推广经典经验，狠抓问题整改落实，强化项目闭环管理，有效地促进了项目管理水平的提高，较好体现了企业强化管理的本质要求。

作为现代经济社会发展的基础工业，石油天然气工业具有项目复杂、不确定因素多、投资大、风险高等特点。做好后评价工作必须坚持从实践破题，注重紧扣石油天然气工业项目特点开展工作。例如，结合油气勘探开发项目阶段性强、计划变数较大以及多学科、多专业、多工种协同作业的系统工程等特殊性，探索开展了五年滚动规划、年度计划等评价工作；立足油气剩余资源类型复杂性加大的现状，开展了低渗透油田开发、老油田三次采油等专项评价；围绕提升企业抗风险能力和综合竞争力的需要，开展了加油站开发和库站租赁业务效果、海外业务专项评价；按照助推经济发展方式转变的要求，开展了安全环保、信息化

和科技项目等专项评价；结合项目集中建设的实际，开展了大型管道和炼化项目中间评价。通过这些探索，总结借鉴了项目建设成功的经验，发现了影响项目发展的主要问题并提出措施建议，不仅促进了项目建设管理水平，而且也提高了工作的针对性和时效性。

二、体现了统一而又多层次的企情要求

按照中国石油“一级法人、集中决策、分级授权”投资管理体制的要求，结合集团公司“集团公司—专业版块—地区公司”三级管理层次，建立了统一而分层次的后评价工作体制。所谓统一，主要是“统一制度”，即形成上下匹配、标准统一、管理规范的制度体系。所谓分层次，就是“归口管理、分级负责”，即各级计划部门作为后评价工作的分级主管部门，按照权限履行职责，统一组织和管理本级后评价工作，分级制订计划并组织实施。同时，按照“谁主管、谁负责”原则组织项目评价工作。企业是项目简化后评价和自我后评价实施主体，自我后评价应侧重于前后对比，突出前期工作、建设实施、生产运行和经济效益等评价，对项目目标实现程度进行分析；独立后评价是第三方咨询机构采取前后对比和横向对比相结合的方法，重点对项目前期工作、经济效益、影响和持续性、项目竞争力和成功度进行评价，从中总结经验教训。

三、体现了兼收开放的发展要求

中国石油特色后评价工作体系，始终立足于企业特点，坚持将传承企业管理的历史精髓、借鉴其他工作和部门的有益内容与进行制度创新有机结合起来。一方面，注重继承中国传统文化“反刍”思想和中国石油企业管理理念，适应项目决策科学化和资本市场监管需要进行项目管理制度创新；另一方面，研究借鉴了审计、纪检监察等工作和世界银行等部门项目管理的有益经验，吸收其优秀管理成果，但又不简单照搬照抄，使工作体系符合中国石油实际，又顺应企业管理发展潮流。近年来，对项目量化评价指标体系、后评价数据建设进行了有益探索，有效丰富和发展了项目管理内涵和实践。

第四章　信息系统的历史与发展

第一节　信息化的概念与意义

一、信息化的含义

1. 信息化的来源

“信息化”概念产生于日本。1963 年，日本学者梅倬忠夫在《信息产业论》一书中描绘了“信息革命”和“信息化社会”的前景，预见到信息科学技术的发展和应用将会引起一场全面的社会变革，并将人类社会推入“信息化社会”。1967 年，日本政府的一个科学、技术、经济研究小组在研究经济发展问题时，依照“工业化”概念，正式提出了“信息化”概念，并从经济学角度下了一个定义：信息化是向信息产业高度发达且在产业结构中占优势地位的社会——信息社会前进的动态过程，它反映了由可触摸的物质产品起主导作用向难以捉摸的信息产品起主导作用的根本性转变。而后被译成英文传播到西方，西方社会普遍使用“信息社会”和“信息化”的概念是 20 世纪 70 年代后期才开始的。

2. 信息化的定义

信息化泛指一个地理区域、经济体或社会不断发展为以信息为基础，在其信息劳动力规模方面进行提升，通过现代信息技术应用促成应用对象或领域发生转变，因信息技术的深入应用所达成的新形态或状态，特别是促成应用对象或领域（例如企业或社会）发生转变的过程。“企业信息化”不仅指在企业中应用信息技术，更重要的是深入应用信息技术所促成或能够达成的业务模式、组织架构乃至经营战略转变。信息技术应用到一定程度后达成的形态包含许多只有在充分应用现代信息技术才能达成的新特征。

信息化代表了一种信息技术被高度应用，信息资源被高度共享，从而使得人的智能潜力以及社会物质资源潜力被充分发挥，个人行为、组织决策和社会运行趋于合理化的理想状态。同时，信息化也是 IT 产业发展与 IT 在社会经济各部门扩散的基础之上的，不断运用 IT 改造传统的经济、社会结构从而通往如前所述的理想状态的一段持续的过程。

3. 我国的信息化概念

国内信息化一词的广泛使用是在实行改革开放、确立现代化目标这一大背景下发生的。关于信息化的表述，在中国学术界和政府内部作过较长时间的研讨。例如，有的认为，信息化就是计算机、通信和网络技术的现代化；有的认为，信息化就是从物质生产占主导地位的社会向信息产业占主导地位的社会转变的发展过程；有的认为，信息化就是从工业社会向信息社会演进的过程等。

1997 年，召开的首届全国信息化工作会议，对信息化和国家信息化定义为：信息化是指培育、发展以智能化工具为代表的新的生产力并使之造福于社会的历史过程。国家信息化就是在国家统一规划和组织下，在农业、工业、科学技术、国防及社会生活各个方面应用现代信息技术，深入开发广泛利用信息资源，加速实现国家现代化进程。

在国内对“信息化”概念较为正式的界定，可参考中共中央办公厅、国务院办公厅印发《2006—2020 年国家信息化发展战略》，其叙述如下："信息化是充分利用信息技术，开发利用信息资源，促进信息交流和知识共享，提高经济增长质量，推动经济社会发展转型的历史进程"。可从 4 个方面理解其含义：首先，信息化是一个相对概念。它所对应的是社会整体及各个领域的信息获取、处理、传递、存储、利用的能力和水平。其次，信息化是一个动态的发展中的概念。信息化是向信息社会前进的动态过程，它所描述的是可触摸的有形物质产品起主导作用向难以触摸的信息产品起主导作用转变的过程。再次，信息化是一个渐进的动态过程。它是从工业经济向信息经济、从工业社会向信息社会逐渐演进的动态过程，每一个新的进展都是前一阶段的结果，同时又是下一发展阶段的新起点。最后，信息化是技术革命和产业革命的产物，是一种新兴的最具有活力和高渗透性的科学技术。

信息化是一个国家由物质生产向信息生产、由工业经济向信息经济、由工业社会向信息社会转变的动态的、渐进的过程。与城镇化、工业化相类似，信息化也是一个社会经济结构不断变换的过程。这个过程表现为信息资源越来越成为整个经济活动的基本资源，信息产业越来越成为整个经济结构的基础产业，对于信息化和信息技术加以运用，以致它们成为控制政治、经济、社会及文化方面发展的主导力量，信息生产和传播在其速度、数量和普及程度方面史无前例的增长。

二、信息化的作用

信息化对促进中国经济发展具有不可替代的作用，这种作用主要是通过信息产业的经济作用予以体现，信息化对经济发展的作用是信息经济学研究的一个重要课题，比较有代表性的有两种论述：一种是将信息化的作用概括为支柱作用与改造作用两个方面；另一种是将信息化的作用概括为先导作用、软化作用、替代作用、增值作用与优化作用等五个方面。这些观点将信息化的经济功能概括为以下几个方面。

1. 信息产业的支柱作用

信息产业是国民经济的支柱产业。其支柱作用体现在两个方面：

（1）信息产业是国民经济新的增长点。近年来信息产业以 3 倍于国民经济的增速发展，增加值在国内生产总值（GDP）中的比重不断攀升，对国民经济的直接贡献率不断提高，间接贡献率稳步提高。

（2）信息产业将发展成为最大的产业。到 2018 年底，中国电子信息产品出口占全国外贸出口比例超过 25%，其在国家外贸出口中的支柱地位将得到进一步巩固和提高。信息产业在国民经济各产业中位居前列，将发展成为最大的产业。

2. 信息产业的基础作用

信息产业是关系国家经济命脉和国家安全的基础性和战略性产业。这一作用体现在两个方面：

（1）通信网络是国民经济的基础设施，网络与信息安全是国家安全的重要内容；强大的电子信息产品制造业和软件业是确保网络与信息安全的根本保障。

（2）信息技术和装备是国防现代化建设的重要保障；信息产业已经成为各国争夺科技、经济、军事主导权和制高点的战略性产业。

3. 信息产业的先导作用

信息产业是国家经济的先导产业。这一作用体现在 4 个方面：

（1）信息产业的发展已经成为世界各国经济发展的主要动力和社会再生产的基础。

（2）信息产业作为高新技术产业群的主要组成部分，是带动其他高新技术产业腾飞的龙头产业。

（3）信息产业的不断拓展，信息技术向国民经济各领域的不断渗透，将创造出新的产业门类。

（4）信息技术的广泛应用，将缩短技术创新的周期，极大提高国家的知识创新能力。

4. 信息产业的核心作用

信息产业是推进国家信息化、促进国民经济增长方式转变的核心产业。这一作用体现在3个方面：

（1）通信网络和信息技术装备是国家信息化的物质基础和主要动力。

（2）信息技术的普及和信息产品的广泛应用，将推动社会生产、生活方式的转型。

（3）信息产业的发展大量降低物资消耗和交易成本，对实现我国经济增长方式向节约资源、保护环境、促进可持续发展的内涵集约型方式转变具有重要的推动作用。

第二节　中国石油的信息化发展

一、中国石油信息化建设概况

为提升项目建设管理水平，提高投资建设效果，实现建设综合性国际能源公司的宏伟目标，中国石油天然气集团公司（以下简称中国石油）分别于2000年、2005年制定了《中国石油天然气股份有限公司信息技术总体规划》《中国石油天然气集团公司“十一五”信息技术总体规划》，2007年中国石油又根据信息化建设进展及业务发展情况对总体规划进行了合并、完善。在总体规划指导下，中国石油坚持建设集中统一信息系统平台的策略，持续加大信息化投入和推进力度，经过“十一五”的快速发展，取得了一系列重要成果和重大进展，搭建应用了一大批集中的支持企业经营、生产运行和办公管理的信息系统，实现了从独立分散建设向集中统一建设的跨越式转变，覆盖国内和海外业务单元的中国石油统一信息网络体系全面形成，为信息系统稳定运行和数据高效传输提供了可靠的基础保障。勘探开发、炼油化工、市场销售、油气储运等领域的一批生产运行管理系统全面建成应用，在天然气与管道、销售、装备制造领域和人力资源管理方面全面建成应用。办公管理、电子邮件和视频会议等一批基础应用系统，已经成为各单位和广大员工的日常工作平台，ERP系统在82家地区公司上线运行，对企业经营管理的支持作用日益凸显，形成了一套符合中国石油实际的ERP系统建设经验和方法。

随着ERP系统及专业系统的建成应用，如何发挥信息系统集成优势，进一步提升中国石油的管理水平和市场反应能力，成为“十二五”期间信息化建设的重中之重。因此，以ERP为核心，在专业板块和总部层面的集成应用及ERP系统功能扩展及提升成为《中国石油天然气集团公司“十二五”信息技术总体规划》的重要组成部分。“十二五”期间，中国石油ERP应用集成项目搭建完成ERP 2. 0、系统集成、决策支持和用户访问四大平台，并成功部署在云计算环境中运行。勘探与生产、炼油与化工、销售、天然气与管道、工程技术、工程建设领域的ERP应用集成建设，在各企事业单位全面上线应用，推进了相关业务流程和数据的贯通，提升各级管理人员的日常工作效率，支撑公司战略、计划、执行控制及考核的闭环管理，进一步促进公司经营水平的提升。

A 勘探开发与管道项目		B 炼油化工与销售项目	C 服务与支持项目	D ERP与集成项目		E 综合管理项目	F 基础设施与安全项目		G 组织与保障项目
A1 勘探与生产技术数据管理系统	A9 管道完整性管理系统	B1 炼油与化工运行系统	C1 电子采购系统（物资采购管理信息系统）	D1 ERP系统用户管理平台	D11工程建设ERP系统	E1 健康安全环保系统	F1 广域网改进	F11即时通信系统建设	G1 信息部门职能建设
A2 油气水井生产数据管理系统	A10天然气销售系统	B2 炼化物料优化与排产系统	C2 金融业务系统	D2 勘探与生产ERP系统	D12人力资源管理系统	E2 应急管理系统	F2 局域网改进	F12云技术平台建设	G2 信息技术标准制定
A3 管道生产管理系统	A11油气生产物联网系统	B3 客户与业务服务中心系统	C3 贸易管理系统	D3 天然气与管道ERP系统	D13勘探与生产应用集成	E3 企业信息门户系统	F3 因特网接入改进	F13网络安全域建设	G3 信息技术培训
A4 地理信息系统	A12工程技术物联网系统	B4 加油站管理系统	C4 矿区服务系统	D4 炼油与化工ERP系统	D14天然气与管道应用集成	E4 决策支持系统	F4 数据中心建设	F14信息安全运行中心建设	G4 帮助热线建设
A5 采油与地面工程运行管理系统		B5 先进控制与优化应用系统	C5 物流管理系统	D5 销售ERP系统	D15炼油与化工应用集成	E5 办公管理系统	F5 企业信息系统管理	F15信息内容审计平台建设	G5 信息技术支持中心建设
A6 数字盆地系统		B6 油品调合系统	C6 发电供电信息系统	D6 总部ERP系统	D16销售应用集成	E6 档案管理系统	F6 电子邮件服务改进	F16办公专网建设	G6 信息技术专家中心建设
A7 工程技术生产运行管理系统		B7 流程模拟与仿真培训系统	C7 工程项目管理系统	D7 工程技术ERP系统	D17工程技术应用集成	E7 节能节水管理系统	F7 视频会议系统改进		
A8 勘探与生产调度指挥系统			C8 装备制造设计与生产管理系统	D8 装备制造ERP系统	D18装备制造应用集成		F8 信息安全体系建设		
				D9 海外勘探开发ERP系统	D19海外勘探开发应用集成		F9 灾难恢复系统建设		
				D10 油田服务ERP系统	D20工程建设应用集成		F10软硬件标准化建设		

图4－1　中国石油“十二五”期间信息化建设成果

“十三五”是中国石油建设世界一流综合性国际能源公司的关键时期，信息化建设的目标从主要追求规模速度的粗放发展，转移到注重质量效益稳健发展的重要阶段，对信息化建设的深度、广度和创新驱动作用都提出了更高要求。要以信息化建设为抓手大力推进管理和商务模式创新，加大ERP系统与各专业信息系统集成应用力度，建成主营业务领域物联网系统平台，推进云技术平台应用，加强大数据分析，提升信息安全保障能力，构建支撑上下游业务全面协同、数据集中共享、决策科学高效的信息系统，努力完成从集中向集成跨越，迈向共享服务及数据分析应用新阶段。综合考虑规划项目建设的重要性、业务需求紧迫程度、预期效益等方面因素，“十三五”期间中国石油信息化建设将进行以下6个方面的重点工作。

（1）响应国家“互联网＋”行动计划，在物联网示范工程和云技术平台的基础上，利用大数据技术整合整个油气价值链数据，为生产优化提供数据支撑；扩大集中统一的企业移动应用平台使用范围，创新业务管理模式和营销手段，实现业务与互联网的深度融合，持续提升企核心竞争力。

（2）推进以ERP为核心的应用集成系统的建设和深化应用，实现以计划为龙头的一本账管理，促进投资项目一体化，实现与财务资产紧密协同和高效运行；同时加强物资采购统一规范化管理，实现重大物资调剂等关键应用。

（3）推进物联网示范工程建设，提升生产操作能力和效率，启动装备制造等业务领域的物联网示范工程建设，形成统一的标准、技术规范、工艺流程。实现信息化与自动化的深度融合，充分发挥远程监测、远程诊断、远程控制的作用，及时探测安全隐患，提升精细化管理水平。

（4）加强云技术推广应用，扩大云平台各类资源池规模，建成企业云，扩展云平台覆盖范围至区域数据中心，改变现有信息化建设和运行方式，提升资源管理、运行和灾备管理能力，降低信息化整体建设和运行维护成本；基于搭建的云计算平台，实现应用系统快速部署，从而提高对业务需求的响应能力。

（5）完善面向网络、系统、终端、数据的信息安全解决方案，坚持管理与技术并重的原则，以管理为基础，以技术为支撑，在管理方面，完善信息安全管理体系，落实全员信息安全责任，健全信息安全组织体系，构建多层次信息安全防线，优化预警与通报机制，提高态势感知和应急处置能力。

（6）深化信息系统应用，结合用户使用信息系统过程中提出的改进需求，对信息系统进行功能的拓展和提升，进一步提高精细化管理水平和规范透明操作程度，支持流程调整和组织变更，体现信息化的价值。

二、中国石油 ERP 应用集成现状

“十一五”期间，ERP 系统建设全面展开，快速推进，取得了突破性进展，2012 年，ERP 系统在勘探与生产、炼油与化工、销售、天然气与管道、海外、工程技术、工程建设、装备制造等业务领域全面建成，并建成中国石油统一集中的人力资源管理信息系统和投资计划管理信息系统。除了销售 ERP（销售 ERP 于 2. 0 期间完成项目管理模块上线），均实施了项目管理模块。各专业 ERP 系统的项目管理业务主要由 PS（项目管理）模块支撑，实现项目分解、预算维护、服务物资采购、项目调整、进度维护和竣工结算等功能。各 ERP 的项目管理功能重在项目执行阶段对项目结构、进度、成本和资源进行计划、管理和控制。在系统建设和应用过程中，形成了一套符合公司实际的 ERP 系统建设经验和方法。

随着 ERP 系统及专业系统的建成应用，如何发挥信息系统集成优势，进一步提升中国石油的管理水平和市场反应能力成为“十二五”期间信息化建设的重中之重。中国石油于 2013 年 3 月启动应用集成项目的建设工作，项目的建设目标是：通过 ERP 应用集成系统建设，搭建形成支撑公司战略、计划、执行控制及考核的闭环管理环境，促进上下游业务协同、数据共享，实现生产经营报表系统自动生成，提升各级管理人员的日常工作效率，促进公司经营管理水平的提高。按照应用集成项目的建设思路，首先开展应用集成总体设计。通过总体设计，建立一套业务规范、数据标准的功能平台及跨业务领域集成平台，并制定 ERP 应用集成的长期规划及“十二五”的目标和范围。

“十二五”期间，ERP 系统在原有系统基础上，结合中国石油管理提升需求，各项目组对系统功能进行优化完善，开展了 ERP 系统集成工作。ERP 应用集成采取“顶层设计、统一开发、分步实施”的建设策略，已完成 ERP 2. 0、用户访问、报表分析、系统集成、非结构化数据、权限管理和自主开发等 7 个平台在云计算环境中的部署实施，组织上覆盖总部机关、专业公司和各地区公司，业务上涵盖各个业务领域和管理环节，累计在 8 个专业领域、53 家企事业单位上线运行，推进了相关业务及应用系统之间的流程贯通和数据共享，构建形成覆盖中国石油“横向集成、纵向贯通”的经营管理系统，支持数据一次录入、多系统共享，实现业务报表自动生成，以满足业务部门服务共享需求。其中，销售 ERP、人力资源管理等系统使用内存计算处理技术，查询响应、报表生成等系统性能提升 30% 以上，成为中国石油信息化从集中走向集成的标志性工程之一，搭建形成了支撑中国石油战略、计划、执行、控制及考核的精细化管理环境，推进上下游业务协同、数据共享，也为财务共享服务、投资项目一体化管理以及油气价值链整体优化奠定了基础。

按照应用集成项目的建设思路，首先开展应用集成总体设计。通过总体设计，建立一套业务规范和数据标准，设计统一标准的功能平台及跨业务领域流程集成，并设计 ERP 应用集成的长期规划及“十二五”的目标和范围。总体设计参考国际综合能源公司的最佳实践，分析公司业务特点及ERP应用项目的功能特点，提出了ERP应用集成项目应该覆盖的九条主线，包括：人力资源管理、财务共享与控制、投资项目一体化管理、资产全生命周期管理、物资供应链管理、企业风险管理六条管控主线和油气供应链管理、项目建设全过程管理、设备全生命周期管理三条业务主线。

三、后评价的信息化

随着中国石油业务发展及规模的扩大，进入“十三五”后，日益复杂的经济环境形势、长期低油价的挑战及投资管理和投资控制的难度和压力同时也对中国石油投资业务管理提出了更新更高的要求；随着业务发展模式的转变和业务管理方面的变革，中国石油更加注重投资的质量、效益及精细化管理。如何积极引领和大力推动中国石油“十三五”发展规划（纲要）的落地实施，把规划蓝图变成公司稳健发展的实效，努力实现“十三五”规划目标，是各级规划计划部门“十三五”期间的首要任务。随着中国石油总体信息化水平不断提升和规划计划管理业务不断深化，中国石油发展计划部制定了《集团公司规划计划部“十三五”实施“五个工程”行动纲要》，其中专门对规划计划信息化建设工程进行了部署。

为切实加强以提高投资回报、控制成本费用为重点的企业管理，同时健全和完善决策体系，投资项目管理工作应按照公司投资管理办法深入开展并不断改进。在项目实施阶段，通过项目执行监督和中间评价的开展，对投资计划的下达和项目执行进行反馈；通过整体和局部闭环管理的结合，优化投资项目管理方式。为进一步加强管理，实现以效益和质量为导向的管理并提高业务运行效率，需要建立统一的投资项目评价管理信息化平台。结合ERP应用集成项目的开展，通过接口获取投资项目评价业务所需的基础支撑数据和项目各阶段的业务管理数据，进一步加强资源利用和信息共享，提高项目评价工作的效率。

为建立统一的投资项目评价管理信息平台，2014年7月，投资项目评价管理系统项目获得批复并开始建设，其中，后评价信息系统于2016年底正式上线运行。建立过程中，通过梳理后评价业务流程，实现对评价模型与指标体系的管理、评价业务的管理、成果的管理和效益跟踪的管理等投资项目后评价专业化管理，有效支持了后评价计划下达、简化后评价管理、详细后评价管理、典型项目详细评价管理等管理需要。为中国石油总部机关及其所属企事业单位的业务管理提供了信息化的平台和手段，满足了日常管理决策需要，规范了企业内办公流程，提高了办公管理效率，加强了信息共享。

后评价信息系统建设实施是以信息化推动评价技术创新的实践，能够增强信息条件下横向对比和对标分析的能力，促进项目后评价技术、质量和水平进一步提升，推动项目后评价实践和研究工作进一步拓展和深化，为更大范围实现知识的有效积累和资源共享创造了条件，中国石油后评价工作的各个层级都对项目后评价管理系统的未来寄予厚望。《后评价管理办法》中提出由规划计划部组织项目后评价信息管理系统和数据库建设工作；专业分公司和地区公司参与投资项目后评价信息管理系统建设工作；后评价咨询机构应参与后评价信息管理系统和项目数据库的维护工作；地区公司在完成自评价后，应将自评价标准数据信息采集表等过程文件上传至项目后评价信息管理系统和数据库；咨询单位在完成独立后评价后，应将独立后评价标准数据信息采集表、专家意见表和工作底稿等过程文件上传至项目后评价信息管理系统和数据库。《后评价管理办法实施细则》中更是通过较大篇幅描述各个组织机构在后评价信息应用中的岗位职责，使中国石油后评价信息系统建设工作站在了更高的起点上。

后评价信息系统和数据库建设直击后评价业务信息不对称、数据收集难、工作周期长等痛点问题。为有效开展简化后评价，实现后评价工作全覆盖和控制相关主体更加规范开展工作创造有利条件；通过信息系统的数据分析不仅提高了后评价项目数据精准性，而且实现了数据信息资源共享，提高了工作效率。此外，后评价信息系统的建立正逐步实现后评价工作向数据收集标准化、数据处理模型化、对比分析定量化、成果共享平台化方向转变，为后评价工作全覆盖和建立分工明确、相互衔接、信息共享、协同高效的工作体系提供信息化方面支持，全面提升后评价工作水平。

第二篇
后评价信息系统建设

第五章　后评价信息系统背景与范围

第一节　后评价信息系统背景

一、后评价信息系统整体背景

投资作为企业业务发展的原动力，在企业的持续发展方面起着至关重要的作用。通过投资规划，合理引导投资流向，优化资金投入，实现关键业务和重点项目的投资跟踪及评价，提高企业核心竞争力，保证企业发展目标的实现。投资项目全过程管理是对企业投资项目从项目规划、前期管理、投资计划、项目实施、竣工验收，到投产运行和项目后评价进行完整的闭环管理，通过科学评价和监督控制，以确保项目的投资效益。随着中国石油业务发展和规模的扩大，企业年度投资规模从成立之初的600多亿元增长至4000亿元左右，所辖单位（地区公司）数量不断增多。同时，面对日益复杂的经济环境形势及投资控制和管理难度的不断增加，为切实加强企业提高投资回报、控制成本费用的能力，同时健全完善决策体系，投资项目管理工作需按照投资管理办法深入开展，不断改进，并建立统一的投资项目评价管理信息化平台。

投资项目评价管理系统是中国石油“十二五”信息技术总体规划中投资一体化系统的重要组成部分，目标是进一步完成未覆盖部门和管理职能的信息系统建设，实现系统之间的应用集成，提高投资管理的工作质量和效率。投资项目一体化管理作为“十二五”应用集成项目中一条重要的管控主线，通过该管控主线的建设，建立了以投资项目管理为核心，覆盖项目从规划储备、项目前期、经济评价、工程造价、投资计划、项目实施，到后评价全过程闭环管理的信息平台，有效支撑业务的规范运行，实现投资从上至下的有效管控和监督考核，提高项目的经济效益评价和造价管理水平，全面提升投资决策的科学性。其总体目标是：梳理经济评价、工程造价和后评价业务流程，建立统一的投资项目评价业务管理信息平台，规范评价业务管理，研究设计相应的业务模型和指标体系，实现评价工作的标准化、模型化和集成化，在经济评价方面建立油气产能建设、炼油化工、油气管道、油库和加油（气）站等四类建设项目的经济评价模型，对评价参数选用统一标准进行管理，加强对经济评价业务专业人员的资质管理和考核评比；工程造价方面梳理和规范油气田地面工程、炼油化工、长输管道及油库等建设项目的造价编制工作，对定额库及估价表等计价依据进行集中管理，支持各级管理部门及设计单位的概算协同编审；后评价管理方面以《投资管理手册：后评价分册》为依据，对25类项目简化后评价和13类项目详细后评价进行信息化管理，实现后评价工作的体系化、自动化和协同化。

近年来，随着中国石油投资业务管理要求的提高，必将带来业务发展模式的转变与业务管理方面的变革。按照中国石油战略部署和工作安排，后评价工作围绕以决策支持服务、规范项目管理和提高投资效益为目标开展工作，以组建机构、培训人员为切入点，建立和完善后评价工作队伍；以建章立制为重要抓手，着力强化后评价工作的规范管理；以典型项目为引领，把简化评价与详细评价相结合，促进后评价工作的全面展开；以信息反馈和成果利用为核心，积极探索服务投资效益大局的新途径。截至目前，中国石油后评价工作体系已基本建立，后评价作用逐步显现，后评价信息化工作走在了中央企业的前列。

二、后评价信息系统建设调研

投资项目评价管理项目调研范围覆盖总部、专业分公司、地区公司、咨询单位等，涵盖投资项目经济评价、工程造价、后评价业务。后评价业务主要调研单位包括中国石油发展计划部、中国石油勘探与生产分公司、中国石油炼油化工和新材料分公司、中国石油销售公司、中国石油规划总院、中国石油长庆油田公司、中国石油吉林油田公司、中国石油大庆炼化公司、中国石油大庆石化公司、中国石油天津销售公司、中国石油咨询中心、中国石油勘探开发研究院、中国石油大庆油田公司、中国石油西南管道公司、中国石油兰州石化公司、中国石油北京销售公司等单位，包含所有后评价业务类型。

为了全面、准确地了解投资项目后评价管理相关业务的实际情况，并做出现状评估及需求分析，项目调研工作分成三个阶段：调研准备阶段、调研阶段、调研后期阶段。其中，调研准备阶段主要内容包括召开项目小组会议，确定需要调研了解的内容；确定调研计划的具体时间安排，并制订项目工作的详细计划；确定各层面的访谈计划和编写访谈问题提纲。在项目准备阶段，根据项目的目标和范围，结合系统实施的需要，编写了项目调研问卷。调研阶段主要内容为进行总部、专业分公司、地区公司、咨询机构等经济评价有关部门的现场调研和访谈。调研后期阶段主要内容包括整理现场访谈记录、整理业务现状相关材料，并和相关部门进行确认。

通过多种形式的调研更全面了解业务现状和用户的业务需求，项目组于2013—2014年共调研了中国石油总部、专业分公司、地区公司和咨询单位三个组织层级的多家公司。通过调研与访谈收集了大量的报表、电子文档、纸质文档及数据资料，这些文档基本涵盖了中国石油后评价业务的现状及相关业务流程、现有信息系统的使用情况，除了访谈，还与相关业务人员进行了大量电话和邮件沟通交流，为下一步的系统详细设计和开发奠定了坚实基础。

第二节 后评价信息系统建设目标和主旨

一、系统建设目标

后评价信息系统的总体建设目标是通过梳理后评价业务流程，建立统一的后评价业务管理信息平台；通过规范评价业务管理，研究设计相应的业务模型和指标体系，实现评价工作的标准化、模型化和集成化，以加强后评价管理水平；建立中国石油后评价数据库，实现25类简化后评价、13类详细自评价及后评价典型案例的数据采集、报告管理等业务数据全部入库，形成海量数据后用于对比分析及综合查询。

通过建立后评价业务管理平台，实现总部、专业公司、地区公司的后评价计划下达、委托独立后评价、后评价完成情况统计等功能。同时支持各级管理部门的业务管理、后评价数据收集、共享及成果应用，做到项目指标数据标准化、可追溯、可对比。咨询单位则可在线接收委托，开展独立后评价，对项目承担单位后评价成果进行审核、分析，将结论、经验、教训等进行存储。

通过指标体系模型管理，实现项目综合评价与打分排序的自动化、数据采集表批量导入、在线查阅等功能，将已有后评价和外来项目后评价成果进行结构化录入，达成业务数据共享。同时建立统计查询、指标计算、图表生成模型，实现不同维度的对比分析：如项目前后对比分析，项目间对比分析以及公司间的综合分析，辅助实现综合评价的自动化；咨询单位可应用统计分析模型，开展专项评价、专项调查等相关研究。

通过后评价成果管理，进行后评价报告、意见、年报的发布；咨询单位将独立后评价报告、标准数据采集表、项目工作底稿及专家意见表导入系统，在系统上实现数据、文档等成果的共享。后评价管理部门可在系统上对该项目的后评价意见进行下达，并对项目单位整改意见的落实情况进行跟踪。项目承担单位则可在线接收上级下达的后评价意见，并在系统中反馈整改落实情况。

通过后评价效益跟踪管理，实现对各类投产在建投资效益的跟踪，指导投资安排；也可以调用经济评价模型，进行后评价效益评价。咨询单位可根据工作需要，在独立后评价标准数据采集表基础上，补充评价时点至上次独立后评价时点间的生产经营数据，进行经济效益的跟踪评价。最终实现后评价工作的体系化、自动化和协同化，通过系统间的集成应用，支撑后评价过程中各个环节的工作。

二、系统建设主旨

为实现投资从上至下的有效管控和监督考核，提高项目的评价水平，全面提升投资决策的科学性，大力推进项目评价基础参数和标准的统一，研究和制定多角度、具有广泛适应性的业务评价模型，不断理顺和改进管理流程，借助信息化手段实现数据信息的共享，挖掘有价值的数据，进而提高业务管理水平。

系统的建设工作从以下几点入手：

（1）借鉴已有的成功经验和内部研究机构已有的评价业务研究成果，统一各类评价模型，为评价软件提供统一的推荐计算工具。

（2）组织经验丰富的专家，开展评价模型的研究工作，利用专家资源，集思广益，将各类评价模型进行统一。

（3）做好不同层次用户的需求调研工作，包括总部、专业分公司、地区公司和咨询研究机构从事评价工作的专业人员，满足不同层次用户需求。

（4）提高软件应用的灵活性和便捷性，界面简洁、录入方便，实现评价报表的自动生成、格式自主定制等功能。

系统的建设工作应遵循以下原则：

（1）标准统一。

① 建立投资项目评价的基础数据和参数标准，保证评价业务的标准统一；

② 通过评价方法和模型的一致性要求，保证评价结果的可参照和可对比。

（2）评价科学。

① 建立科学的投资项目评价体系，基于数据库设计应用先进的评价模型，提高投资评价的水平；

② 通过不同项目的对比，对项目的投资效益进行分析，加强投资项目后评价的准确性和科学性。

（3）管理规范。

按照中国石油相关管理要求，设计合理的业务管理流程，做到逐级审核，落实管理职责，加强项目后评价管理工作的规范性。

（4）集成应用。

① 要与项目前期立项管理工作做好结合；

② 集成投资项目全过程及生产运行业务数据，为项目后评价提供数据支撑。

第三节 后评价信息系统涵盖范围

一、业务范围

投资项目后评价是指对中国石油年度投资计划所列项目的前期论证决策、设计施工、竣工投产和生产运营等过程，以及项目目标、投资效益、影响与持续性等方面进行的综合分析和评价，是项目管理工作中一项重要内容。后评价可根据需要进行全面评价、专项评价或中间评价。进行中间评价或专项评价的项目，根据需要可继续开展全面评价。进行全面评价的项目，根据需要开展后续跟踪评价。后评价工作实行统一制度、归口管理、分级负责。专项评价报告是在总结已开展的专题评价经验基础上，围绕公司发展战略有重大影响及项目全过程管理中存在共性问题的某类项目后评价成果的分析研究形式，总结出对同类项目有借鉴意义的经验和教训。

后评价内容主要包括项目前期工作评价、建设实施评价、生产运营评价、经济效益评价、影响与持续性评价等内容。后评价按详略程度分为简化后评价和详细后评价。简化后评价分为25类，主要采用填报简化后评价表的形式，对项目全过程进行概要性地总结和评价。简化后评价表主要内容是项目基础数据对比，主要考察项目基本情况。详细后评价分为13类，包括所属企业自评价和咨询单位独立后评价，是对项目进行全面、系统、深入地总结、分析和评议。详细后评价报告按照各类项目后评价报告编制细则进行编制。独立后评价由后评价主管部门委托咨询机构开展。后评价阶段负责收集项目全过程各阶段的数据，进行对比分析、评价和反馈，对项目进行阶段总结，从而为未来投资决策提供依据。报告主要包括基本情况、主要评价结论、经验和教训、问题和建议、启示。

项目后评价成果包括项目后评价报告、后评价意见、简报、通报、专项评价报告和年度报告等。后评价简报、通报和专项评价报告根据需要不定期发布；后评价年度报告每年发布一次，专业分公司和所属企业根据情况发布各自的后评价年度报告。专项评价报告是在总结已开展的专题评价经验基础上，围绕公司发展战略有重大影响及项目全过程管理中存在的共性问题的某类项目后评价成果的分析研究形式，总结出对同类项目有借鉴意义的经验和教训。报告主要包括基本情况、主要评价结论、经验和教训、问题和建议、启示。后评价年度报告是对后评价工作开展情况的年度总结，每年发布一次。年度报告主要包括以下内容：投资完成情况、项目基本情况、量化评分和排序、主要评价结论（包括目标评价、管理评价、效益评价）、值得推广的经验和做法、存在的主要问题、启示。专业公司、所属企业年度报告是对专业公司或所属企业当年简化后评价和详细自评价项目实际开展情况的年度总结，报告主要内容参照中国石油后评价年度报告。

投资项目评价管理系统根据后评价实际业务需求将所需业务范围、业务流程、业务体系在系统中得以实现，对投资项目后评价业务进行管理，在系统中实现评价模型与指标体系管理、评价业务管理（简化后评价、详细自评价、独立后评价）、成果管理、效益跟踪管理功能、统计分析等功能：

（1）评价模型与指标体系管理功能主要是支持详细后评价综合评分、支持后评价研究的需求，包括评价模型管理、指标体系管理等功能。通过该模型实现评分体系及对应指标体系的灵活配置，实现、后评价管理制度的及时更新和落实。

（2）评价模型管理包括评价模型版本的新增、编辑、查看、删除、删除恢复、模型导入、模型下载等功能。相关管理人员可根据评价大类、后评价类型、适用年度等要求设置综合评分的版本、模板。不同版本、模板可设置对应的指标名称、指标权重、要素名称、要素权重等。每个版本只可逻辑删除，且版本号顺序自动生成。

（3）指标体系管理包括指标体系版本的新增、编辑、查看、删除、删除恢复、指标体系导入、指标体系下载等功能。相关管理人员可根据评价大类、后评价类型、适用年度等要求设置指标体系的版本、模板。不同版本、模板可设置对应的指标名称、指标权重、要素名称、要素权重、基础数据与信息、符合率等。

（4）评价业务管理是后评价子系统的核心功能模块，支持总部机关、专业分公司、地区公司及二级单位、咨询单位的后评价管理业务。在该模块，总部机关可进行企业自我评价计划的下达和独立后评价计划的委托；项目所属单位可进行简化后评价计划的下达、报备及企业自我评价、简化后评价业务开展。咨询机构可采用该模块进行独立后评价工作开展。各单位根据实际情况，进行简化后评价和详细后评价的工作流分解，并从相关系统集成数据传输到投资项目评价管理系统，实现数据共享。

二、组织机构范围

投资项目评价管理系统覆盖的组织范围较广，涉及的组织范围包括：中国石油总部、各专业分公司及各地区公司。

各地区公司及其所属二级单位根据根据《中国石油投资管理办法》和《中国石油投资项目后评价管理办法》，筛选当年所需开展简化后评价的项目，编制年度简化后评价计划，并提交专业分公司、总部备案，投资项目所属企业可直接组织其二级单位，按照各类项目简化后评价报告模板，在后评价信息系统上单独编制简化后评价数据采集表生成报告，并按照既定的工作流逐级上报。详细后评价主要针对重点项目开展。后评价主管部门以公司文件形式下达年度详细后评价计划，投资所属企业也应选择一定数量的项目开展详细后评价，承担详细自评价的企业主要依据项目基础资料，按照相应类型项目后评价报告编制细则要求在后评价信息系统上填写数据采集表并编制自评价报告，然后根据既定的工作流逐级上报。独立后评价由第三方咨询机构按照规划计划部委托独立开展，经授权后咨询机构及专家即可在系统中直接获取已在系统中完成的详细评价项目的数据及其报告。

三、功能范围

投资项目评价管理系统的功能架构按照数据层、应用层和展示层进行划分。

展示层：包括门户访问应用。主要实现通知公告、统一待办、分析查询、对比分析、技术交流论坛、人员与资质管理、文档管理等功能。

应用层：实现各后评价类型综合评分模型、指标体系的设置与管理，维护评价模型与指标体系映射关系，支持简化后评价、详细自后评价、独立后评价工作得以在系统中实现。

数据层：包括系统管理和集成管理。系统管理主要实现系统权限管理、流程管理、基础信息管理等功能；集成管理主要实现集成接口管理和集成数据管理。通过权限管理对用户权限进行定义和分配；搭建基础工作流引擎，实现业务流程的快速配置，基础信息管理对系统基础信息定义和编码进行管理；集成接口管理主要通过集成平台与外部系统间的接口定义和提供接口服务；集成数据管理主要对从外部系统集成获取的数据进行统一管理。系统集成投资一体化项目前期、管道建设项目全生命周期、年度投资计划、各板块 ERP 的合同及成本、油气开发量等油气开发项目油水井生产数据、探井口数及进尺等勘探项目油气井信息、炼化装置产量及产品加工量、油库年周转量、加油站年销量、管道管输量等生产运行数据信息，实现标准数据采集表部分数据的自动获取。

第六章　后评价信息系统开发建设

第一节　后评价信息系统总体建设概况

后评价信息系统总体建设分为项目启动、需求分析、详细方案设计、系统配置与测试、数据准备与用户测试、系统上线、验收7个阶段（图6－1）。

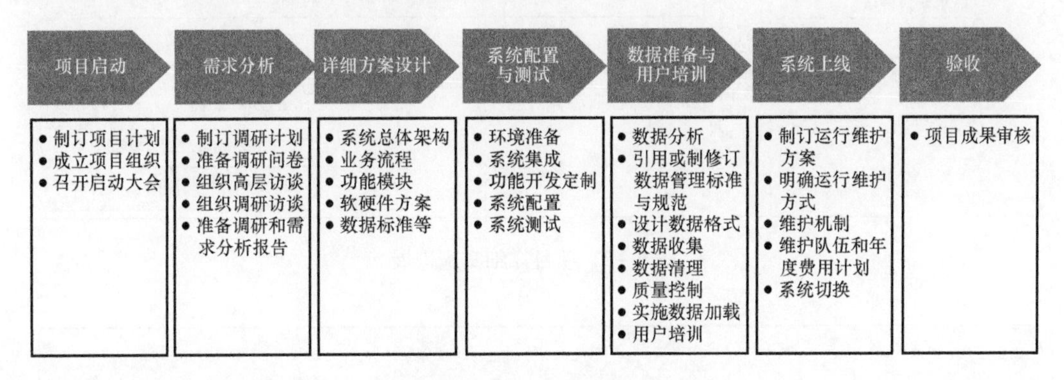

图6－1　项目实施方法

后评价信息系统项目于2014年8月启动，当年完成需求分析研讨，进入系统项目详细方案设计阶段，主要完成系统模块详细设计，以及人员准备、软硬件准备、标准化模板设计等前期准备工作。2015年11月，完成项目主体功能开发及测试；2015年底完成系统经济评价、后评价业务试点上线，工程造价模块由于各地区公司及设计院在造价业务流程方面存在差异，针对各家单位实际业务进行了大量的定制开发及测试工作，导致工程造价模块进度延迟，于2016年11月完成试点实施工作。在推广实施阶段，由于评价业务发生变化，如经济评价在2017年初发布新版方法，导致模型搭建进度有所延迟，实际项目是在2017年3月完成系统的推广实施上线，历时32个月完成项目建设；2019年，投资项目一体化管理系统扩展与提升建设项目批复建设，后评价模块各功能开始完善提升（图6－2和图6－3）。

后评价信息系统实施范围较广，基本覆盖中国石油所有企业，策略采用统一设计、分步实施的方法，依据项目可研及详细设计拟定的实施计划开展。通过统一设计的方式保证方案的可实施性和系统后期的可维护性。选择试点单位，分批、稳步开展实施工作，在系统完善的基础上向其他单位进行推广实施。项目实施工作开展方法遵从项目管理规范，从项目管理、保障支持、质量控制三个方面确保项目高质量、高效率成功实施。

项目实施各阶段工作重点不同，需要不同的人员来完成，项目实施参与方包括：咨询公司、产品厂商、内部支持队伍、地区公司技术人员，在项目各阶段中起到不同的作用。为保障项目顺利实施，咨询公司负责项目组织与管理、系统安全设计与实施、项目实施过程中的文档管理移交等工作；内部支持队伍包括内部技术专家和支持技术人员，内部技术专家对项目实施提供指导与支持，提出重大业务或技术问题的解决方案，内部技术专家来自中国石油总部、内部支持单位及地区公司的信息、后评价管理等专业人员；内部技术人员参与项目实施全过程，负责项目管理、项目验收及运行维护等工作，应由熟悉中国石油现有后评价管理

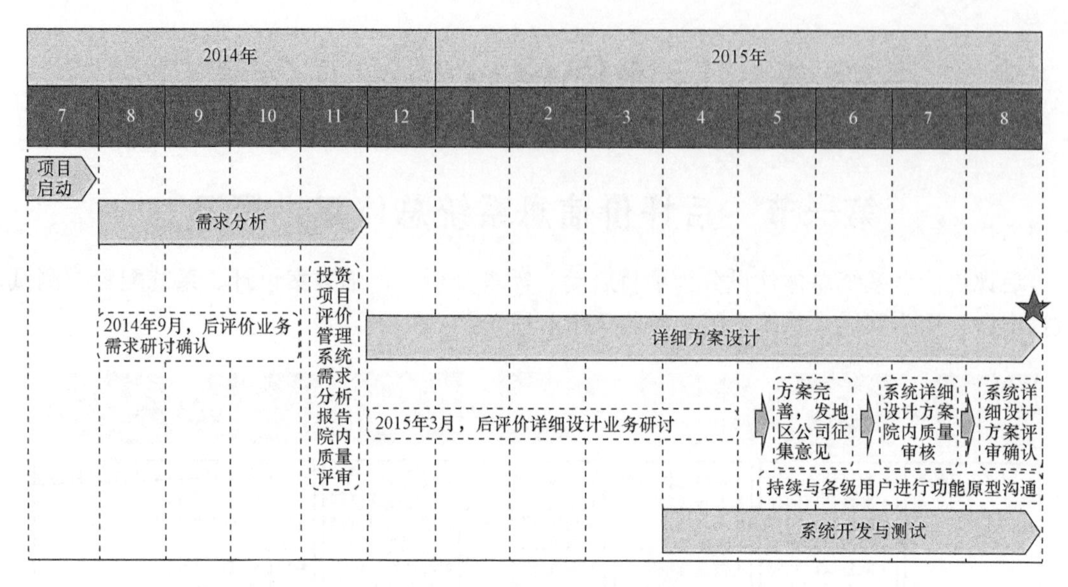

图6－2　项目详细实施进展

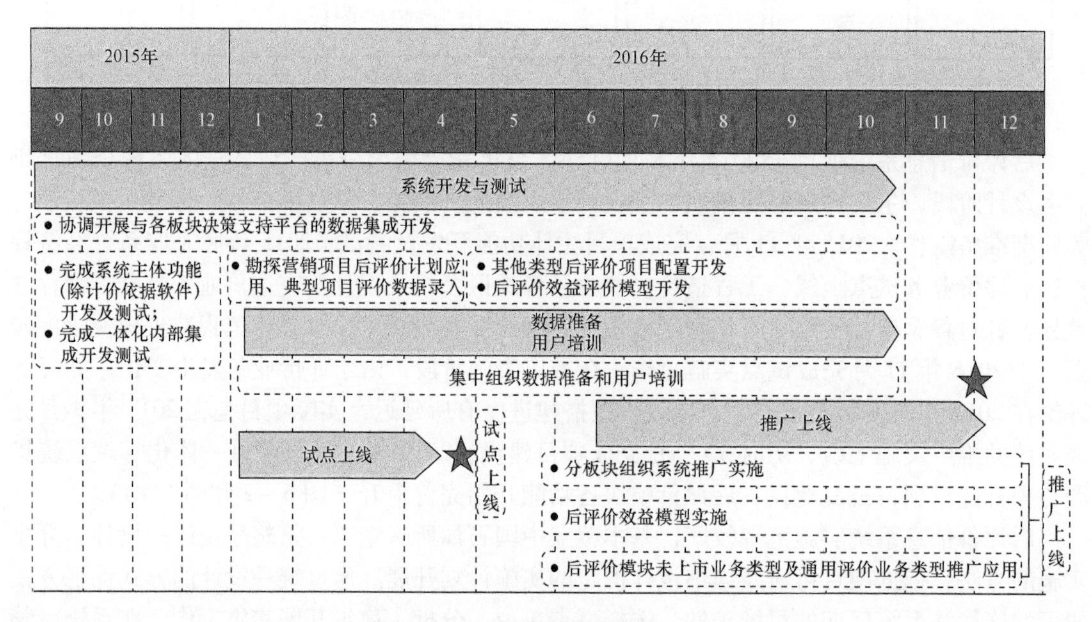

图6－3　项目详细实施进展（续）

体系，具备相关系统实施经验的技术人员组成；地区公司技术人员应具有丰富的投资项目评价管理业务经验且有一定的信息系统应用基础。

后评价信息系统于2015年底完成项目主体功能开发及测试并组织试点企业集中培训。试点实施支持工作按照分批实施的原则，选择总部职能部门、各专业公司及有代表性的地区公司的3～4名实施顾问采取现场支持的方式开展，为后续推广打好基础。一期试点实施为持续完善系统基础功能，面向各地区公司进行系统初步推广，根据业务需求对系统进行统一调整；二期试点实施由于系统已较为成熟，对未上市企业和科研与事业单位采用快速推广实施（表6－1）。

表 6－1　试点及推广实施计划表

实施阶段		实施范围
试点阶段	后评价	发展计划部
		勘探与生产分公司、炼油与化工分公司、销售分公司、天然气与管道分公司
		大庆油田、长庆油田、大庆石化、独山子石化、管道分公司、四川销售、江苏销售、北京销售、天津销售；规划总院、勘探院、咨询中心
推广阶段		按照板块组织进行统一推广

在试点实施过程中，有两方面技术准备工作需要特别关注，首先是系统安全测评，测评内容包括功能模块测试、数据和数据库完整性测试、业务流程完整性测试、用户接受测试、功能原型示意图测试、系统性能测试、系统压力测试、故障恢复测试、安全测试、安装测试及编码安全测试，根据测试报告对扫描发现的高级别漏洞进行分析，与测试中心确定非实质漏洞的问题，并对其他漏洞进行修正；其次是在系统试点实施前，需要组织关键用户完成系统的接受性测试，确保系统功能及业务流程的完整性及正确性。

项目的培训工作采用集中培训与企业单独培训相结合的方式开展，在系统试点实施、推广实施阶段开展用户集中培训，同时按照总部及地区公司需求开展单独的培训工作。项目于2015 年 11 月开展后评价的试点企业培训工作，试点培训采用集中培训方式，完成后评价模块的用户培训。后评价模块于 2016 年 10 月至 11 月分五期完成用户推广培训工作，同时按需求多次开展企业的对接及针对某一企业的单独培训工作，促进及提高了系统应用水平。

第二节　后评价信息系统总体功能架构

通过前期的调研和访谈，对后评价的需求分析按总部、专业公司、地区公司、咨询单位等层级深入讨论，2019 年，投资项目一体化管理系统批复开展扩展与提升建设。根据业务架构需求编制现状与需求分析报告，涵盖各层级业务需求和功能需求，涉及简化后评价、详细自评价、独立后评价等后评价业务，为系统总体功能架构设计提供了依据（图 6－4）。

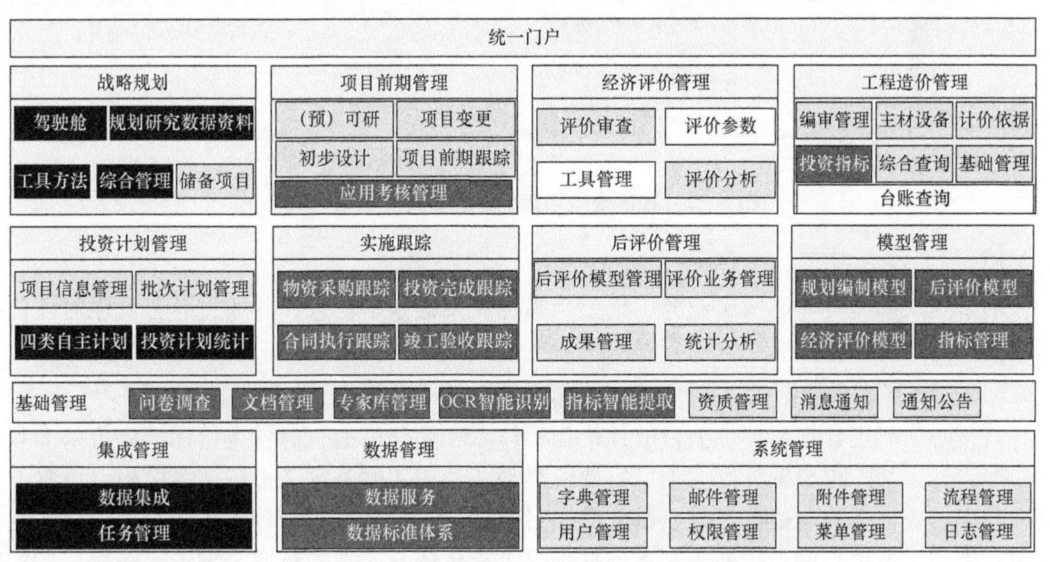

图 6－4　投资项目一体化管理系统总体功能架构图

后评价信息系统涉及的功能模块包括：

门户管理：主要实现通知公告、统一待办、技术交流论坛、人员与资质管理、文档管理等功能。

后评价管理：后评价模块主要包括后评价模型与指标体系管理、评价业务管理、成果管理、统计分析等系统功能。

系统管理：主要实现系统权限管理、流程管理、基础信息管理和补丁分发等功能；通过权限管理对用户权限进行定义和分配；搭建基础工作流引擎，实现业务流程的快速配置；基础信息管理对系统基础信息定义和编码进行管理。

集成管理：主要实现集成接口管理和集成数据管理。

集成接口管理主要指通过集成平台与外部系统间的接口定义和提供接口服务；集成数据管理主要指对从外部系统集成获取的数据进行统一管理。

一、后评价管理

后评价模块主要包括后评价模型与指标体系管理、评价业务管理、成果管理、统计分析等系统功能。在系统中进行后评价计划编制下达、报告编制审查、成果管理等，对项目效益情况进行跟踪，指导投资安排。

1. 评价模型与指标体系管理

评价模型与指标体系管理功能主要用于独立后评价综合评分、支持后评价研究需求，包括评价模型管理、指标体系管理功能。通过模型实现评分标准及对应指标体系的灵活配置，实现中国石油后评价管理制度的及时更新和落实（图6－5）。

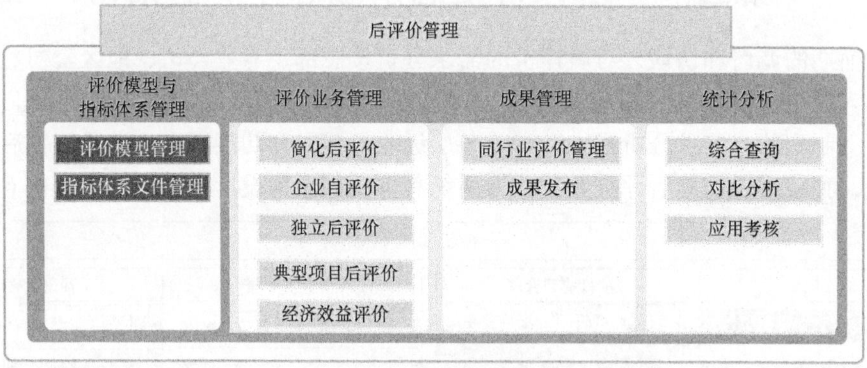

图6－5　评价模型与指标体系管理功能架构图

1）评价模型管理

用于定义模型类型、所属业务、模型与指标关系等基本信息，并通过后台程序对评价指标的逻辑计算应用，建立综合评分、对比分析等后评价分析模型。

2）指标体系管理

其核心为制定详细后评价项目的评价指标体系和评分模型，对各类指标的评价基准和量化标准进行定义。可根据评价大类、后评价类型、适用年度等定义指标体系模板，设置不同模板对应的指标名称、指标权重、基础数据与信息、符合率等。指标体系管理用于定义指标名称、类型、取值、能否扩展等基本信息，提供指标体系文件的新增、编辑、查看、指标体系导入等功能。

2. 评价业务管理

评价业务管理是后评价信息系统的核心功能模块，支持总部、专业公司、地区公司及二级单位、咨询单位的后评价管理业务。各级管理部门可在线编制和下达后评价工作计划，并按照后评价工作计划开展项目简化后评价及详细后评价的相关工作。后评价主管部门可进行典型项目后评价计划的委托，评价业务管理功能模块从数据获取、后评价调研信息管理、上报及审核等几方面进行支持。实现经济效益评价与流程管理，实现后评价工作的模型化、流程化和标准化（图6－6）。

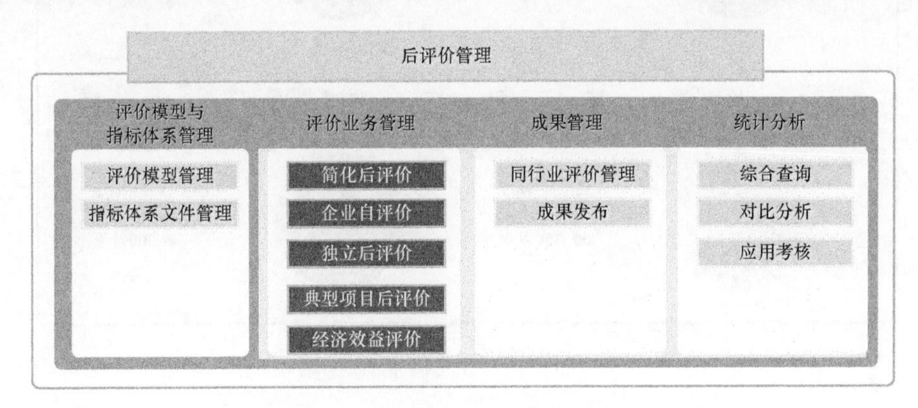

图6－6 评价业务管理功能架构图

1）简化后评价

简化后评价主要由项目所属单位按年度自行开展，用户可根据实际业务需要进行业务设置，定义项目数据的颗粒度及相应选项，完成数据采集工作。系统与销售投资项目管理系统、销售大数据管理平台、ERP与FMIS融合等系统进行集成，获取项目概况信息、项目投资信息、销售数据、公司财务数据等信息，作为项目后评价数据采集的基础，减少用户录入工作量，提高数据准确性。

简化后评价预警分析功能：系统根据业务逻辑建立勘探、油气开发、天然气开发、管道、炼化等14类简化后评价全局性关键指标及其分析模型、对偏离基准值或基准范围的项目关键指标的数据生成简报，定期以邮件方式提醒相关人员。快捷直观反映项目投产满一年的初期运行效果，及时预警监控风险。形成针对各类型项目的预警简报，方便用户对项目出现偏差的原因进行分析（图6－7）。

2）企业自评价

企业自评价包括数据采集管理及报告管理两部分。数据采集管理用于对油气勘探、油气田开发建设、油气管道建设、炼油化工建设、销售网络等5类详细自评价采集自评价过程涉及的结构化数据，系统提供批量导入及手工录入两种方式。用户可根据实际业务需要进行数据新增、编辑、查看及提交审核。标准数据采集表可导入或录入到系统中，存储为自评价版本，并作为独立后评价的依据。报告管理主要提供报告在线编辑和项目过程文档管理，用于报告文档的上传、下载及提交审核。通过与各系统的接口将标准数据采集表中部分业务基础数据实现集成。在标准数据采集表的基础上，通过业务逻辑转换实现后评价细则报表的自动生成。

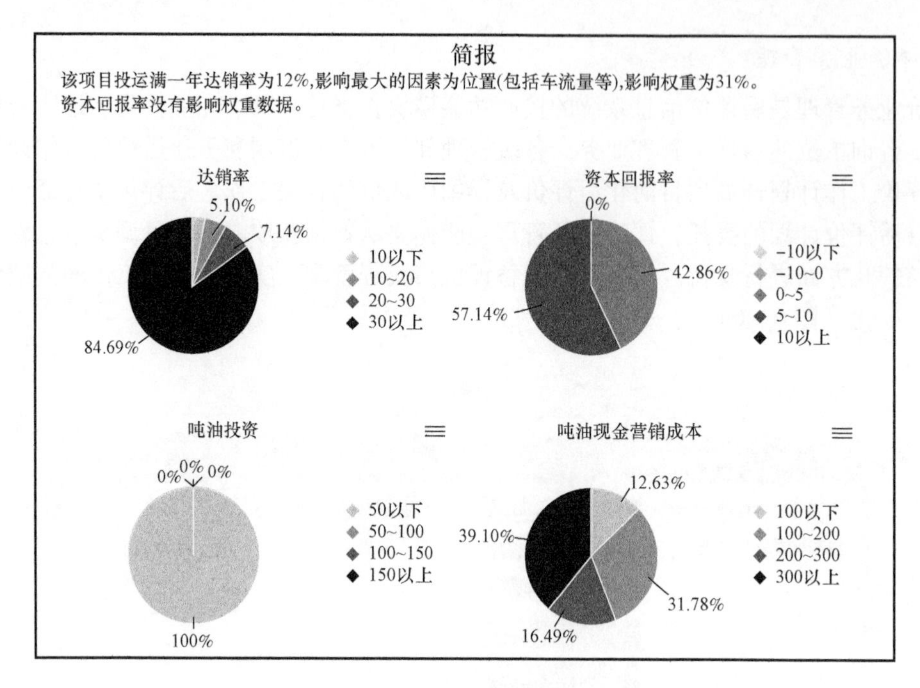

图6－7　预警简报图

3）独立后评价

独立后评价包括数据采集管理、报告管理、评分排序功能。数据采集管理用于采集独立后评价过程涉及的结构化数据，同时系统提供批量导入及手工录入两种方式。用户可根据实际业务需要进行数据的在线编辑或批量导出导入。通过对客观指标进行自动评分，主观指标评分的人工录入，系统自动汇总计算项目总得分，并提供项目评分的排序和查询功能。

4）典型项目后评价

实现典型项目评价工作流程以及企业自评价、独立后评价、典型项目后评价等工作进度的直观展示。典型项目后评价包括计划下达、所属企业详细自评价、咨询单位独立后评价、反馈后评价意见、整改落实、审批归档6个阶段工作（图6－8）。

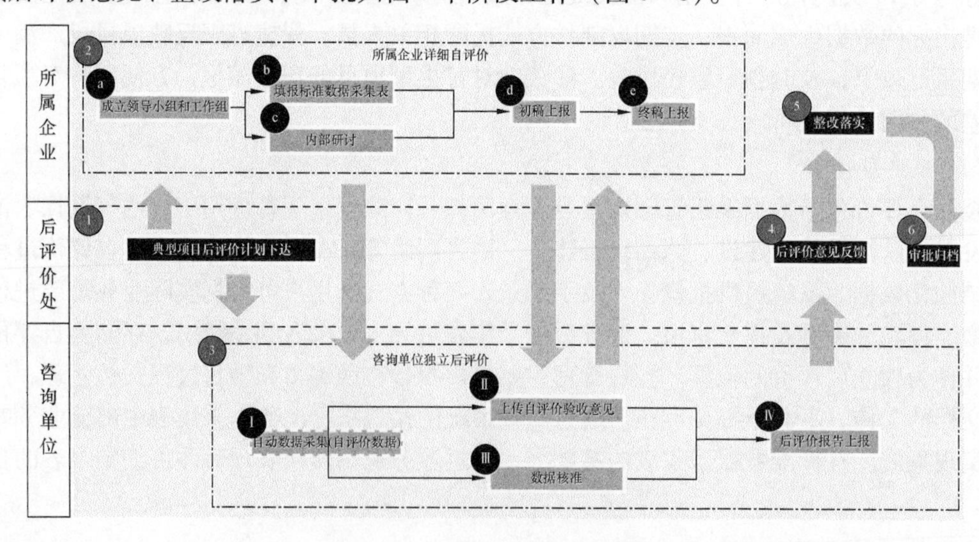

图6－8　典型项目后评价流程图

5）经济效益评价

实现根据后评价经济效益评价模型对项目进行评价。评价模型管理：对系统中后评价经济效益评价模型基础信息及模型进行维护。经济效益评价：根据项目类型，选择经济评价模型并对该项目后评价阶段经济效益情况进行计算。

3. 成果管理

成果管理主要包含同行业评价管理和成果发布功能。实现后评价成果的发布、共享功能，用于各级单位向指定下级单位发布后评价成果，推动后评价成果应用（图 6－9）。

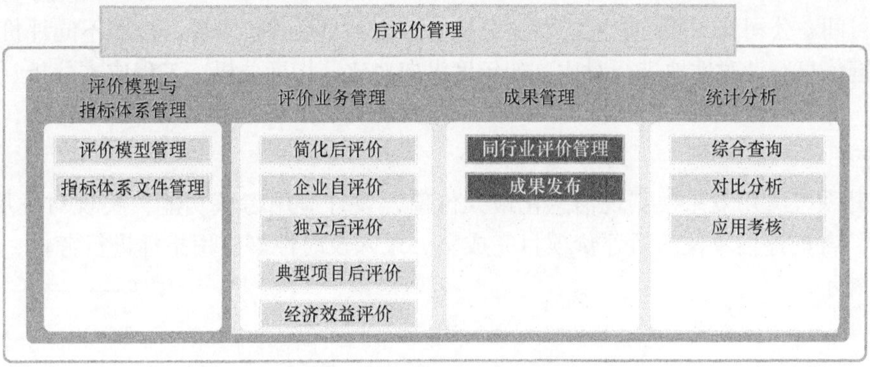

图 6－9　成果管理功能架构图

1）同行业评价管理

同行业评价管理主要用于存储国内外同行业典型案例的数据信息及文档，在系统中录入国内外及本企业各类项目的最佳实践案例，定期更新各类项目专项指标数据，为项目对比分析提供评价基准，以便实现后续对比分析。同行业基准数据的录入工作由后评价咨询单位承担。

2）成果管理

利用后评价简报、后评价通报、年度报告附表等多种形式，向各级用户展示后评价成果，实现后评价成果的发布、共享功能，用于各级单位向指定下级单位发布后评价成果，推动后评价成果应用。

4. 统计分析

统计分析功能包括综合查询、对比分析和应用考核功能（图 6－10）。

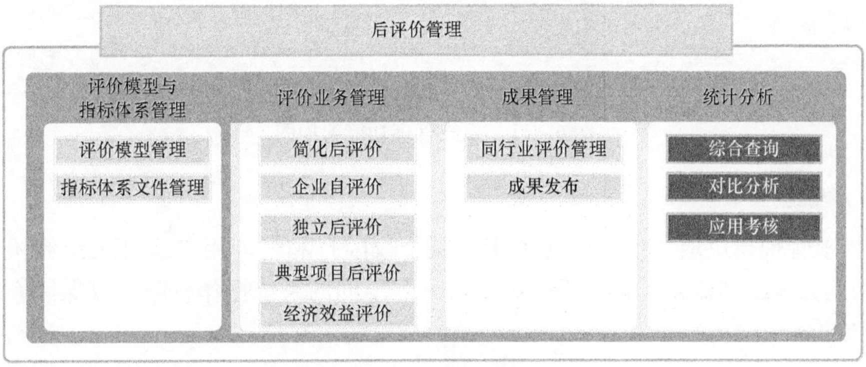

图 6－10　统计分析功能架构图

1）综合查询

综合查询以多种可视化方式提供浏览、查询等功能，实现简化后评价、企业自评价、独立后评价数据及信息查询功能。用于各种图表展示，根据评价类型、项目实施单位等条件，灵活查询项目后评价数据、文档等。提供各种信息查询界面，仪表板将根据用户管理层级、权限和业务类型定义报表及数据范围，提供图形化展示界面，便于用户分析查询。

2）对比分析

对比分析可以分为前后对比、同类项目横向对比、行业基准值对比分析，通过选择对比项目、选取指标，将信息系统中采集表内数据通过系统后台模型处理和运算，生成分析结果，用于实现项目间、公司间、同行业间的对比分析。根据项目后评价需要，按照不同评价项目类型对项目关键信息有针对性地进行对比，如年度纵向对比、指标分析、工程成本分析、储量成本分析等。

3）应用考核

为提升系统应用效果，实现信息化最大价值，设计应用考核功能，实现对发展计划部、地区公司、咨询评估单位的后评价项目完成率、录入及时性等应用指标进行考核，并将考核结果通化展示。

二、系统管理

系统管理包含权限部分的用户管理、权限管理、菜单管理以及系统基础的字典、通知管理、流程、附件和日志管理等内容（图6-11）。

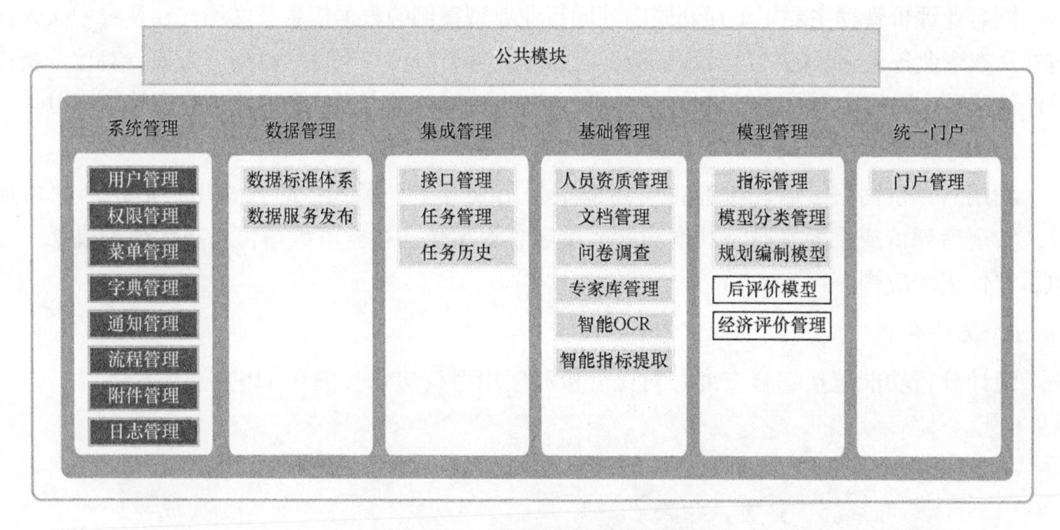

图6-11　系统管理功能架构图

1. 用户管理

通过权限管理模块定义用户组（为用户赋予权限）和功能用户组（为组织机构赋予权限），根据业务范围和流程对各组织机构用户分配不同的系统操作权限，以保障系统安全正确地运行（图6-12）。

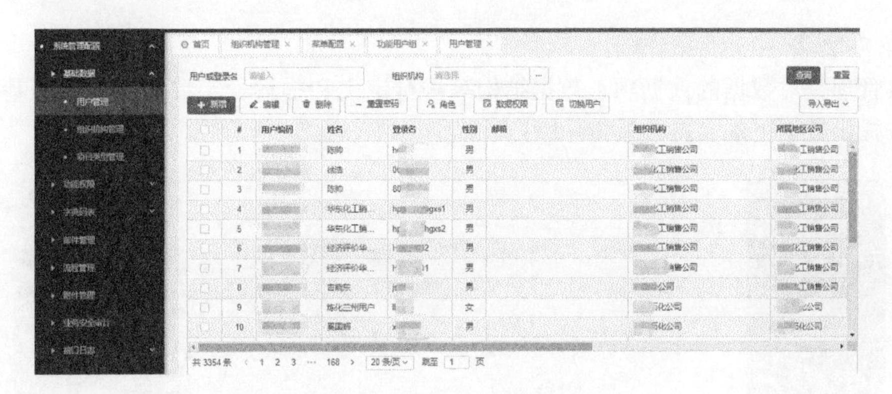

图 6－12　用户权限分配表

2. 权限管理

权限管理对用户、权限、工作流、基础数据进行定义和分配，统一定义用户角色，并分配相应权限，对用户信息、组织机构、功能权限进行管理，满足信息保密的需要。后评价信息系统涉及的组织机构包括总部、专业公司、咨询单位、各地区公司及所属二级单位。通过权限管理模块，对组织机构层级和编码进行管理（图 6－13）。

图 6－13　组织机构主数据管理

3. 菜单管理

菜单管理是对系统中提供的所有功能模块进行统一的管理，不同的菜单对应不同的功能视图。菜单管理提供了对菜单基本信息的维护功能（图 6－14）。

菜单ID	菜单名称	图标	链接	可见	类型	权限标识	排序	备注
0000007299	业务平台		/biz	显示	菜单		1	
0000007676	个人工作中心		/center	显示	菜单		1	
0000008876	通知公告		/notice/notice	显示	菜单		10	通知公告
0000007335	战略规划		/strategy	显示	菜单		15	
0000007344	项目前期		/pre	显示	菜单		20	
0000007345	经济评价		/eval	显示	菜单		25	
0000007346	工程造价		/gczj/gczj	显示	菜单		30	
0000009058	主数据维护			显示	菜单		34	主数据维护
0000007347	投资计划(新)		/plan	隐藏	菜单		34	
0000008038	投资计划		/phase1/pr	显示	菜单		35	投资计划入口
0000007348	实施跟踪		/ansl	显示	菜单		40	

图 6－14　菜单管理页面

4. 字典管理

字典管理是对数据的数据项、数据结构等进行定义和描述，字典是各业务的基础功能，为各业务提供数据上的支持（图 6－15）。

图 6－15　字典管理页面

5. 通知管理

通知管理是系统发送邮件和中油即时通信提醒并记录发送历史的公用模块。邮件是系统配置表的具体应用，邮件参数配置在系统配置表中，使用时获取。系统发送邮件到指定邮箱。发送信息包括标题、正文、附件信息、抄送者、密送者等。系统发送待办任务通知到中油即时通信。发送内容包括待办任务名称、接收人、接收部门、发送内容等（图 6－16）。

图 6－16　通知管理页面

6. 流程管理

流程管理根据业务需要定义数据表中的信息，设定工作流任务节点的经办人，通过搭建基础工作流引擎实现对业务流程的事先定义和编排，以满足业务流程灵活性，实现业务流程的快速配置，形成后评价信息系统自开发平台最基础的管理结构。流程管理支持各业务模块的流程要求，分为流程、阶段、步骤 3 层进行配置，步骤关联执行人角色（图 6－17）。

图 6－17　流程配置页面

7. 附件管理

统一系统附件管理，实现附件在线浏览以及统一管理（图 6－18）。

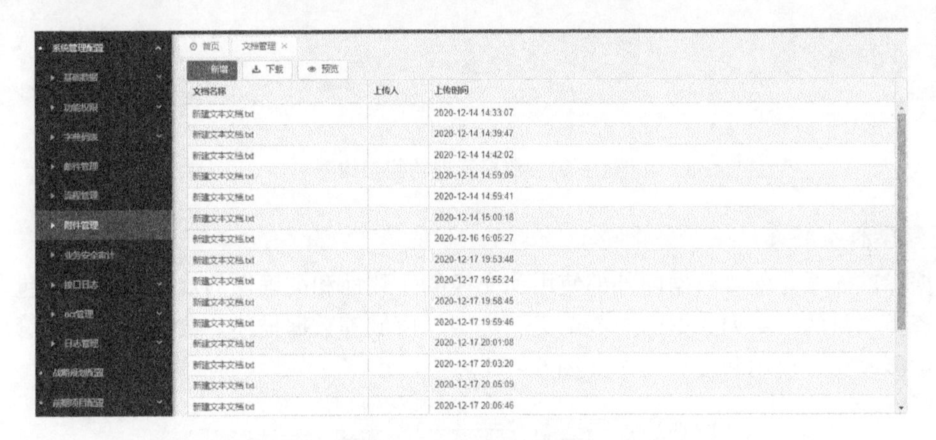

图 6－18　附件管理页面

8. 日志管理

日志管理是为系统相关人员提供业务操作的日志检索功能。在日志管理页面可以检索用户的一些业务操作行为，比如：新增用户、权限设置等。日志检索对收集到的日志数据提供条件检索功能，用户可以根据检索出的日志信息分析用户的业务行为（图 6－19）。

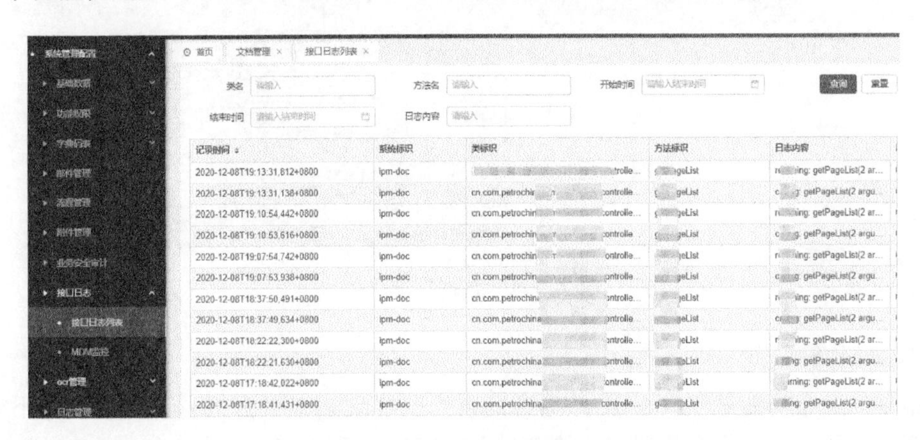

图 6－19　日志管理页面

三、数据管理

构建一套完整的数据标准体系是开展数据集成的良好基础，在此基础上配置数据服务，与其他授权单位共享数据。数据管理包括数据标准体系、数据服务发布功能（图 6－20）。

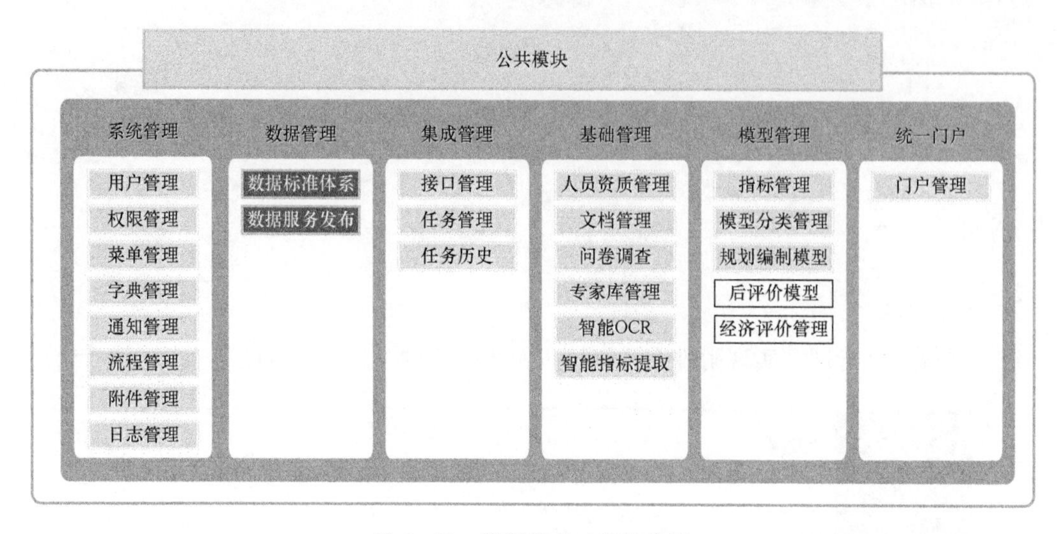

图 6－20　数据管理功能架构图

1. 数据标准体系

数据标准体系是保障数据内外部使用和交换的一致性和准确性的规范性约束，包含中国石油投资类项目的一系列数据的规范定义、类型、值域等数据描述。数据标准体系管理包含标准的增删改查，启用和废弃操作（图 6－21）。

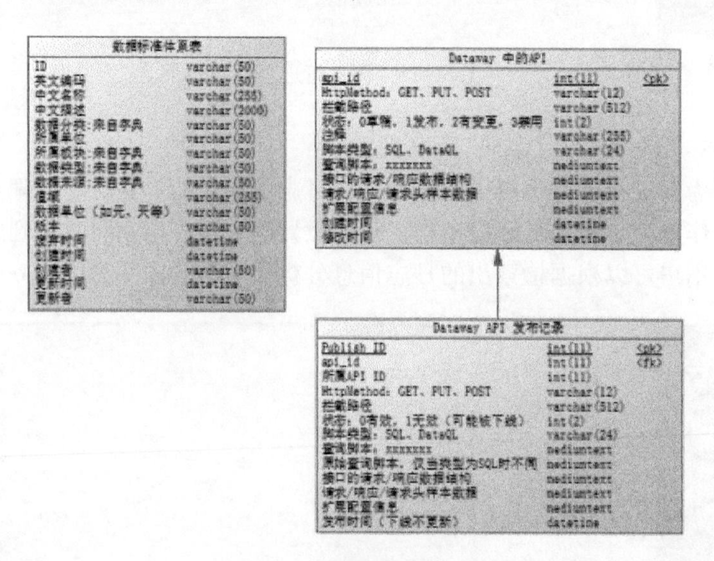

图 6－21　数据标准体系

2. 数据服务发布

数据服务发布功能基于 DataQL 数据查询语言，实现集中平台或者其他数据源下数据集的接口开发功能。用于维护数据接口信息和发布接口（图 6－22）。

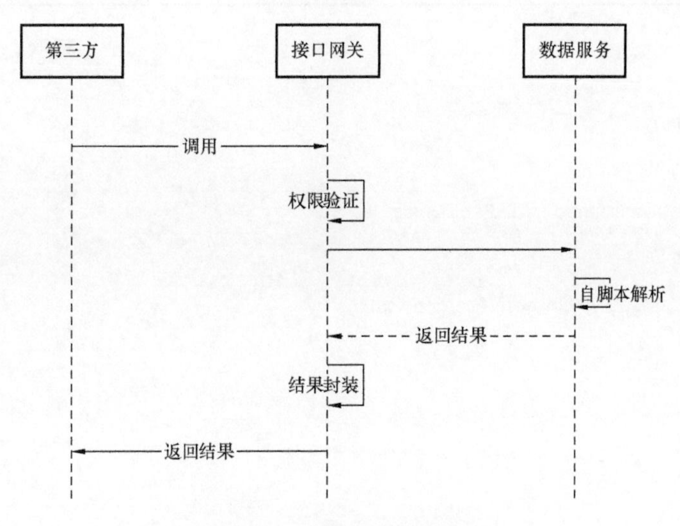

图 6－22　数据服务发布页面

四、集成管理

数据集成是把第三方不同来源、格式的数据集成到本项目中，为数据服务和业务流程提供数据支撑，利用调度服务调度 kettle、datax 脚本完成数据的抽取、映射和交换。包含接口管理、任务管理和任务历史管理等功能（图 6－23）。

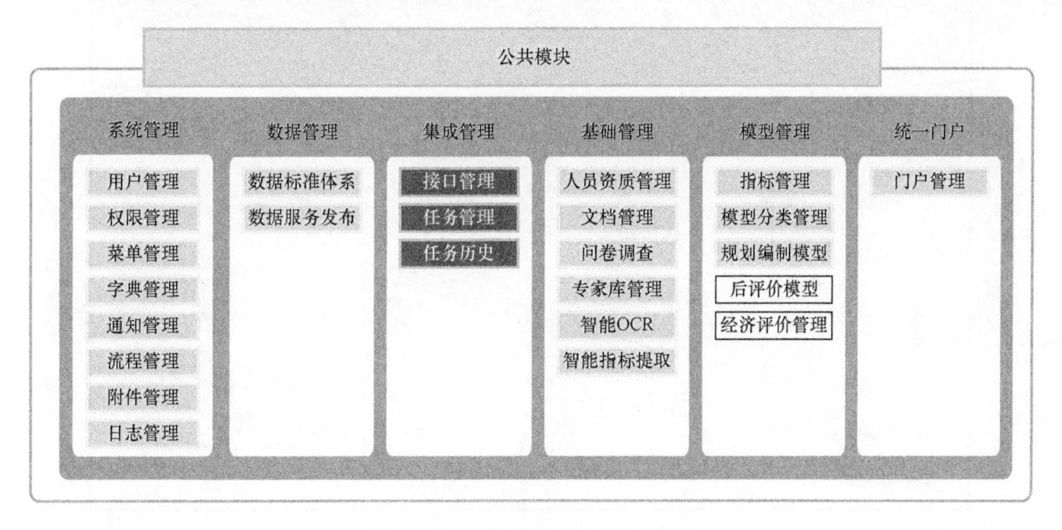

图 6－23　集成管理功能架构图

1. 接口管理

接口管理是对数据集成中外部接口进行管理，统一配置、统一接入、统一调用。接口维护实现新增、编辑、启动和停用外部系统接口（图 6－24）。

2. 任务管理

任务管理是对外部系统的接口地址进行管理，便于定时任务调度接口任务，集成外部数据。新增编辑任务，维护和配置任务信息，包括任务的运行时间，执行方法等。可启动和停止任务，也可以手动单独执行 1 次（图 6－25）。

图 6－24　接口管理页面

图 6－25　任务管理页面

3. 任务历史

任务历史是在任务管理中配置的单次或者周期性采集任务的执行记录。任务历史列表可根据条件筛选、过滤任务执行的历史记录，查看任务的历史信息，包括调度信息、执行信息以及执行结果等（图 6－26）。

五、基础管理

基础管理是各业务模块公共部分的管理，包括人员资质、专家库、文档库、智能 OCR、智能指标提取、问卷的管理（图 6－27）。

任务历史

执行器 全部 任务 全部 状态 全部 调度时间 2021-01-19 00:00:00 - 2021-01-19 23:59:5 搜索 清理

每页 10 条记录

任务ID	调度时间	调度结果	调度备注	执行时间	执行结果	执行备注	操作
2	2021-01-19 14:40:32	成功	查看			无	操作
2	2021-01-19 14:40:27	成功	查看	2021-01-19 14:40:45	成功	无	操作
2	2021-01-19 14:40:25	成功	查看	2021-01-19 14:40:35	成功	无	操作
2	2021-01-19 14:40:12	成功	查看	2021-01-19 14:40:22	成功	无	操作
2	2021-01-19 14:39:32	成功	查看	2021-01-19 14:40:03	成功	无	操作
2	2021-01-19 14:39:28	成功	查看	2021-01-19 14:39:53	成功	无	操作
2	2021-01-19 14:39:25	成功	查看	2021-01-19 14:39:43	成功	无	操作
2	2021-01-19 14:39:23	成功	查看	2021-01-19 14:39:33	成功	无	操作
1	2021-01-19 14:24:56	成功	查看	2021-01-19 14:25:13	成功	无	操作
1	2021-01-19 14:24:53	成功	查看	2021-01-19 14:25:03	成功	无	操作

第1页（总共2页，11条记录） 上页 1 2 下页

图6－26　任务历史列表页面

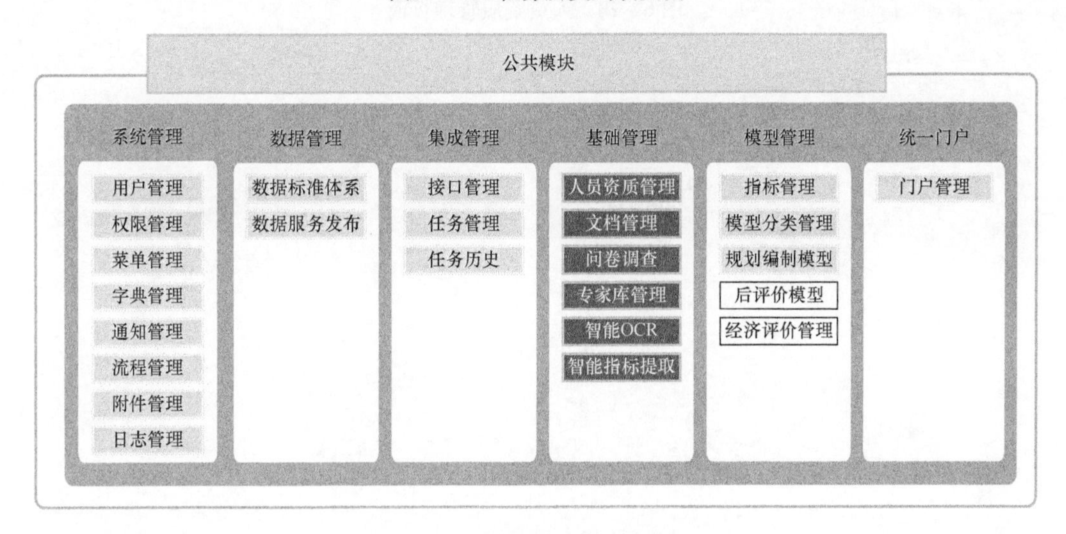

图6－27　基础管理功能架构图

1. 人员资质管理

人员资质管理是对实现后评价专业技术人员资质的信息进行维护以及管理。基础信息维护用于定义人员资质信息的人员编号、人员名称、所属组织机构等信息；对人员资质数据进行筛选、过滤；提供对人员资质的新增、修改、删除、查询等功能（图6－28）。

2. 文档管理

文档管理是对政策法规等文档进行统一化管理，并提供在线查看和下载功能。文档分类管理根据各板块各处室要求定义问卷分类，可定义出战略规划处政策法规等特定需求。文档上传是对政策法规等文档进行上传，内容包括文档名称、密级、发布单位、可阅读单位、可下载单位等。文档查看/下载是对已上传的文档进行查看以及下载（图6－29）。

3. 问卷调查

问卷调查功能支持创建各种调查范围的问卷，对创建的问卷可以标星操作，专家根据问卷进行回答，回收问卷后对问卷进行统计分析（图6－30）。

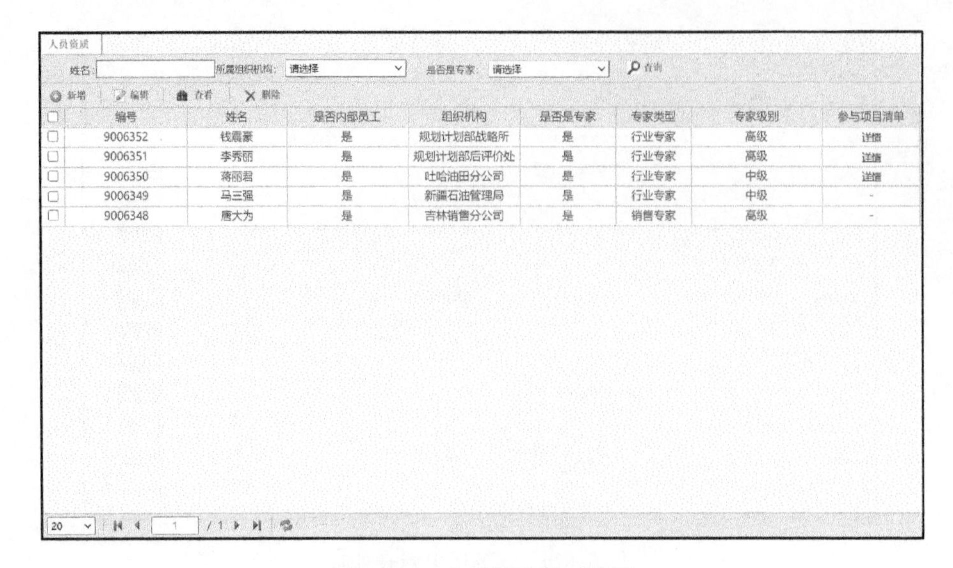

图 6－28　人员资质管理页面

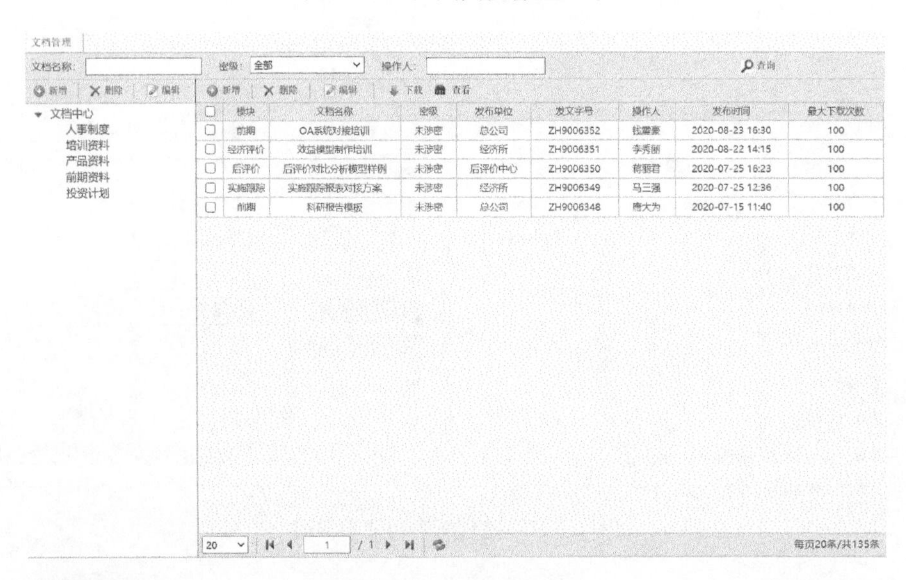

图 6－29　文档管理页面

图 6－30　问卷调查页面

4. 专家库管理

专家库管理实现项目后评价等业务专家的信息录入、维护及管理。基础信息维护用于定义专家库的专家类型、专业类型、所属单位、专家职称、附件等基础信息；对专家库数据进行筛选、过滤（图 6 - 31）。

图 6 - 31　专家库管理页面

5. 智能 OCR 及指标提取

智能 OCR 及指标提取在项目创建及管理过程中，自动识别已上传文档中的内容，提取项目所需基本信息指标及批复信息指标，并显示到对应的项目信息页，提高工作效率(图 6 - 32)。

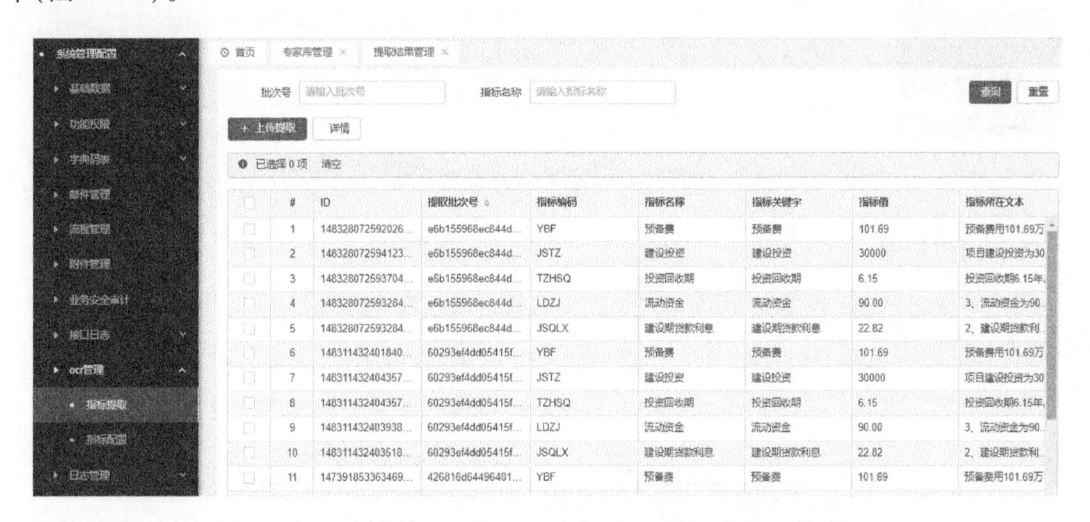

图 6 - 32　智能 OCR 及指标提取页面

六、模型管理

模型管理实现业务基础模型版本的更新、维护和发布，在业务流程或计算方法发生变化时，可通过基础模型变更流程实现模型的更新维护和发布；同时对于模型的有效性进行统一管理，建立适应于最新业务的模型管理。具体包括基础模型名称、版本号、有效性、模型状态、创建人、创建时间、备注信息等内容的修改维护（图6-33和图6-34）。

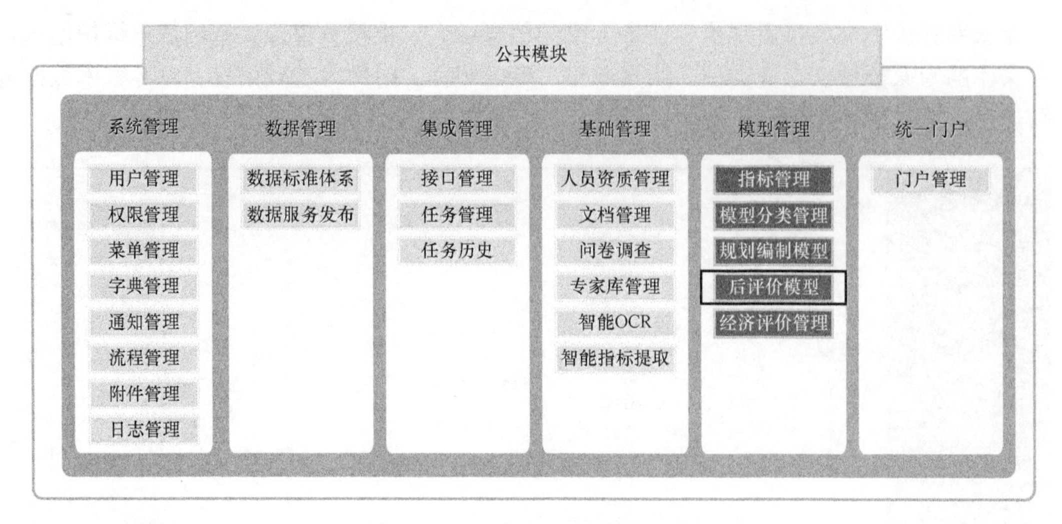

图6-33　模型管理功能架构图

图6-34　后评价模型管理页面

七、门户管理

门户管理主要是各级用户登录系统后的统一首页，包括日常工作中一些通用功能(图6-35)。

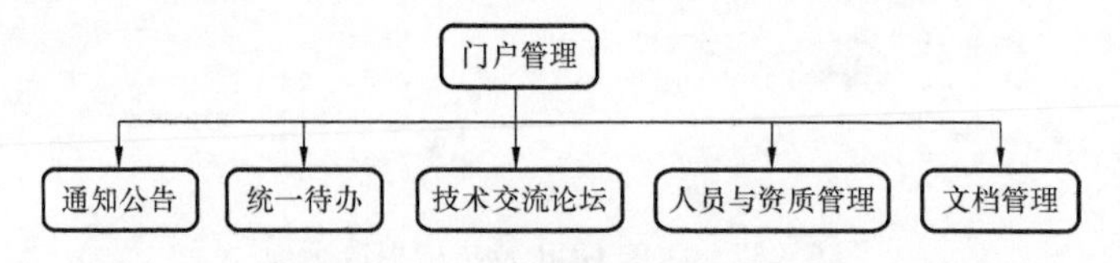

图6-35　门户管理功能架构图

（1）通知公告包括总部、专业公司和地区公司主管部门发布通知公告，供各级用户查询和阅读。

（2）统一待办用于快速查询待办事项和已处理事项的历史记录，进行工作流程审批和查询。

（3）技术交流论坛包括技术论坛、问题解答、软件介绍、学习园地等，进行后评价相关讨论与交流。

（4）人员与资质管理主要包括人员管理与专家库管理。人员管理用于查询人员的专业、资质等基本信息；专家库管理用于查询专家的专业、专家等级等基本信息。

（5）文档管理包括文档、电子表格、图形和影像扫描文档的查阅、存储、分类和检索。

第三节　后评价信息系统业务流程及其应用架构

一、业务流程

后评价信息系统基于自研的流程引擎构建流程管理和流程服务，支撑业务流程，完成各版块、各阶段、各单位的流程流转，后评价涉及业务流程共6个（图6－36）。

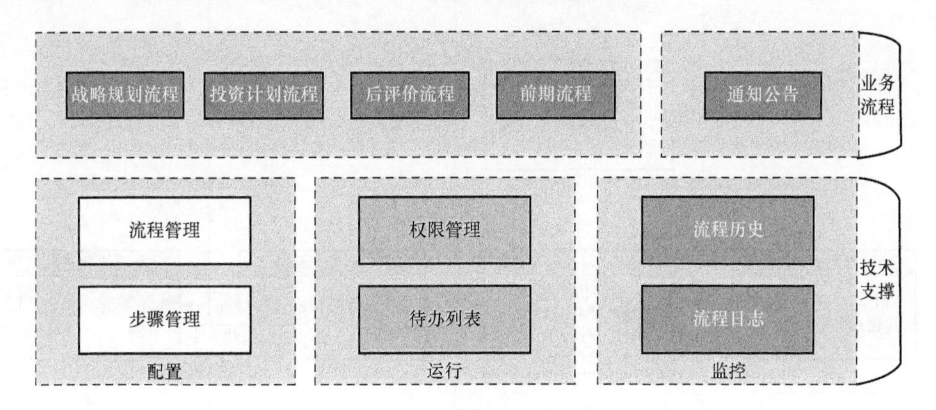

图6－36　流程技术支撑图

1. 后评价系统流程清单

后评价系统流程清单见表6－2。

表6－2　后评价系统流程清单

序号	业务流程	专业	流程描述
1	后评价计划管理流程	后评价	描述后评价计划方案的编制、审核、会签、签发等相关过程
2	简化后评价管理流程	后评价	描述企业后评价计划的制定、形成报告、上报、分析汇总形成年报、备案等简化后评价相关过程
3	详细自评价管理流程地区公司/专业公司	后评价	详细自评价管理流程包括地区公司/专业公司下达计划的后评价项目流程，涉及地区公司/专业公司自评价任务分解、报告编写、验收、审核、评审、备案等相关过程
4	详细自评价管理流程总部	后评价	详细自评价管理流程包括总部下达计划的后评价项目流程，涉及所属企业自评价任务分解、报告编写、验收、审核、评审、备案等相关过程
5	独立后评价管理流程	后评价	描述所属企业下达计划的后评价项目流程，涉及项目组成立、自评价验收、设计问卷调查、现场调查、分析整理资料、编制报告等相关过程
6	典型项目后评价流程	后评价	描述典型项目后面的自评价编制、审批和独立后评价的编制、审批流程

2. 后评价计划管理流程

（1）后评价主管部门在含可研项目中筛选已投运完工项目；

（2）后评价主管部门编制年度简化后评价计划，并提交专业公司、总部备案；

（3）各二级单位接收后评价计划，并开始执行后评价流程；

（4）将后评价计划在总部和专业公司备案（图6-37）。

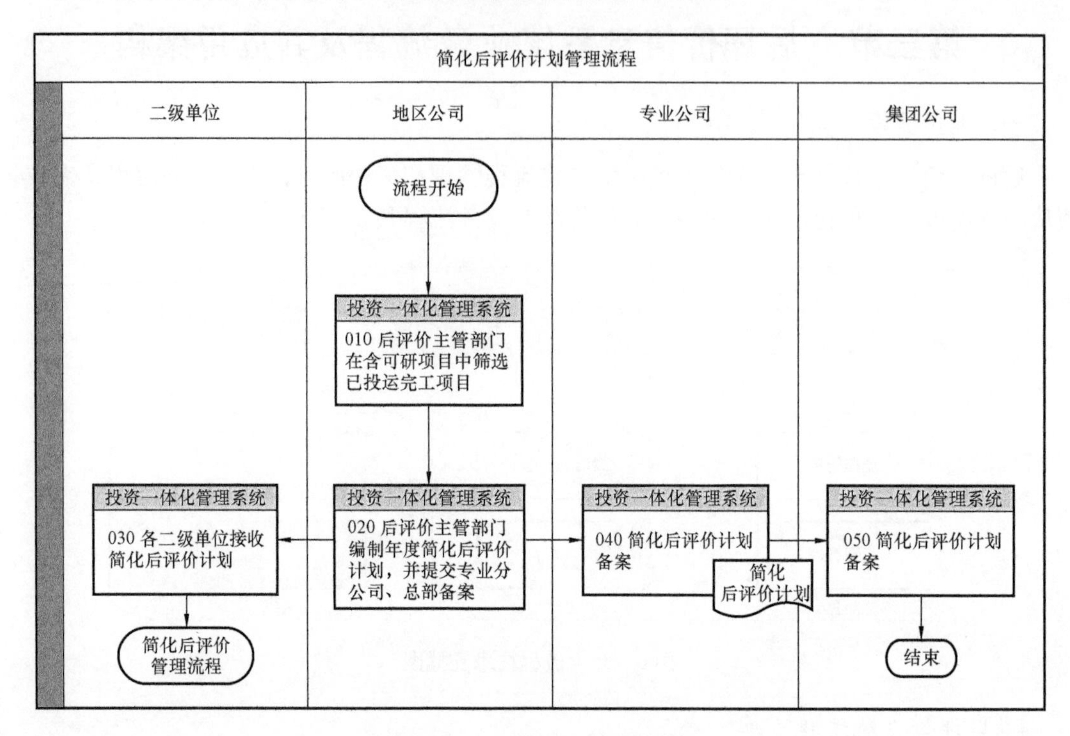

图6-37　后评价计划管理流程

3. 简化后评价管理流程

简化后评价管理流程如图6-38所示，具体如下：

（1）专业公司通过OA下达地区公司简化后评价通知，并下达简化后评价计划；

（2）专业公司后评价主管部门及业务部门通过投资项目一体化管理系统设置相关业务数据；

（3）相关系统的集成数据传输到投资项目一体化管理系统；

（4）二级单位填报归类后评价或分工完成各自负责的简化后评价表及报告；

（5）地区公司业务处室在投资项目一体化管理系统中审核；

（6）地区公司执行年报管理流程。

4. 企业自评价管理流程

（1）地区公司、集团公司和专业公司通过OA向各企事业单位下达通知及详细后评价计划；

（2）地区公司后评价主管部门及业务部门通过投资项目一体化管理系统设置相关业务数据；

（3）从相关系统的集成数据传输到投资项目一体化管理系统；

（4）开展地区公司的详细后评价工作；

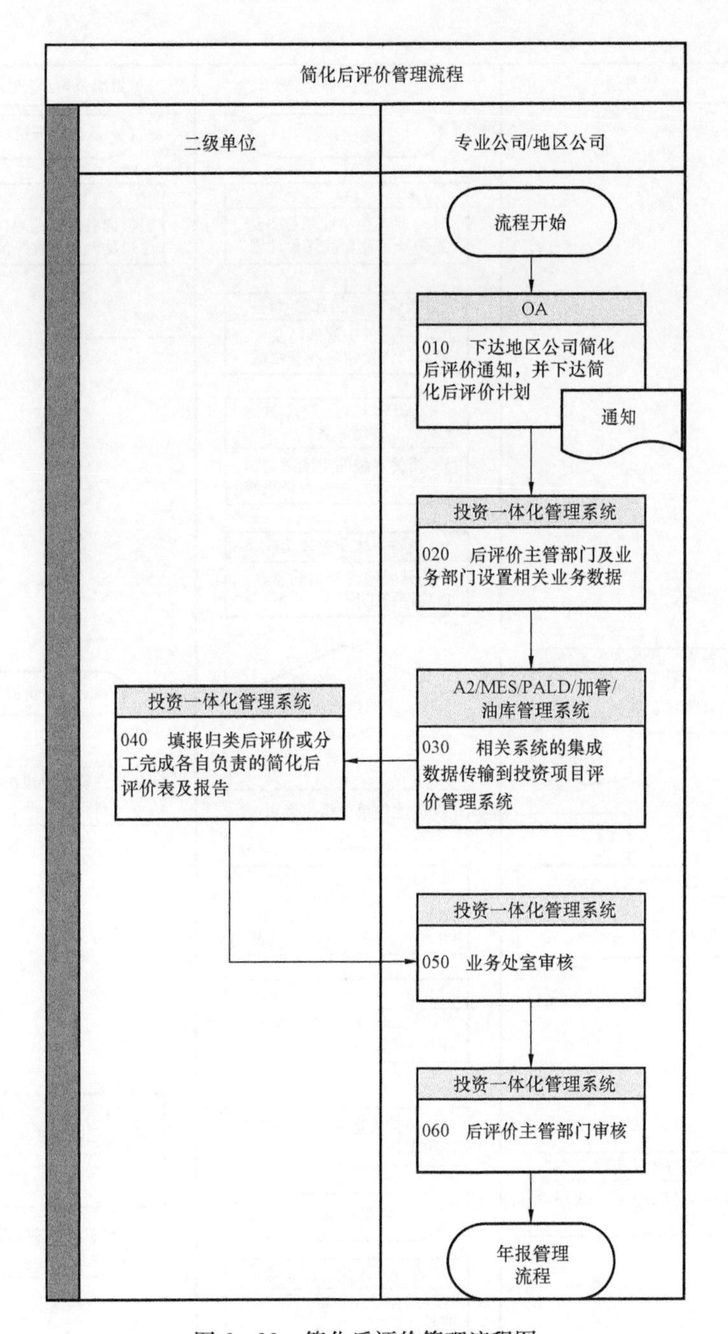

图 6－38　简化后评价管理流程图

(5）地区公司在投资项目管理系统中分工补充完成企业自评价报告编制；

(6）判断是否是集团公司下达的企业自评价计划；

(7）若是集团公司下达的企业自评价计划：

① 则由集团公司主管单位组织评审验收，并形成整改意见，同时进入独立后评价流程；

② 地区公司根据整改意见安排修改自评价报告；

③ 二级单位在投资项目一体化管理系统中修改完善企业自评价报告；

④ 地区公司后评价主管部门在投资项目一体化管理系统中导入或录入数据采集表；

⑤ 地区公司通过 OA 和投资项目一体化管理系统上传自评价报告并报备集团公司、专

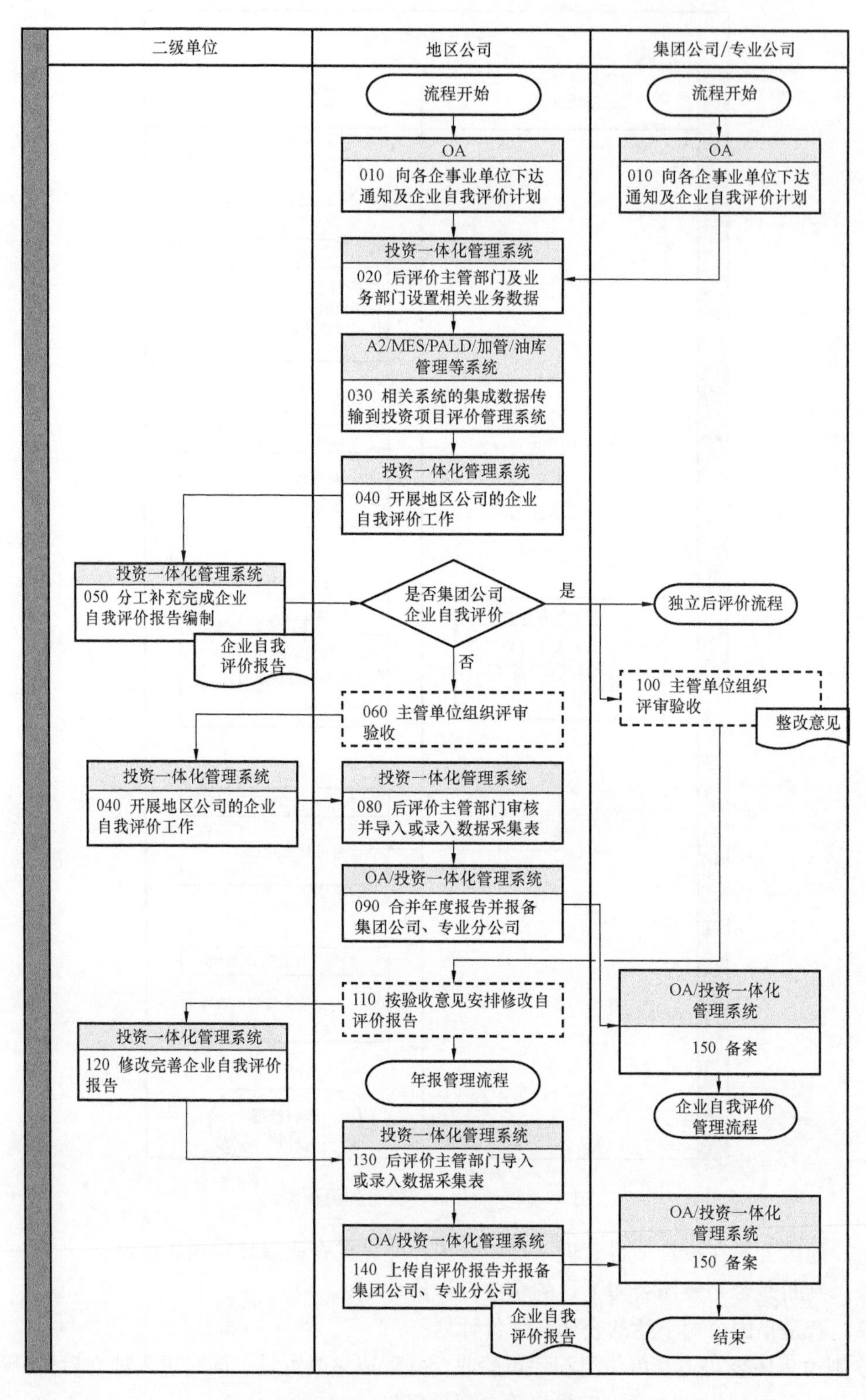

图 6－39　企业自评价管理流程

业公司。

（8）若不是集团公司下达的企业自评价计划：

① 则由地区公司主管单位组织评审验收；

② 二级单位在投资项目一体化管理系统中开展企业自评价工作；

③ 地区公司后评价主管部门审核并导入或录入数据采集表；

④ 地区公司合并年度报告并报备集团公司、专业公司；

⑤ 地区公司向集团公司备案。

5. 独立后评价管理流程

独立后评价管理流程如图 6－40 所示，具体如下：

（1）集团公司或专业公司在 OA 和投资项目一体化管理系统中委托咨询机构开展独立后评价。

（2）集团公司或专业公司在投资项目一体化管理系统中对咨询机构进行授权。

（3）咨询单位接收委托函并组织项目组和专家组，制定工作方案；地区公司接收委托函并配合咨询单位开展独立后评价。

（4）咨询单位参与委托单位组织的项目自评价评审验收并组织现场调研访谈。

（5）咨询单位编写独立后评价报告并上报初稿。在投资项目一体化管理系统导入/录入数据采集表、指标体系及录入打分表。

（6）咨询单位上传正式独立后评价报告并报备。

（7）地区公司根据独立后评价报告提出的问题整改落实。

（8）地区公司上传整改意见报告并报备集团公司。

6. 典型项目后评价管理流程

典型项目后评价管理流程如图 6－41 所示，具体如下：

（1）后评价处在信息系统中下达典型项目后评价计划并提交审批。

（2）地区公司在系统中接收到典型项目计划后成立后评价工作组和领导组，并在系统中上传相关的会议纪要。

（3）地区公司各部门分工进行数据收集，录入典型项目标准数据采集表并提交。

（4）咨询单位在系统中复制地区公司在系统中上传的典型项目标准数据采集表作为独立后评价数据的基础。

（5）地区公司在系统中上传内部研讨会议纪要或内部审查意见。

（6）地区公司将审查后完成的报告作为报告第一版（初稿），将其与自评价的相关过程文件上传到系统中并进行审批。

（7）咨询单位开展独立后评价调研并验收自评价项目，验收后将自评价验收意见上传系统。

（8）地区公司需按照验收意见修改后评价报告，并在信息系统中上传修改后的自评价报告（终稿），并提交审批。

（9）咨询单位根据调研结果对自评价数据进行修改，并将修改后的数据保存为独立后评价数据。

（10）咨询单位编制完成独立后评价报告，并将独立后评价报告和工作底稿上传系统。

（11）后评价处在系统下达后评价整改意见。

（12）地区公司根据后评价处下达的整改意见进行整改，并在系统上传整改报告。

（13）集团公司将整改报告和典型后评价文件进行整理归档，并上传系统。

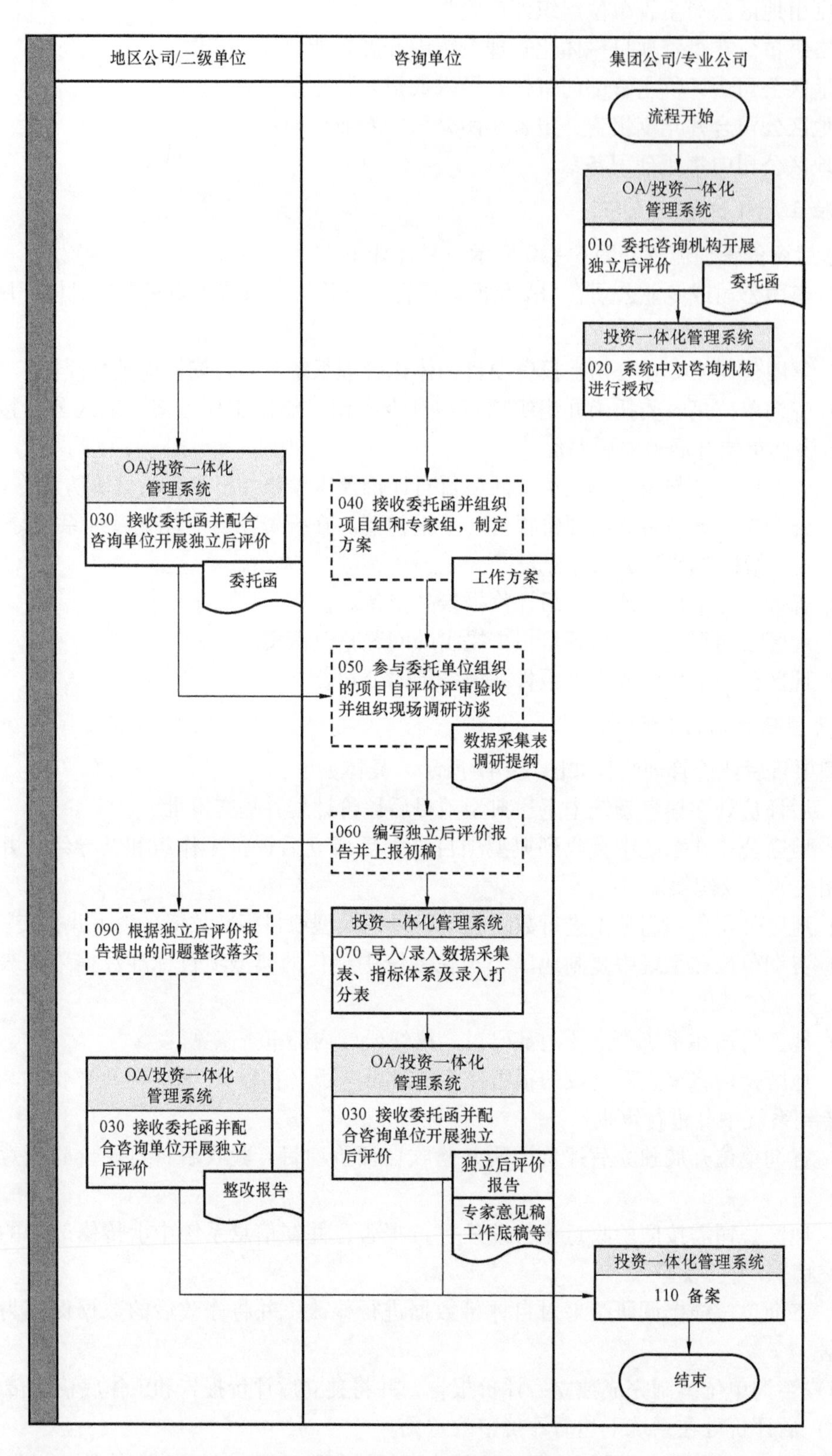

图6-40　独立后评价管理流程

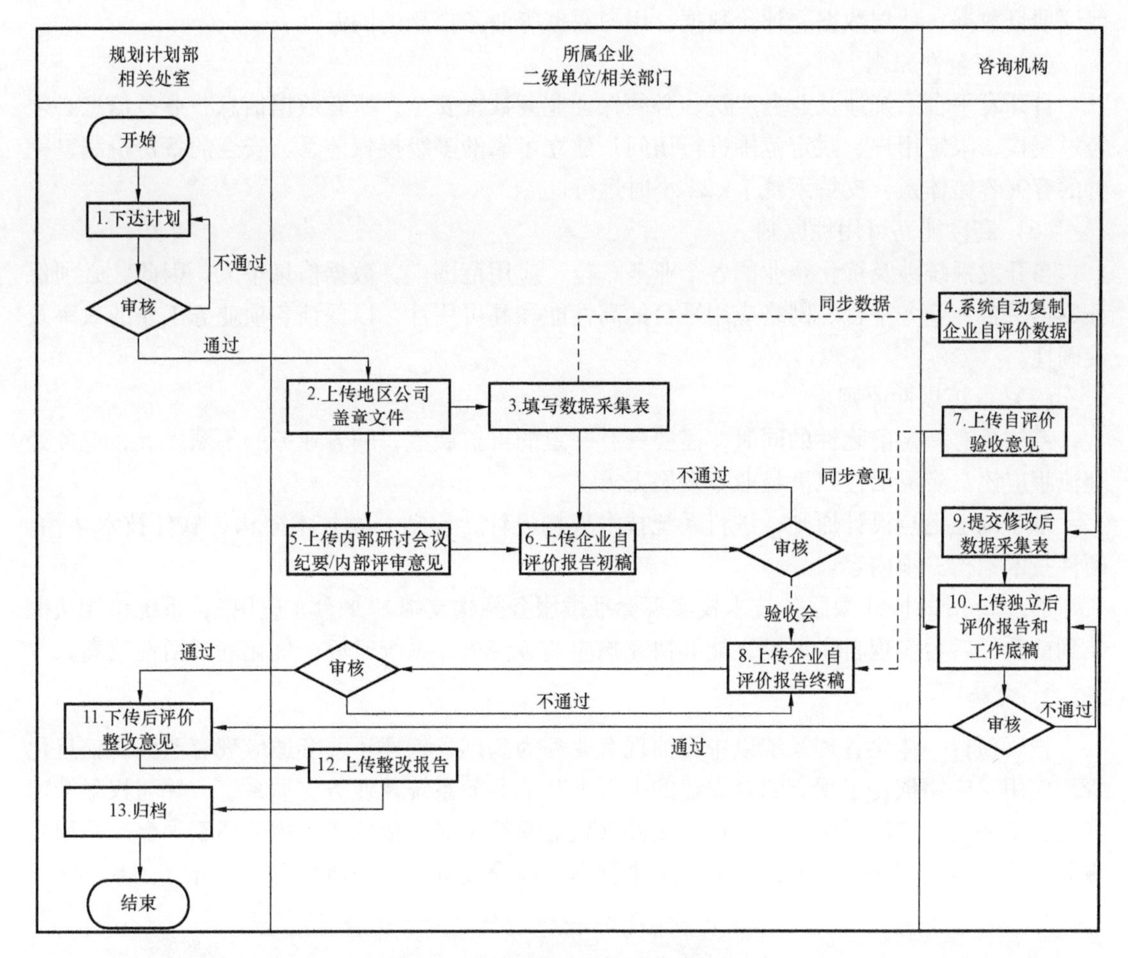

图6－41　典型项目后评价管理流程

二、应用架构

1. 设计原则

根据项目技术要求以及中国石油IT建设的要求，确定本项目技术架构方案的原则：

（1）统一性原则。

遵循“统一规划、统一标准、统一设计、统一投资、统一建设、统一管理”的六统一原则；遵循中国石油的“统一、成熟、实用、兼容、高效”的信息化十字方针。

（2）技术领先和成熟性原则。

选用成熟度高的开发技术和接口技术，选用成熟的、先进的中间件产品，回避因技术缺陷造成的风险因素，实施采用成熟的信息系统方法论，确保实施的顺利推进。

（3）实用性和易用性原则。

实用性指设计方案符合中国石油企业实际，可操作性指方案的设计充分考虑各相关企业目前的业务细节、经验和能力，能够将先进的技术方案真正纳入各企业项目一体化管理及各种评价业务实践。实用性和易用性在技术方案和实施计划中得到充分体现。

（4）数据统一性原则。

根据用户系统建设原则，本系统与ERP系统、MDM系统等必须保持数据的一致性，以保证项目数据、计划数据、评价数据、用户数据等业务信息的同源性。

（5）安全性原则。

自开发平台系统涉及业务广泛，必须保证业务数据安全，所有数据信息、业务信息必须经过授权，限定用户、限定范围进行访问；建立可靠的多级授权体系、安全的备份机制、完善的容灾容错体系，支持系统 7×24 小时运行。

（6）高性能高可用性原则。

自开发系统涉及炼化企业的各个业务单位，应用范围广，数据信息量大，因此，必须保证数据平台、业务平台、网络应用平台的高性能和高可用性，以保证各项业务工作的效率及准确性。

（7）可扩展性原则。

系统具有一定前瞻性的同时，需要具有一定的可扩展性，随着业务的不断发展，业务处理流程应该具有灵活性以满足业务发展需求。

基于以上七点设计原则，进行系统技术架构设计，包括开发技术架构、软件技术架构、硬件技术架构三项内容。

通过 SpringCloud 微服务技术栈实现标准微服务架构支撑“平台＋应用”，系统功能从框架到前台、后台实现自主可控，能够快速响应业务变革，系统升级、优化的灵活性较高。

2. 架构

投资项目一体化管理系统以中石油现有业务为基础，构建了一套适应现有业务的信息化管理应用。应用依托于现有的及在建的中石油其他业务系统及业务支撑系统，并与权限管理平台、统一用户访问平台、非结构化文件管理等系统集成。依托于集团公司云平台，采用微服务架构，通过信息安全体系保障和运维管理，建设投资项目一体化管理系统（图 6－42）。

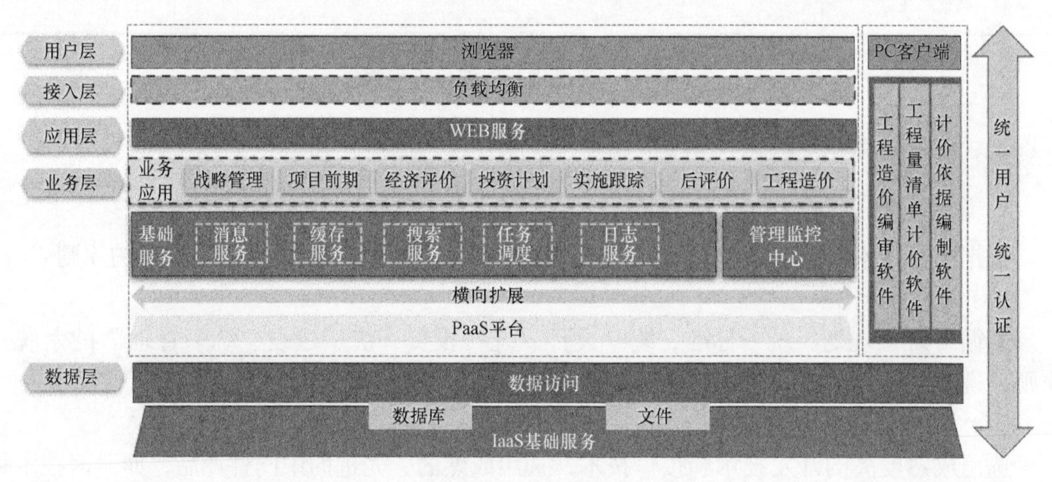

图 6－42　应用架构图

系统采用微服务架构实现，数据层基于 IaaS 平台，构建结构化和非结构化存储，业务层基于 PaaS 平台部署微服务应用，支持服务横向扩展，应用层按照业务需求分为多个业务模块，用户使用浏览器通过接入层的负载均衡访问应用层，整个系统由用户层、接入层、应用层、业务层和数据层组成。

（1）数据层依托于集团业务云基础设施，整个系统的数据库、计算资源、存储资源、网络资源都部署在这一层，由云计算部门负责统一管理与运维。

（2）业务层依托于 PaaS 平台，承载着 IPM 扩展与提升业务的核心，整个系统分为基础服务和业务应用，基础服务部分主要部署消息服务、缓存服务、搜索服务、任务调度、日志服务。业务应用依托于基础服务，业务层使用微服务架构模式，原则上采用三副本的部署方式，可以支持业务的扩缩容及业务的横向扩展，以便应对敏态的业务需求。

（3）应用层按照业务模块分类，由统一用户管理平台提供系统入口，整个系统设计为前后端分离，支持业务需求。同时可以根据业务负载进行应用的扩容。

（4）接入层通过负载均衡 Nginx 来实现用户的流量转发，为应用层扩容提供入口，Nginx 以三副本集群模式部署，保证系统运行的高可用。

（5）在用户层用户通过浏览器进行业务访问，浏览器支持微软 IE10 以上或 Chrome，或基于 IEChrome 内核的浏览器。

三、数据架构

1. 设计原则

（1）统一数据视图。

统一数据视图，保证不同系统数据间的完整性和标准一致性。

（2）数据隔离。

对于数据量大的数据库做分库分表，不同的业务域做分区隔离，重要数据库单独做物理备份策略。

（3）合理使用缓存。

合理使用第三方缓存提高数据交换能力，数据库有能力支撑时优先使用数据库缓存。

（4）使用对象存储。

对于文档、图片等非结构化数据使用对象存储进行共享和安全访问，减少应用服务器的请求压力。

2. 架构

在进行架构设计时，遵循整体设计原则，不同的业务域做分库隔离，非结构化文档使用 FileNet 对象存储；日志文件使用 ES 存储；基础数据使用分布式缓存；通过内部集成接口实现各业务模块之间数据流转（图 6－43）。

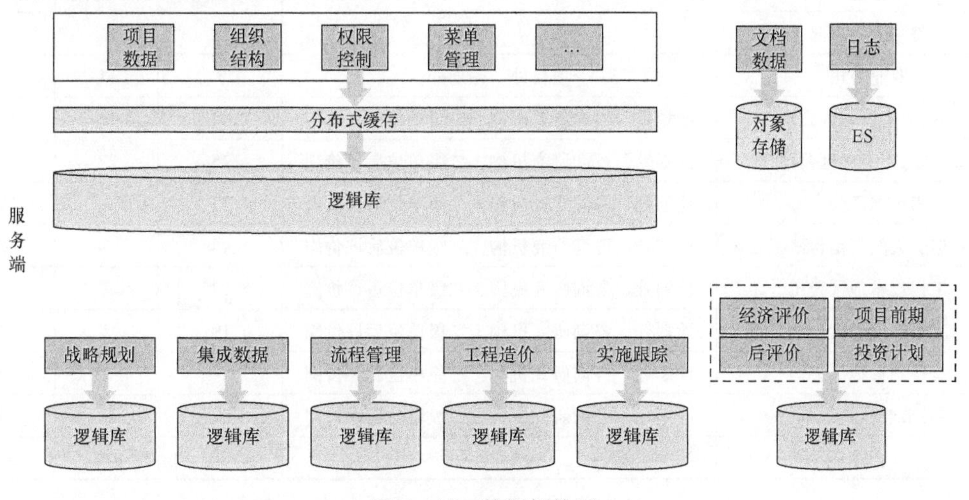

图 6－43　数据架构图

（1）整体数据存储分四类，分布式缓存、对象存储、ES 和数据库。

（2）分布式缓存使用 Redis 搭建的缓存集群，存放基础常用的数据，如项目数据、组织机构、权限数据、菜单数据等。

（3）对象存储沿用原系统使用的 FileNet，存放业务流转过程中的文档、图片数据。

（4）日志部分使用 Elasticsearch 构建日志集群，支撑日志的存储和搜索。

（5）数据库使用 Oracle，非业务部分集成数据、基础数据、流程管理单独建逻辑库，各模块共用一套逻辑数据库。

3. 数据量与用户数估算

（1）数据量估算。

投资项目一体化管理系统涉及的数据，按照数据的存储形式可分为两类：结构化数据和非结构化数据。结构化数据指可在系统中被结构化定义、可用二维表结构来逻辑表达实现的数据，主要包括投资项目的基本信息、项目后评价数据等。非结构数据主要指在投资项目一体化管理过程中形成的各类文档，包括后评价报告、年报、预警简报等（表 6 – 3）。

表 6 – 3　数据量估算表

数据类型	数据量					五年累计数据量（G）
	第一年	第二年	第三年	第四年	第五年	
结构化数据（G）	30	33.0	36.3	40.0	44.0	183.3
非结构化数据（G）	1700	1870	2057	2263	2490	10380
合计（G）	1730	1903	2093.3	2303	2534	10563.3

（2）用户数估算。

系统用户覆盖集团公司总部、专业公司和地区公司及二级单位的规划计划和项目处室管理人员和主要业务人员。“十二五”期间系统用户数 8282 人，扩展后按照人员数量和实施组织结构范围进行估算，用户总数预计 13553 人，其中后评价用户预估 3558 人。后评价应用人员估算情况见表 6 – 4。

表 6 – 4　后评价应用人员估算表

单位	部门	每单位用户	单位数量	用户数量
集团公司总部		25	1	25
专业公司	项目处、计划处	3	11	33
勘探与生产地区公司	计划处、咨询研究机构、二级单位后评价岗	92	16	1472
炼油与化工地区公司	计划处、咨询研究机构、二级单位后评价岗	15	23	345
销售地区公司	计划处、咨询研究机构、二级单位后评价岗	33	34	1122
中油管道、天然气销售地区公司	计划处、咨询研究机构、二级单位后评价岗	48	6	288
工程技术地区公司	计划处、咨询研究机构、二级单位后评价岗	27	7	189
工程建设地区公司	计划处、咨询研究机构、二级单位后评价岗	19	2	38
装备制造地区公司	计划处、咨询研究机构、二级单位后评价岗	3	2	6
科研事业及其他单位	计划处、咨询研究机构、二级单位后评价岗	4	10	40
合计			112	3558

四、接口方案

投资项目一体化管理系统作为一个集成的信息系统，后评价业务涉及的信息系统主要如下：各板块 ERP 系统、各板块生产运行系统等，其数据的流向分布结构如图 6－44 所示。

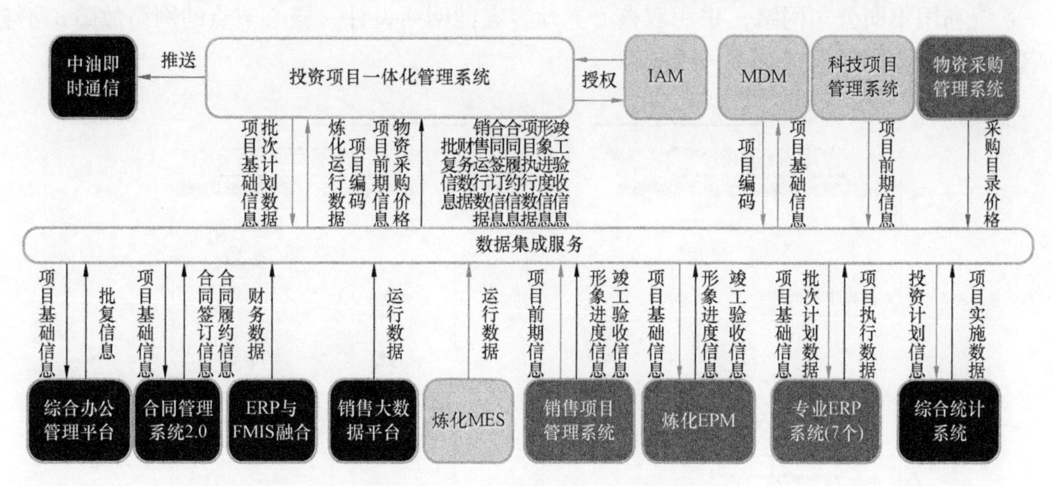

图 6－44　集成系统传输示意图

本接口方案根据以上各个相关系统的实际情况，按照业务部门对数据的需求，对接口数据进行整理与归纳，建立数据接口标准以及编码映射对照关系，设计及开发针对不同系统的接口，满足系统对其他系统数据需求（表 6－5）。

表 6－5　数据接口分类

序号	系统名称	所属板块部门
1	中油即时通信	信息管理部
2	身份管理与认证系统	信息管理部
3	ERP 与 FMIS 融合	信息管理部共享中心
4	炼油与化工运行系统	炼化分公司
5	销售板块投资项目管理系统	销售分公司
6	销售大数据管理平台	销售分公司

五、硬件及运行环境

系统物理部署采用基于 IaaS 基础设施资源方案。在 IaaS 平台之上部署 PaaS 平台，进行服务编排和微服务治理，微服务治理组件为生产环境的业务系统提供服务的注册与发现、链路追踪、配置管理等能力；日志组件实现对生产环境中应用服务的日志采集、分析、索引及展示功能；监控组件实现对生产环境中虚机、组件、应用的全方位一体化监控功能。

数据管理、模型管理、后评价管理、统一门户、系统管理、集成管理组件服务均部署于微服务架构之中。所有终端用户都通过集团公司主干网直接访问数据中心的应用服务进行操作。集团公司已经建设了覆盖全系统的广域网，网络带宽和可靠性能够满足地区公司远程访问总部数据的需求。在总部层面进行数据存储和访问，基本可以保证各个地区公司的信息及时上传和用户的随时访问。

运行环境是系统正常运行、对外提供服务的关键部分，主要包括网络环境、服务器环境和机房环境。

1. 网络环境

系统利用集团公司网络，采用双核心异地容灾的网络设计，核心节点的网络故障，不会影响到全网的数据转发（图6-45）。

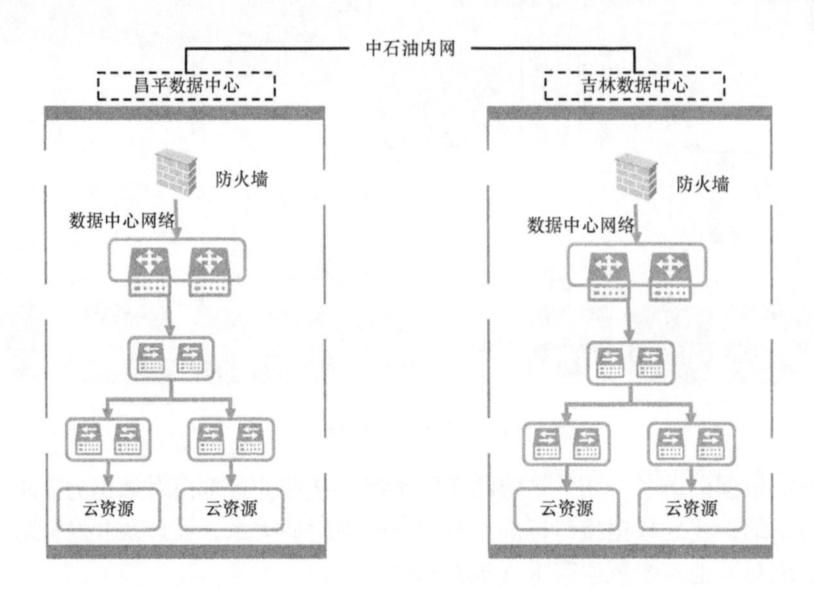

图6-45 网络环境

网络环境：灾备环境与生产环境之间通过石油内网连接。

2. 服务器环境

服务器采用通用型PC服务器。

虚拟机操作系统版本要求RedHatEnterpriseLinux7.6（64位）。为防止操作系统临时文件占满操作系统导致宕机的情况发生，其中系统盘需分配200 G。

虚拟机操作系统需遵循标准化、可靠性、安全性原则，使用经过安全加固的系统镜像。

3. 机房环境

IPM系统在考虑数据中心机房问题方面，结合集团现有数据中心的实际情况，系统生产环境拟部署在中国石油昌平数据中心，灾备环境拟部署在中国石油吉林数据中心，机房环境满足项目需求。具体如下：

① 机柜要有防前倾设计。

② 临时存放设备的房间不小于10平方米。

③ 防爆电源插头2个，插座的标准是IEC-309。

④ 如机房不在第一层，地板承重应为800千克/米^2。

⑤ 湿度（40%~55%）。

⑥ 符合机房现有的其他设计、安全、管理规范。

六、安全与保密

系统将按照GB/T 22239—2019《信息安全技术网络安全等级保护基本要求》及三级标

准设计建设。

1. 安全

系统总体安全架构设计按照分层、纵深防御的思想，在部署安全的基础上，建立可满足等保三级强度要求的整体安全体系，即从安全物理环境、安全通信网络、安全区域边界、安全计算环境、安全管理中心等层面进行综合防护，并在交付后结合科学的安全管理制度要求，以保障系统安全稳定运行。因考虑到本项目建设相关方较多，安全各章节将以传统层级进行划分，方便各部门查阅。按部门分工进行划分，物理层安全由数据中心负责、网络层安全由数据中心负责、主机层安全由数据中心负责、应用层安全由昆仑数智负责、数据层安全由昆仑数智负责、业务及内容安全由昆仑数智负责（图 6 -46）。

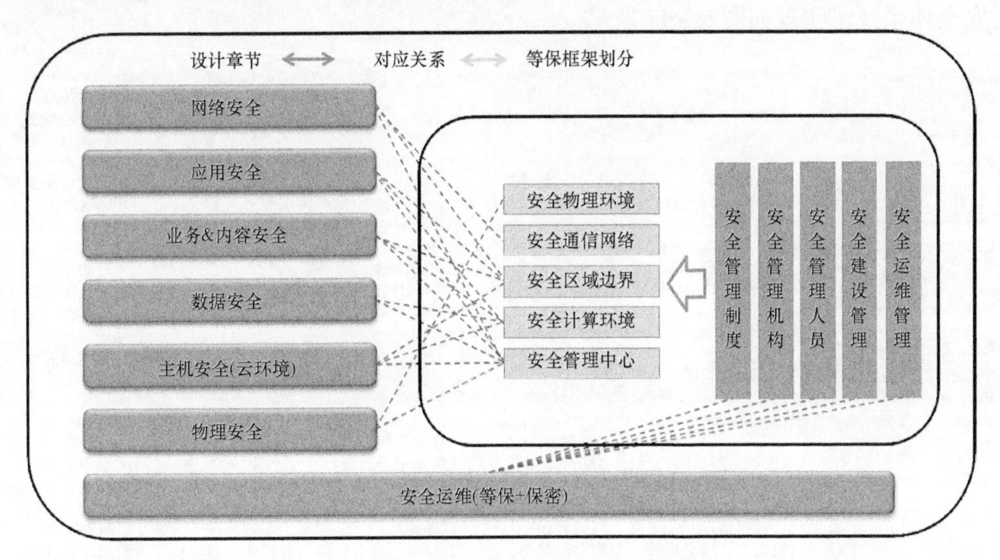

图 6 -46　安全设计与等保要求框架图

系统物理环境采用中国石油昌平数据中心为生产中心，中国石油吉林数据中心为灾备中心。系统物理环境的管理由中国石油数据中心（昌平和吉林）负责管理。主要负责机房环境的物理访问控制、防火、防震、防风、防水防潮、防雷击、防静电、防盗防破坏、温湿度控制、电力供应等。由中国石油数据中心（昌平和吉林）统一分配物理环境，确定本项目系统使用的 IP 地址范围。中国石油数据中心（昌平和吉林）根据系统需求搭建相应的物理主机操作系统及操作系统最新补丁。

（1）网络安全。

通过数据中心网络系统中部署的防火墙、入侵防御系统保障网络安全。

（2）应用安全。

Web 安全应用保护能够防止包括 CGI 漏洞扫描攻击、SQL 注入攻击、XSS 攻击、CSRF 攻击防护，以及 Cookie 篡改防护、网站盗链防护、网页挂马防护、WebShell 防护等各种针对 Web 系统的入侵攻击行为，结合网页防篡改技术实现系统运行过程中重要程序或文件完整性检测和恢复。

（3）数据安全。

数据安全体系从数据安全生命周期角度出发，采取管理和技术两方面的手段，进行全面、系统建设。通过对数据生命周期（数据生产、数据存储、数据使用、数据传输、数据传播、数据销毁）各环节进行数据安全管理管控，实现数据安全目标。在数据安全生命周期的每一个阶段，系统都具备相应的安全管理制度以及安全技术保障。

（4）主机安全。

主机操作系统安全加固不仅能够实现基于文件自主访问控制，对服务器上的敏感数据设置访问权限，禁止非授权访问行为，保护服务器资源安全，更是能够实现文件强制访问控制，即提供操作系统访问控制权限以外的高强度的强制访问控制机制，对主客体设置安全标记，授权主体用户或进程对客体的操作权限，有效杜绝重要数据被非法篡改、删除等情况的发生，确保服务器重要数据完整性不被破坏。

（5）安全体系技术实现。

安全体系技术实现如图6－47所示。

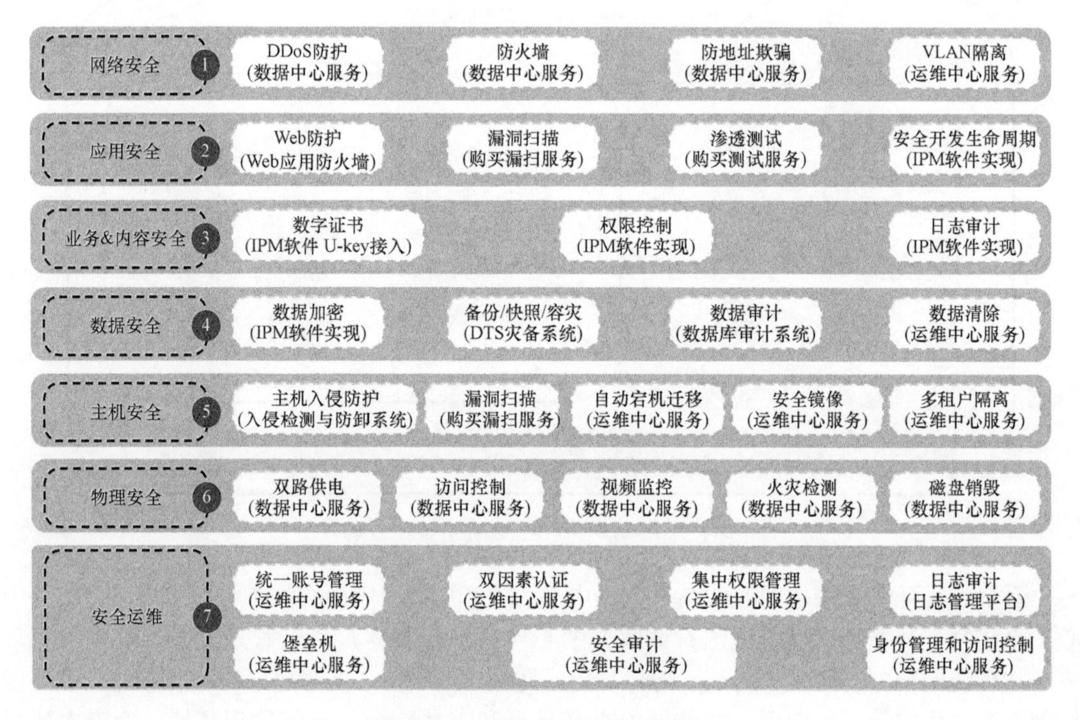

图6－47　安全体系技术实现图

2. 备份与灾备

（1）备份。

应用部署环境的可靠性、可用性是信息系统稳定服务的重要保障，通过部署备份系统可确保在应用出现问题时及时恢复重要虚拟机资源和系统数据，优先保障核心信息系统健康运行，为业务系统提供全面保护，实现备份、复制与容灾功能，灵活地满足不同虚拟机资源在不同恢复对象（RTO和RPO）方面的要求。

备份和灾备是保障信息系统服务连续性和可用性的关键手段（表6－6）。为了保障投资项目一体化管理系统的业务连续性不中断，灾备系统按照《信息系统灾难恢复规范》中五级的要求设计，实现RTO（系统恢复时间）小于48小时，RPO（数据丢失时间）小于30分钟，以达到7×24小时运行的目的。

表 6－6　备份方法详表

备份目标	分类	备份方法	备份频率	备份时间	保存周期
生产环境	数据库	数据库归档日志	每 3 小时一次	00：00 至 24：00	6 个月
		数据库全量	每周六、周三一次全备	0：00	6 个月
		数据库增量	每周一、周二、周四、周五、周日各一次	0：00	6 个月
	系统及应用日志	日志全量	每周六一次	0：00	6 个月
	应用	应用镜像全量	每周一次	0：00	6 个月
	非结构化数据	快照	每天一次	0：00	6 个月
		全备	每月一次	0：00	6 个月
预生产环境	数据库	数据库归档日志	每 3 小时一次	00：00 至 24：00	30 天
		数据库全量	每周六、周三一次全备	0：00	30 天
		数据库增量	每周一、周二、周四、周五、周日各一次	0：00	30 天
	系统及应用日志	日志全量	每周六一次	0：00	30 天
	应用	应用镜像全量	每周一次	0：00	30 天
	非结构化数据	快照	每天一次	0：00	30 天
		全备	每月一次	0：00	30 天
开发测试环境	数据库	数据库归档日志	每 3 小时一次	00：00 至 24：00	30 天
		数据库全量	每周六、周三一次全备	0：00	30 天
		数据库增量	每周一、周二、周四、周五、周日各一次	0：00	30 天
	系统及应用日志	日志全量	每周六一次	0：00	30 天
	应用	应用镜像全量	每周一次	0：00	30 天
	非结构化数据	快照	每天一次	0：00	30 天
		全备	每月一次	0：00	30 天

（2）容灾。

中国石油昌平数据中心节点作为生产中心，中国石油吉林数据中心节点作为备用节点，两个节点上运行的平台和业务都处于可用状态，通过 DNS 将所有的流量导入中国石油昌平数据中心节点。中国石油吉林数据中心节点的平台和业务没有流量进入，中国石油昌平数据中心、中国石油吉林数据中心两个节点处于主备模式。

中国石油吉林数据中心节点只接受同步数据，中国石油昌平数据中心节点灾难发生后，由运维人员将 DNS 解析修改成指向中国石油吉林数据中心节点。

系统根据需求和系统整体设计，将灾难恢复等级确定为灾难恢复等级第五级，实现 RPO≤30 分钟，RTO≤48 小时（图 6－48）。

3. 保密

（1）保密体系。

根据《中国石油天然气集团公司信息系统商业秘密安全保护技术规范》，系统设计和建设从访问控制、权限管理、准入机制、保密制度、数据加密五方面着手（图 6－49）。

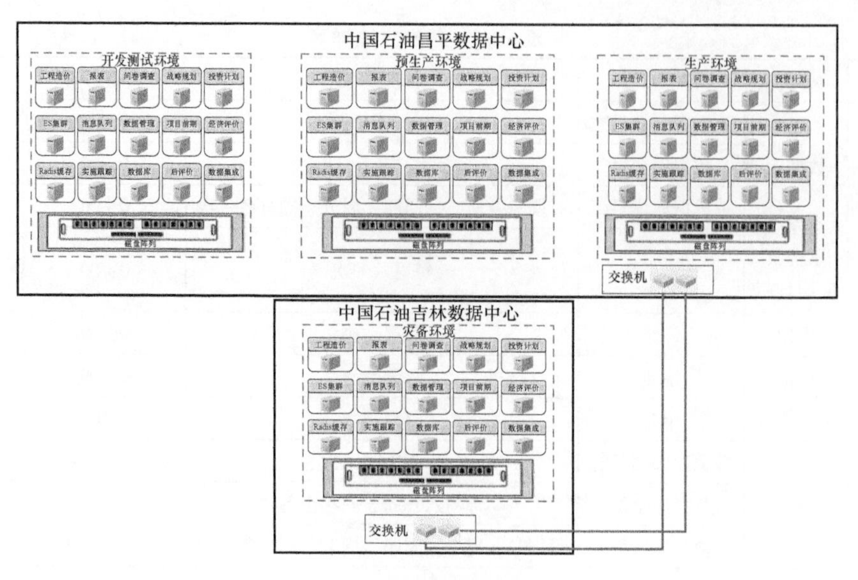

图6－48　容灾架构图

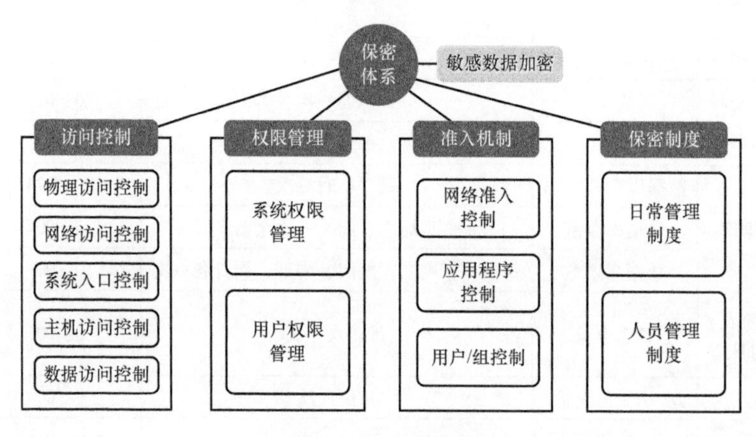

图6－49　保密体系

（2）秘密信息分级。

根据《中国石油天然气集团公司网络保密管理办法》等法律法规和有关规定，对照《中国石油天然气集团公司秘密信息分级保护目录》（3.0版），针对涉密事项系统设计相应保密方案见表6－7。

表6－7　系统秘密信息目录

序号	秘密事项	密级	保密期限	知悉范围
1	核心商业秘密信息系统算法、源代码（交付版）、数据文件	普通商密	系统废止前	信息系统业务管理部门相关人员，算法实现人员，源代码开发和管理人员，信息系统和数据库管理员
2	普通商业秘密信息系统算法、源代码（交付版）、数据文件	普通商密	系统废止前	信息系统业务管理部门相关人员，算法实现人员，源代码开发和管理人员，信息系统和数据库管理员
3	网络设备管理口令密码	普通商密	密码废止前	网络管理员
4	信息系统管理口令密码	普通商密	密码废止前	系统管理员
5	数据库管理口令密码	普通商密	密码废止前	数据库管理员

（3）保密设计。

保密技术包括存储加密、传输加密、权限管理、网络准入访问控制、数据调用方管理等方面（图6－50）。

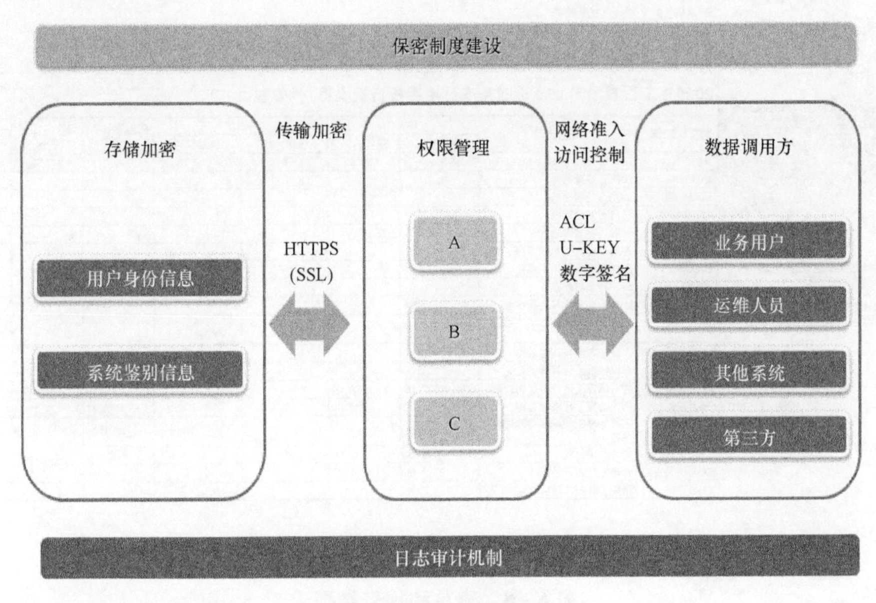

图6－50　保密设计

七、报表及表单设计

1. 设计步骤

报表及表单体系的设计方法将按照如下步骤进行实现：

（1）报表收集与分析。

（2）依据业务需求，对各级用户现有的业务报表进行收集、梳理、分析。

（3）关键字段提取。

（4）对整理分析的各报表字段进行汇总，确定字段使用频率，并进行字段信息标准化。

（5）报表样式设计。

（6）根据业务分析结果，选择覆盖业务需求、使用频率的字段构建统一规范报表；参考现有不同单位报表样式，重新设计统一规范报表的样式。

（7）报表确认。

（8）与相关人员讨论报表的样式；项目组根据各方意见进行修改；报表确认；统一规范报表实施。

2. 报表设计

报表设计需满足各类复杂表头报表、满足不规则大报表模式、满足自由制作多维分析仪表分析，基于上述要求本系统采用第三方专业报表工具，使用报表工具可在多种数据源上通过报表引擎展示数据和图形，并支持导出、打印、填报功能。界面示例如图6－51所示。

后评价模块设计表单及报表共计950张。具体表单类型及数量见表6－8和表6－9。

以销售业务为例，列举各类型具有代表性的表单及其关键指标，详细信息见表6－9。

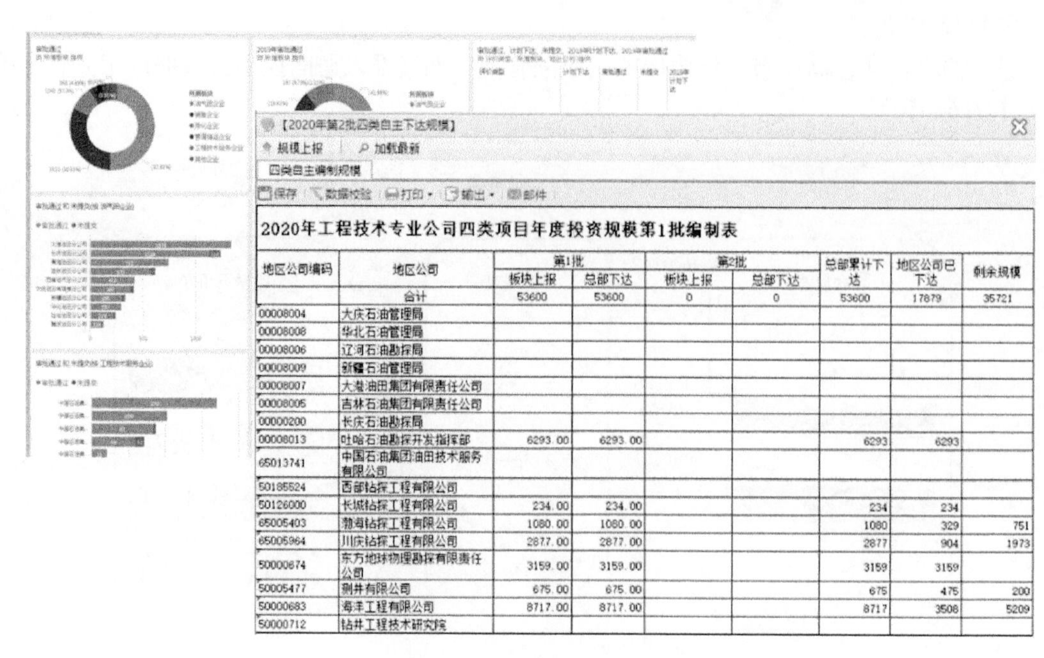

【2020年第2批四类自主下达规模】

规模上报　加载最新

四类自主编制规模

保存　数据校验　打印　输出　邮件

2020年工程技术专业公司四类项目年度投资规模第1批编制表

地区公司编码	地区公司	第1批		第2批		总部累计下达	地区公司已下达	剩余规模
		板块上报	总部下达	板块上报	总部下达			
	合计	53600	53600	0	0	53600	17879	35721
00008004	大庆石油管理局							
00008008	华北石油管理局							
00008006	辽河石油勘探局							
00008009	新疆石油管理局							
00008007	大港油田集团有限责任公司							
00008005	吉林石油集团有限责任公司							
00000200	长庆石油勘探局							
00008013	吐哈石油勘探开发指挥部	6293.00	6293.00			6293	6293	
65013741	中国石油集团油田技术服务有限公司							
50185524	西部钻探工程有限公司							
50126000	长城钻探工程有限公司	234.00	234.00			234	234	
65005403	渤海钻探工程有限公司	1080.00	1080.00			1080	329	751
65005964	川庆钻探工程有限公司	2877.00	2877.00			2877	904	1973
50000674	东方地球物理勘探有限责任公司	3159.00	3159.00			3159	3159	
50005477	测井有限公司	675.00	675.00			675	475	200
50000683	海洋工程有限公司	8717.00	8717.00			8717	3508	5209
50000712	钻井工程技术研究院							

图 6－51　报表示例

表 6－8　表单和报表类型

类型		数量
表单	25 类简化评价数据采集表	60
	14 类简化评价指标预警	10
	5 类企业自评价标准数据采集表	200
	5 类企业自评价报告报告细则附表	45
	5 类独立后评价标准数据采集表	200
	5 类独立后评价报告报告细则附表	45
	成果发布模块文件附表	10
报表	系统业务报表	100
	5 类企业自评价报告报告细则附表	100
	5 类独立后评价报告报告细则附表	100
	5 类仪表板	30
	4 类对比分析	30
	14 类预警模板	20

表 6－9　表单和关键指标示例

序号	表单名称	关键指标
1	项目概况表（简化评价）	项目名称、所属分公司、加气站位置、项目位置类型、项目投资性质、开工时间、完工时间、投运时间、后评价开始时间、后评价结束时间、建设背景、选址属性
2	加气站概况表（简化评价）	储罐数量（座）、储气瓶（个）、储罐规模（立方米）、储气瓶（立方米）、加气机数量（台）、加气枪数量（个）、管束车（辆）、压缩机（套）、占地面积（平方米）、站房面积（平方米）

续表

序号	表单名称	关键指标
3	项目建设程序评价（新建）（简化评价）	初步设计批复、施工图设计、开工报告批复、开工时间、投产运行、环保验收、消防验收、安全验收、档案资料验收、决算审计、竣工验收
4	项目建设程序评价表（收购）（简化评价）	谈判纪要、工程评价报告、资产评估、法律意见书、财务审计意见、可行性研究报告编制、可行性研究报告评估、可行性研究报告批复、合同签订、包装改造施工设计图
5	投资与运行指标对比表（简化评价）	总投资（万元）、建设投资（万元）、土地费用/收购费用（万元）、工程费用（万元）、其他投资（万元）、流动资金（万元）、建设期利息（万元）、加油站运行、气年销量（万立方米）、气平均日销量（立方米/天）、气达销率（%）、资源配送、气源
6	项目关键指标预警表（简化评价）	达销率（%）、投资资本回报率（%）
7	公司销售网络情况汇总表（企业自评价）	加油站数量（座）、产权性质、全资加油站（座）、控股加油站（座）、参股加油站（座）、租赁加油站（座）［一类站（座）、二类站（座）、三类站（座）、四类站（座）］
8	公司资产情况表（企业自评价）	资产总额（万元）、流动资产（万元）、固定资产（万元）、无形和其他资产（万元）、长期投资（万元）、负债总计（万元）、流动负债（万元）、长期负债（万元）、股东权益（万元）、资产负债率（%）
9	公司经营情况表（企业自评价）	营业收入（万元）、营业成本（万元）、利润总额（万元）、员工数量（人）
10	公司销量情况表（企业自评价）	区域销售总量（万吨）、公司销售总量（万吨）、市场占有率（%）、区域零售总量（万吨）、公司零售总量（万吨）、零售市场占有率（%）、零售比例（%）、公司自营纯枪量（万吨）
11	辖区竞争情况表（独立后评价）	规划目标、新开发加油站数量、运营加油站数量、新增油库数量、新增库容、总销量、零售量、销售网络投资、加油站投资
12	后评价年度计划投资情况表（独立后评价）	续投项目投资、新开项目投资、油库投资，其中续建项目投资、新开项目投资、其他销售网络、技术安全改造投资、非安装设备购置、其他投资、控股及合资合作自有资金投资项目、无工程股权项目投资资本回报率
13	后评价年度加油站网络建设情况表（独立后评价）	新建加油站（座）、收购加油站（座）、租赁加油站（座）、控股新建加油站（座）、控股收购加油站（座）、控股租赁加油站（座）按位置类型划分（不包括改扩建站、迁建站）一类站（座）、二类站（座）、三类站（座）、四类站（座）
14	典型加油站项目表（独立后评价）	建设性质、位置类型、列入投资计划年度、投运时间、批复估算（万元）、决算投资（万元）、可研销量（改扩建站、迁建站为增量销量）（吨/日）、后评价时点实际销量（改扩建站、迁建站为增量销量）（吨/日）
15	公司后评价年度新开发加油站基本情况表（独立后评价）	新增库容、投资估算、初设概算、竣工决算、可研周转量、实际周转量
16	典型加油站可研车流量与实际对比表（独立后评价）	加油站名称、车流量差额百分比（%）、周边车保有量差额百分比（%）、进站率差额百分比（%）、车流量（辆）、周边车保有量（辆）、进站率（%）
17	典型加油站可研柴汽比与实际对比表（企业自评价）	新增库容、投资估算、初设概算、竣工决算、可研周转量、实际周转量
18	典型加油站周边竞争情况表	周边中石油加油站数量、周边竞争对手加油站数量（座）、沿线中石油加油站数量（座）、沿线竞争对手加油站数量（座）
19	典型加油站项目工作程序评价表（新建、迁建、改扩建）	施工图设计时间、施工图设计审查时间、开工报告批复时间、开工时间、投产运行时间、决算审计时间、档案验收时间、环保验收时间、消防验收时间、安全验收时间、职业病防护设施验收时间、竣工验收时间
20	典型项目主要证照表	计划工期（天）、开工时间、完工时间、实际工期（天）、工期变动原因分析、化学危险品经营许可证

第四节　后评价信息系统测试

一、测试目标

按照中国石油信息化建设标准，系统测试应根据概要设计和详细设计对系统功能进行测试，验证系统功能是否完善，是否满足设计要求及日常业务需求；评判系统是否能够根据用户需求进行业务、功能、性能的扩展；验证模型准确程度及计算精度，界面数据、集成数据、报表数据提取的准确性；系统在一些特殊情况下是否能够进行软件正常发布、配置和使用；测试系统间传输数据、数据流是否正确，数据集成频度是否满足应用要求；模拟系统使用高峰期，测试并记录用户使用体验，监控服务器 CPU 负载及内存占用情况，并与系统设计进行对比验证；测试系统的网络安全、数据安全和编码安全是否满足要求；从用户角度出发，对系统界面的美化、功能使用方便程度、系统操作难易程度进行测试，优化系统用户体验；通过对后评价信息系统的测试，记录测试过程和结果，跟踪测试问题及解决方案，为系统完善提供合理依据。

二、测试内容

测试内容包括功能模块测试、数据和数据库完整性测试、业务流程完整性测试、用户接受测试、功能原型示意图测试、系统性能测试、系统压力测试、故障恢复测试、安装测试等。

1. 功能模块测试

功能模块测试是指对系统设计的各功能进行验证，按照准备的测试用例，逐项对系统功能模块进行测试，对测试结果与预期结果进行对比，检查系统各功能是否达到设计要求，同时提出系统功能改进意见，使系统功能满足用户使用要求。

2. 数据和数据库完整性测试

测试内容以数据库表为单位，检查各字段命名是否符合命名规范，表中字段是否完整、描述是否正确，数据库表中的关系、索引、主键、约束是否正确和完整。

3. 业务流程完整性测试

业务流程完整性测试是指在工作流引擎控制下，系统能否按照实际业务流程贯通，流程节点设置是否合理，节点状态是否与业务状态匹配，工作流引擎能否根据流程推进到下一业务节点。

4. 用户接受测试

用户接受测试是指关键用户按照功能需求和业务场景进行系统功能测试，检验系统功能是否达到业务可用状态。

5. 功能原型示意图测试

测试功能原型示意图的响应速度，界面是否简洁、友好、易用，界面颜色、样式是否符合中国石油信息系统的设计标准，界面字体是否统一，有无错别字等。

6. 系统性能测试

对系统在多种不同的负载下进行测试，验证系统的响应速度、数据读写速度、网络传输速度、CPU 利用率、内存占用、WEB 服务有无中断等，根据测试结果定位系统的性能瓶颈，确定系统的响应速度。

7. 系统压力测试

系统压力测试分为 4 个层面，硬件压力测试、软件压力测试、数据库压力测试及网络压力测试。通过模拟系统在多用户并发操作、大量数据读写操作等情形下运行，监测以上 4 个层面的数据，记录引发系统崩溃的临界数据，确定系统能承载的最大容量，并在条件允许下进行改进。

8. 故障恢复测试

主要针对系统软件和数据库（不含硬件故障和网络故障），测试系统从故障到恢复正常的时间，记录并分析系统恢复过程中遇到的问题，提高系统恢复效率。

9. 安装测试

系统安装测试分为软件安装和数据库安装，主要测试软件系统在特定的操作系统下能否正常运行，在操作系统发生故障或死机重启后软件能否正常安装。

三、测试策略

测试策略包括单元测试、集成测试和验收测试。

1. 单元测试

单元测试又称模块测试，是针对软件设计的最小单位——程序模块进行正确性检验的测试工作，其目的在于发现各模块内部可能存在的各种差错。单元测试需要从程序的内部结构出发设计测试用例，多采用白盒测试技术为主，黑盒为辅。多个模块可以平行地独立进行单元测试。

2. 集成测试

集成测试也称组装测试、联合测试，将模块按照设计要求组装进行测试，主要目标是发现与接口有关的问题。子系统的组装测试称为部件测试，需找出组装后的子系统与系统需求规格说明之间不一致之处。

3. 验收测试

检查软件能否按合同要求进行工作，即是否满足软件合同中的确认标准。验收测试以用户为主，软件开发人员和 QA（质量保证）人员也需参加测试，测试用例使用实际数据进行测试。

四、测试结论

后评价信息系统通过测试计划制订、测试用例设计与编写、测试执行等阶段工作，从软件的功能可用性、页面完整性、配置通用性、安全可靠性等方面保证测试执行的可靠性。通过 600 余项测试用例的编制，针对系统各模块业务功能开展了详细的测试验证，并通过修改完善消除缺陷。

第五节　后评价信息系统运维组织机构

合理的运维组织机构是保证后评价信息系统稳定、高效运行的前提。系统运维组织机构的建设，充分考虑集团公司关于信息系统管理和运维的要求，借鉴成熟的运维管理经验和办法，遵循《中国石油信息技术总体规划》中信息技术组织机构设置原则。运维方案制定的主旨为：保证后评价信息系统充分发挥系统效果，明确系统应用要求和各方职责，确保系统安全、高效和平稳运行。

后评价主管部门负责投资项目后评价报告编制细则的发布、一、二类项目详细自评价计划列入或审核下达、详细自评价报告的审核和委托函审；负责独立后评价项目计划的委托及审核、独立后评价报告的审核和委托函审、典型项目成果发布等工作；专业公司负责本专业后评价计划的上报和下达、三类详细自评价计划列入或审核下达，详细自评价报告的审核、委托函审，以及独立后评价项目计划的委托及审核、独立后评价报告的审核、委托函审和典型成果发布等工作；地区公司应及时在系统中选择有可研批复且投产满一年的项目开展简化后评价工作。地区公司负责在系统中进行本单位后评价计划的上报，接收上级下达的后评价计划，按要求进行数据录入、审核，报告在线编写或附件上传，并提交审核，按照主管部门的审核意见及咨询单位的函审意见进行修改，完成修改后通过专网 OA 进行报告终稿上报；中国石油后评价中心负责系统各类后评价标准数据采集表、评价模型与指标体系、统计分析指标、后评价效益评价模型、决策支持指标、对比分析指标、专家库维护等内容的管理与更新，以及国内外同行业后评价数据的收集录入；相关咨询单位接受集团公司发展计划部及专业公司委托的独立后评价工作，包括独立后评价计划列入及修改、独立后评价项目授权管理、数据录入、报告管理等；受委托函审详细自评价报告，并在独立后评价过程通过成果发布功能发布整改意见。

按照中国石油信息系统运行维护管理体系，系统的运行维护由一支专业团队分为三级进行集中式管理，如图 6－52 所示。

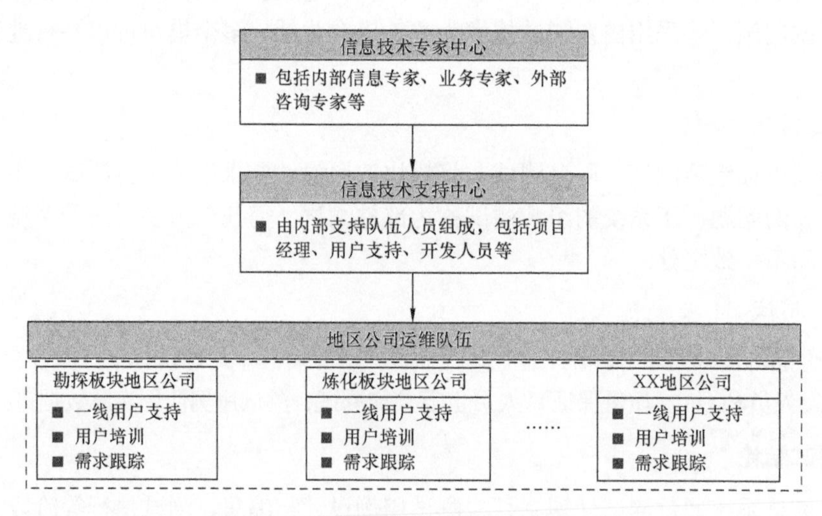

图 6－52　后评价信息系统运维组织机构

一级支持为信息技术专家中心，主要负责：

（1）解决系统复杂故障、突发事件，以及对造成宕机进行恢复，保障系统的高可用性；

（2）根据业务应用需求，持续跟踪技术新动态，促进系统深化应用；

（3）诊断系统性能与风险；指导系统升级与集成方案设计；

（4）开展知识转移和培训工作；提供各项技术支持服务。

二级运维是信息技术支持中心，由后评价信息系统的用户支持中心和实施维护的专家中心组成，是系统稳定运行和持续发展的重要保障。其主要职责如下：

（1）保障系统正常运行，对系统缺陷进行修复并对系统功能进行调整或提升；

（2）负责与相关接口系统进行协调；

（3）与相关业务部门及外部供应商进行沟通和协作；

（4）向后评价主管部门汇报系统的实际使用情况；

（5）参与系统的持续应用、优化；

（6）参与 IT 投入预算的优化建议。

二级运维人员在事件处理和日常运维过程中，对系统存在问题进行分析并制定初步解决方案。跨业务系统问题需报至联合运维组提供解决方案，若需要变更则根据收集的实际业务需求或者由事件、问题触发的变更请求执行对应的变更流程；变更请求实现后，与各相关项目组共同制订发布计划，并对发布计划进行影响分析；发布管理员需对发布申请及相关测试报告进行审核，变更完成后由二级运维人员需进行单元/接口测试，交由需求提出方在开发环境进行测试确认并发布，最终在系统平台上发布系统更新事项通知。二级运维人员在事件和问题处理过程中形成的解决方案以及总结归纳录入知识库，知识管理员对知识内容进行有效性评审。

第三级支持由各公司后评价管理部门负责系统运维，是后评价信息系统运维支持的基础。主要职责如下：

（1）为用户提供现场操作指导；

（2）协助二级运维支持中心提供相关业务的系统操作培训；

（3）上报系统操作权限需求；

（4）收集、筛选和协调本单位业务需求，向二级运维支持中心提交支持请求，并检查和确认返回的解决方案。

三级运维人员直接向二级运维服务台报告事件，由服务台支持人员受理并判断事件分类及优先级，根据日常经验或从知识库中查找解决方案；如属于跨业务系统问题，则报至联合运维组提供解决方案。

为保证后评价信息系统稳定运行，根据组织结构、岗位设置及资质要求配备相应的人员。系统上线后需要对运维人员进行统一培训，包括企业运维队伍和信息技术支持队伍，为系统运行提供有力的技术支持。对于企业运维队伍采取集中培训的方式，掌握系统各个功能模块，在系统运行中出现的软件或网络问题等能够及时解决，并负责与信息技术支持队伍进行沟通协调。信息技术支持队伍参与项目的实施建设，系统上线之后负责系统运维。为确保信息技术支持队伍有效发挥其作用，在中心建设筹备过程中对相关人员进行有针对性的培训。

培训贯穿项目启动、实施及运维的全过程，不同阶段培训的侧重点不同。启动阶段进行业务理论知识、项目实施方法论及模块软件等内容的培训；项目实施过程中，进行项目设计、系统建模、软件开发等培训，并组织软件厂商、咨询商和内部支持队伍共同参与讨论、分析等技术交流活动，以多种形式进行项目的知识转移；系统上线前对地区公司用户进行系统应用培训，确保用户能够熟练操作系统。系统进入运维阶段后，对技术支持中心和地区公司运维人员进行运维管理流程、运维服务工具应用等方面的培训，并定期开展系统应用交流会，由软件厂商和运维人员对用户在系统使用过程中出现的问题进行指导、培训。

系统中用户账号及权限申请需填写相应表单提交运维项目组，权限管理员进行权限配置，并反馈用户账号及权限变更情况。为保证系统数据安全，各级用户在系统中的操作必须符合《中国石油信息技术安全管理条例》；按照《中国石油信息技术安全管理条例》，系统管理员、安全保密管理员和审计管理员需按照“三员分立”的安全保密要求进行设置。

突发事件按影响范围和严重程度分级评定，运维项目组负责制订突发事件预案，并根据事件的种类制定不同的模拟演练方案并定期进行演练，对方案进行完善。突发事件发生后，运维项目组应立即启动应急预案，现场人员应遵循预案进行处理。

第 三 篇

后评价信息系统建设成果及推广应用

第七章　后评价信息系统功能应用及简化后评价优化

第一节　后评价信息系统实现功能及应用情况

一、系统实现功能

后评价信息系统以中国石油现有业务为基础，构建适应现有业务的信息化管理平台，依托现有及在建的信息系统，并与权限管理平台、统一用户访问平台、非结构化文件管理等系统集成。通过后评价信息化建设，实现项目指标数据标准化、可追溯、可对比，实现业务数据的共享，提高评价准确性；通过灵活配置综合评价模型与指标体系模型，实现根据业务需要灵活配置的目的，促进规范化运行、提升投资管控水平、加强业务分析能力和提高工作效率。主要实现了以下功能：

（1）实现了对简化、详细、独立后评价业务管理；

（2）标准数据采集表的部分数据通过数据集成自动获取，并通过手工填报的方式补充完善，为后评价工作提供数据基础；

（3）支持详细后评价报告的在线编制；

（4）通过后评价统计分析功能，实现后评价历史数据和信息图表的查询，支持后评价研究；

（5）基于应用模型，进行项目前后、项目间、公司间的对比分析；

（6）对同行业、国内外同类项目的后评价数据及文档进行管理；

（7）支持在系统上对后评价报告、通报、专项报告等后评价成果进行发布，实现各业务层级数据、文档的共享，推动后评价成果应用；

（8）实现各后评价类型项目效益评价模型的设置与管理，以及后评价的效益测算功能；

（9）实现各类后评价综合评分模型、指标体系的设置与管理，辅助评分的自动化；

（10）通过后评价效益跟踪管理，实现对各类项目投产后投资效益的跟踪和分析；实现项目生产期内各项生产运营指标分年实际投资效益情况跟踪，并对在建项目效益情况进行跟踪，指导未来投资安排（表7－1）。

表7－1　系统实现功能

模块	功能	功能描述
门户访问	通知公告	基于应用集成统一门户平台，提供评价业务各项规定发布及工作通知、公告等管理应用
	待办事项	基于应用集成统一门户平台，将评价业务用户待办事项统一展示，快速进入待办业务处理页面，并提供邮件通知等即时提醒功能
	分析查询	对各类业务管理结果进行查询、分析和展示
	对比分析	各类对比分析的结果展示，包括柱状图、折线图及表格等形式
	技术论坛交流	建立业务人员交流平台，包括发帖、讨论组等应用

续表

模块	功能	功能描述
门户访问	人员资质管理	实现对专业人员的注册、培训、资质和考核管理
	文档管理	结合应用集成项目非结构化数据管理应用，对评价业务相关成果、专题文档以及相关知识进行网络共享和访问管理
后评价管理	评价模型与指标体系管理	制定16类简化后评价项目和13类详细后评价项目的评价指标体系和详细评价模型，对各类指标的评价基准和量化标准进行定义
	评价业务管理	实现项目简化后评价的编制、上报、审核；支持各级管理部门编制和下达后评价工作计划；按照后评价工作计划开展项目详细后评价，进行数据收集、报告生成、上报、审核，整改，支持专项评价应用；实现独立后评价应用，从数据获取、后评价调研信息管理、上报及审核等几方面进行支持；实现年度纵向对比、同类项目集团公司和企业内横向对比，含指标分析、工程成本分析、储量成本分析等，具备查询、导出等功能
	成果管理	实现后评价成果的发布、共享功能。主要包括：为用户根据评价细则及查询结果提供丰富的预测、分析报表的制作、编辑和输出功能；根据不同类型项目进行打分及排序；对后评价报告、后评价意见、简报、通报、专项评价报告和年度报告进行发布，推动后评价成果应用；实现对项目后评价过程中形成的各类后评价指标数据的存储和管理，作为后续项目立项的重要依据，维护国内外及本企业各类项目的最佳实践案例，制定和维护各类项目的专项指标数据，为项目对比分析提供评价基准
	效益跟踪管理	按一定周期填报项目当前效益计算情况，通过效益跟踪，支持对项目的考核评价
系统管理	权限管理	统一定义用户角色，并分配相应权限，实现用户的权限管理，满足信息保密的需要
	流程管理	实现对业务流程事先的定义和编排；可视化的流程配置界面；流程节点状态与前台业务待办相结合
	基础信息管理	通过与相关系统的信息共享，实现对公共基础数据的管理，如组织机构、人员信息、物资设备编码等；实现对业务基础数据的定义，如数据字典、参数编码等
集成管理	集成接口	通过ERP集成总线进行接口定义、服务注册和服务管理等，实现与公共数据编码平台、物资采购管理系统、ERP系统等系统的数据集成；与应用集成项目用户访问、非结构化数据管理等平台结合，实现评价业务的文档管理及单点登录等集成应用
	集成数据管理	对集成获取的物资编码数据、物资采购价格数据、项目前期立项、投资计划及项目执行等相关数据进行存储和处理，实现数据版本、时点定义、数据导入等管理，支持评价业务应用

后评价信息系统功能采用应用集成的方式进行界面设置，通过标准化、模型化和集成化的工作梳理，有效提升评价工作效率和管理水平，具体主要体现在：

（1）实现评价模型的标准化，对评价参数及方法进行统一管理，通过专业化软件支撑信息化工作的推动，建立标准化、模型化的业务流程，促进后评价业务的规范化运行。

（2）使用信息化手段存储数据，保证数据源的一致性，实时掌握投资运行过程数据及信息；采用快捷的数据处理手段，结合数据的共享应用，增加投资管控手段，提高投资项目执行管控水平，进一步为投资项目决策提供支持。

（3）对比分析对项目的横向对标进行分析和跟踪，通过模型的应用，提高项目分析的准确性，生成的各类统计分析报表直观展示需求数据。

后评价信息系统对现有业务管理流程进行了改进和提升，包括以下几个方面：

（1）简化后评价管理流程，原流程为每年底由地区公司向总部上报本年简化后评价信息，通过系统实施以后流程更新为地区公司根据后评价工作安排实时在系统录入简化后评价信息并上传后评价报告。

（2）详细后评价审查流程，原流程为总部根据项目后评价报告进行结果审查，系统实施以后除了审查后评价报告以外还需对系统中的数据采集表进行审查，数据采集表由地区公司完成录入。

通过后评价信息系统在各地区公司的广泛应用，使得简化后评价、详细后评价业务流程在信息系统中得以实现，对现有业务管理流程进行改进提升。应用信息化手段实现简化后评价、企业自评价和独立后评价等后评价业务完整入库，通过后评价信息系统的管理，实现项目后评价在系统中进行验收，实时查询项目相关信息，便于各项业务对标管理，提升投资决策分析能力，提升业务管理水平。针对集团公司目前的管理模式及其未来发展的方向，同时考虑现有系统使用的架构体系及网络带宽和可靠性情况，结合投资项目评价管理的业务需求，系统基本实现了后评价体系数据仓库、智能分析、流程管理的三大主要目的，以保证业务之间最大限度地有机融合和紧密衔接。

针对中国石油目前的管理模式及其未来发展方向，同时考虑现有系统的架构体系及网络带宽和可靠性情况，结合后评价业务管理需求，系统基本实现后评价体系数据仓库、智能分析、流程管理的三大主要目的，保证了业务之间的有机融合和紧密衔接。各级单位主要业务人员使用该系统进行后评价业务管理工作，由于后评价体系指标多，数据量大，根据当前系统运行情况进行分析，对目标用户进行分类估算，以保障系统的稳定运行。

二、后评价信息系统经济效益

后评价信息系统实施产生的经济效益主要体现在：

（1）加强投资管控、节省项目投资。

（2）通过节省员工时间，降低资金投资。

（3）通过信息化业务管理，节省差旅会议费。

目前，中国石油各企事业单位在后评价业务方面，均存在不同程度的信息化建设需求和计划，各单位自行建设的部分软件和系统每年均有相应的维护费用的投入。通过规划建设后评价信息系统，可以统一考虑解决各单位的信息应用需求，并通过集中的运行维护管理体系，有效降低相关的维护费用投入；通过信息系统的投用，缩短员工操作时间，减少信息传递环节，加快协调应急速度，降低协调组织工作量，提高工作效率。后评价工作通过信息化集成及应用，将原来需要赴现场收集数据或者其他业务工作转化为系统操作，实时获取生产运行数据；同时，通过线上审批工作的进行，将部分需要会议解决的工作转化为线上处理，在缩短工作时间的同时节省了相应的差旅费和会议费。

三、后评价信息系统应用情况

根据后评价主管部门对信息系统应用的工作要求，为进一步加强和规范投资项目后评价管理，落实部门业务监督责任，督促和引导企业贯彻落实后评价管理制度，推进后评价信息系统应用，使各单位尽快熟练应用系统，发挥其功能作用，中国石油总部下发相关文件，要求各地区公司将近10年的存量项目录入系统。在业务管理部门的指导下支持各单位的系统应用，同时按照企业需求开展现场支持培训。截至2017年底，推广工作取得了阶段性的成果，各单位从系统中下达项目后评价计划，并开展后续数据采集、报告编制等相关工作，涵盖总部下达的典型项目及各地区公司自行开展的简化、详细后评价项目，补录项目总数上万条，涉及单位百余家，基本实现后评价信息系统的全面推广。

后评价模块通过指标体系和业务流程设定，全方位支持投资项目数据采集、项目评价及成果管理等后评价业务，实现投资项目闭环管理，为投资决策提供参考。目前已有99家地区公司及其所属600多家二级单位通过系统开展超过15000个项目的后评价标准数据采集及报告管理，应用效果良好。

第二节　简化后评价优化方案

一、简化后评价现存问题

科学的简化后评价表是确保简化后评价质量的基本标准和依据。为了规范简化后评价工作，在总结过去勘探、炼化、管道、销售四大板块项目简化后评价实践的基础上，2010年中国石油编制完成了简化后评价数据采集表，为实现简化后评价的全覆盖奠定了基础，也是简化后评价实现信息化的前提条件。在2014年以前的高油价时期，中国石油注重发展速度与规模，简化后评价建立之初的目的是简洁、快速、高效地评价项目投资效果，通常包括五张主表和若干附表，内容简单，牵涉精力少，因此可以实现项目全覆盖，便于管理部门通过简化后评价的汇总分析，掌握项目投资、工作量和成果的完成情况，在当时起到了一定应用效果。

随着中国石油生产经营形势的变化、深化改革的要求以及未来发展需要，都对项目简化后评价内容等产生重要影响。需要结合实际进一步优化完善，建立标准规范的简化后评价数据采集表，拓展简化后评的价应用范围和深度。简化后评价数据采集表及其指标的设置是评价内容的具体反映，随着形式的变化，随着项目简化后评价的不断深入，在实际应用中，存在指标不规范、关键效益指标不突出，尤其是无法满足对未来新项目的预警要求。针对类似不足，对简化后评价数据采集表及简化后评价指标进行改进完善，增加质量和效益的考核，并以此指标对新项目进行预警。通过对新增指标及简化后评价数据采集表综合分析研究，对部分指标进行修改。针对部分指标名称不规范等问题进行相应的补充和优化，保障简化后评价数据采集表的科学性、系统性、完整性和实用性。

首先，同一评价类型下的项目类型复杂多样，每种项目特点与重点关注内容各不相同，简化后评价内容与评价指标就存在一定差别。因此，对于简化后评价表修改完善研究应首先理清项目类型，以及每类项目特点、评价内容以及关注重点，有针对性构建与项目类型相适应的简化后评价指标。尤其是要以现行的简化后评价表发展完善为基础和起点，然后再根据其他项目特点向外扩展研究。项目简化后评价表在后评价信息系统的建设、系统测试以及具体项目评价过程中，发现其指标设计不全、重点不突出、指标计算复杂等，无法满足新项目预警等评价需要，需要继续发展完善。

二、系统现存问题

中国石油业务体系繁杂且数据量庞大，自2017年后评价信息系统上线运行，随着推进系统应用，部分问题逐步显现。为保障系统的平稳运行，后评价主管部门于2017年底分四期针对勘探、炼化、管道、销售板块开展后评价信息系统优化研讨工作，挑选系统应用效果较好及问题较多的单位共同研讨系统现存问题。基于系统应用过程中梳理出的问题，以及各单位对现有数据采集表提出的问题及建议进行总结，并现场研讨解决方案。

（1）系统中简化后评价数据采集表线上填报相对烦琐，难以体现简化后评价的目的性、简洁性及可操作性，应用信息系统开展简化后评价工作存在一定困难。

（2）系统当前的简化后评价数据采集表，虽然对特定类型项目具有较好的适应性，但在应用于其他同类项目时还需结合实际情况进行调整，导致部分项目的关键数据无法录入后评价信息系统，如系统中没有编制适用于油气田调整改造、稠油集输、稠油处理等特殊类项目的评价模版。

（3）简化后评价数据采集表应尽量突出重点、抓大放小，集中精力评价投资额度较大或者代表性的项目，进一步提高后评价深度和质量，对于炼油建设、化工建设、安全、环保等类简化评价模板进行删减。

以常规油气勘探项目简化后评价项目概况表为例，其包含描述项目基本情况和反映项目实施成果的简要信息，是其他简化后评价表的标签，是系统就某类项目或某类具体信息进行查询汇总分析或对比分析的基础，因此该表描述具体项目基础信息内容要全面准确。但该表通常存在一定问题：（1）信息不全，例如反映勘探项目所处阶段的信息没有；如果常规原油勘探项目存在溶解气，没有反映溶解气勘探成果的储量指标等。（2）指标定义不规范，如非地震工程［点（千米）］，如果只填报具体数据，一是无法明确具体单位是点还是千米；二是如果单位是点，表中数据应该是整数，如果单位是千米，表中数据应该保留两位小数，在不明确单位情况下，信息系统无法自动识别表中数据该是整数还是小数。（3）指标存在矛盾，例如“资金来源”是指合作项目中，出资方及出资比例，如果项目确是合作项目，那么项目提交的成果就应按照国际储量术语和单位命名，例如P1、P2等，原油储量单位就是万桶或百万桶，天然气单位就是百万立方英尺等，但该表中并未给出相应指标。

针对各地区公司反馈的问题及建议制定相应的优化方案，并分板块开展针对性研究，对现有系统内勘探、开发、炼化、管道和销售所涉及的简化后评价数据采集模版问题进行讨论梳理，以适应后评价信息系统线上完成简化后评价的需要。

三、简化后评价完善原则

简化后评价项目类型复杂，不同类型项目侧重点不同，所需采集数据及指标存在差别。原简化后评价表用于所有同类型项目，因此在对特殊类型项目进行简化后评价时，就存在针对性不强、评价重点不突出等问题。要建立一套适用于所有同类项目的简化后评价表，从指标系统性、规范性、不可交叉性等方面来说是不可能的，也是不可操作的。因此，在优化方案中以数量较多的新建项目为突破口，完善简化后评价表的内容。

简化后评价表的完善主要分为两部分，第一部分是对原简化后评价表进行优化完善，第二部分则是新增一张全局性关键指标对比表用于收集该类项目的全局性关键指标，进行简化后评价的统计分析和预警。

在完善简化后评价表内容中，要坚持继承性、科学性、适用性、前瞻性、渐进性等基本要求，以全面、真实地反映简化后评价简便、快捷和突出重点的特色。

1. 继承性

完善简化后评价内容一定要在原简化后评价表中进行，因为原简化后评价表自建立以来，经过多年简化后评价实践的检验，无论从逻辑上，还是指标设计及结构上都是一个相对完整的体系，只是某些方面存在不足，无法满足新要求。因此，只需在原简化后评价表基础上进行指标增减和优化。

2. 科学性

原简化后评价表中的完善，必须具有科学依据，增加的具体指标应该能够比较客观和真实地反映出被评项目在某一方面的成果或特点，并注意新增指标的意义必须明确，计算方法要规范且便于系统处理，同时注意与原有指标间的相互联系，保障完善后的简化后评价表内容严谨。

3. 适用性

根据国际石油市场形势，结合实际情况，提升指标体系的适用性，科学客观、快捷方便地评价项目实施成效。

4. 前瞻性

随着未来对投资管控力度的加强，由于简化后评价需要实现投资项目全覆盖，未来通过简化后评价的自动统计分析功能以及关键指标的对比分析，实现对新建项目的预警等功能。针对以上简化后评价的发展趋势，在完善发展原简化后评价表的同时，要具有前瞻性，对预期发生变化的因素要统筹思考。

5. 渐进性

任何一类投资项目的简化后评价表的建立与发展都是一个逐步发展的过程，从无到有，从有到多，从多到规范，是逐步发展完善的过程。简化后评价表随着应用的深化，必然还需要进一步发展完善。总体来说，简化后评价表的构建、发展并非一蹴而就，而是一个随着需要深化而渐进发展的过程。

四、简化后评价优化方案

1. 勘探项目简化后评价优化方案

根据以往勘探项目后评价实践，尤其是结合后评价信息系统上线应用后，涉及简化后评价相关信息的查询、汇总和统计分析等功能，系统中有关项目的描述性信息就是查询检索的关键字，所以数据采集表中有关项目信息的描述要准确、全面，满足未来简化后评价应用需要。该表主要包括四部分内容：一是描述项目属性的基础信息，例如项目名称、项目类型等；二是描述项目简化后评价范围及评价时点的信息；三是反映油气勘探项目工作量完成情况的指标，例如二维、探井等；四是反映油气勘探投资完成情况的指标，例如二维地震投资、探井投资等；五是反映油气勘探项目取得成果的指标，包括储量成果和地质认识。根据实际应用情况，对反映出数据采集表缺少的主要指标进行补充，如区域勘探阶段，因为项目所处勘探阶段不同评价具体成效的重点不同，该指标主要是优选主要的含油气区带，并提交预测资源量，为下步预探指明方向；如简化后评价时点不明确，尤其是油气勘探项目实际运行时间超过 1 年，那么该指标就显得很重要；如反映探井工程量的指标不仅探井井数，还有探井进尺（万米）；如勘探项目为了探井试采等需要，还需要地面的配套工程。综合以上说明描述，在简化后评价项目概况表中增加准确、全面指标，并对部分新增指标进行定义尤为重要。

为了简化评价内容，突出重点，并保持简化后评价各个表间的统一，建议删除非关键指标，删除项目规划、工程技术设计审查会议纪要等非重要指标。中国石油涉及的业务范围专业性极强，包括地下地层、构造、岩性、含油气性等地质信息；地球物理和地球化学勘探手段；探井工程、钻探井等地质调查的手段（方法）；地质井、参数井、预探井、评价井以及水文井等我国探井分类；故应补充涉及及工作量、投资和成本的指标。为了实现简洁、高效、快速评价油气勘探项目实施效果，需要对原油气勘探项目综合评价表进行结构化设计，通过信息化手段实现自动评价，为将来油气勘探项目预警等奠定基础。鉴于以上目的，需要对综合评价表内容进行初步的结构化描述，为该表实现信息化处理提供指导和依据。因此，在油气勘探项目综合评价表中增加了初步结构化描述。为了各类项目简化后评价预警及对预警关键指标通过横向或前后对比分析发生变化的原因及影响程度进行定量化分析评价，建议增加预警关键指标表，增加的预警指标主要从项目运行和效益两方面考虑，对于不同的项目增加运营指标和效益指标，对于运营类指标及效益类指标在一定界限范围内时填写影响因素的影响权重，否则则无须填写（表7－2至表7－4）。

表7－2　油气勘探项目简化后评价内容对比

序号	原简化后评价表	原简化后评价表指标数量	新简化后评价表	新简化后评价表指标数量	备注
1	表1项目概况表	31	表1项目概况表	28	修改完善
2	表2项目决策程序评价表	30	表2项目决策程序评价表	27	修改完善
3	表3勘探投资和工作量评价表	47	表3勘探投资和工作量评价表	77	修改完善
4	表4勘探成效评价表	34	表4勘探成效评价表	33	修改完善
5	表5项目综合评价	8	表5项目综合评价	8	修改完善
			表6全局性关键指标及影响因素表	20	新增
	合计	150		191	增加41项

表7－3　油田开发项目简化后评价表内容对比

序号	原简化后评价表	原简化后评价表指标数量	新简化后评价表	新简化后评价表指标数量	备注
1	表1项目概况表	26	表1项目概况表	29	修改完善
2	表2项目工作程序评价表	24	表2项目工作程序评价表	21	修改完善
3	表3项目工程指标对比表	48	表3项目工程指标对比表	47	修改完善
4	表4项目投资和效益指标对比表	32	表4项目投资和效益指标对比表	19	修改完善
5	表5项目评价期年度产量和成本对比表	22	表5项目评价期年度产量和成本对比表	24	修改完善
6	表6项目综合评价	12	表6项目综合评价	12	修改完善
7	附表1项目投资现金流量表	20			删除
8	附表2利润与利润分配表	17			删除

续表

序号	原简化后评价表	原简化后评价表指标数量	新简化后评价表	新简化后评价表指标数量	备注
9	附表3 总成本费用表	34			删除
10	附表4 效益评价主要参数和基础数据对比表	35			删除
			表7 全局性关键指标及影响因素表	8	新增
	合计	270		160	减少90项

表7-4 天然气开发项目简化后评价表增减对比

序号	原简化后评价表	原简化后评价表指标数量	新简化后评价表	新简化后评价表指标数量	备注
1	表1 项目概况表	26	表1 项目概况表	30	修改完善
2	表2 项目工作程序评价表	24	表2 项目工作程序评价表	22	修改完善
3	表3 项目工程指标对比表	48	表3 项目工程指标对比表	47	修改完善
4	表4 项目投资和效益指标对比表	32	表4 项目投资和成本指标对比表	19	修改完善
5	表5 项目评价期年度产量和成本对比表	22	表5 项目后评价时点前年度指标对比表	24	修改完善
6	表6 项目综合评价	12	表6 项目综合评价表	12	修改完善
7	附表1 项目投资现金流量表	20			删除
8	附表2 利润与利润分配表	17			删除
9	附表3 总成本费用表	34			删除
10	附表4 效益评价主要参数和基础数据对比表	34			删除
			表7 天然气开发项目预警关键指标表	8	新增
	合计	269		162	减少87项

2. 管道项目简化后评价优化方案

2010年建立的油气管道建设项目简化后评价表很好地指导了油气管道建设项目的简化后评价，为规范油气管道建设项目简化后评价奠定了基础。截至2017年底，各管道公司利用后评价信息系统共录入完成项目270余条。在管道业务后评价信息系统优化座谈会上，各地区公司普遍反映目前简化后评价表反映项目财务效益预期期指标过多，填写工作量大，进行线上填报有一定困难，与简化后评价表应本着快速、便捷的原则，充分体现简化后评价的目的性、可操作性和应用信息系统开展简化后评价工作要求相悖，且不能覆盖同类型项目，需要增强适用范围。随着中国石油改革的深入，投资管理领域的项目前期审批管理权限将逐步下放，势必要通过加强后评价来强调项目合规性审查和最后投资增效的考核评价，从而确保简政放权后管理到位。

根据以上发展形势以及深化改革的要求，必然要求简化后评价突出决策程序的规范、工程技术、效益等方面评价。由于油气管道建设项目详细后评价的样本数有限，评价结论的代表性不够，对油气管道建设项目投资管理等的管理作用有限。这时就需要油气管道建设项目简化后评价借助于后评价信息系统，发挥其评价内容简单、快捷、重点突出和可以实现项目全覆盖的优势，但目前的油气管道建设项目简化后评价动态指标设置过多，评价难度大、周期长，难以满足快键和投资项目全覆盖，因此，油气管道建设项目简化后评价表在修改完善中要综合考虑以上形势的变化、改革发展的要求和满足信息系统中简化后评价标准数据采集表的完善、项目预警及对比分析等的需要。

原有油气管道建设项目简化后评价表包括11张表，其中6张正表，5张附表，内容多，牵涉的精力大，因此为实现项目的全覆盖，突出项目特点，便于管理部门通过简化后评价的汇总分析，掌握油气管道建设项目实际投资、实物工作量和成果的完成情况，需要建立与之相适应的简洁、快速、高效的评价指标。包括对现有系统中表单的不合理设计进行修改，如管道建设简化后评价分为原油、成品油建设简化后评价及天然气管道建设简化后评价以对应于不同的管道建设工程，并对管道建设中的干线、支线、支（干）线间对应的逻辑关系及各项指标所带出的关键数据项进行优化，使数据采集表的整体构架性、逻辑性更为清晰（表7－5）。

表7－5　油气管道建设项目简化后评价表内容对比

<table>
<tr><th>序号</th><th>原简化后评价表</th><th>原简化后评价表指标数量</th><th>新简化后评价表</th><th>新简化后评价表指标数量</th><th>备注</th></tr>
<tr><td>1</td><td>表1 项目概况表</td><td>18</td><td>表1 项目概况表</td><td>21</td><td>修改完善</td></tr>
<tr><td>2</td><td>表2 项目建设程序表</td><td>41</td><td>表2 项目建设程序表</td><td>33</td><td>修改完善</td></tr>
<tr><td>3</td><td>表3－1 项目综合指标对比表（工程技术指标）</td><td>34</td><td>表3 工程技术指标对比表</td><td>32</td><td>修改完善</td></tr>
<tr><td>4</td><td>表3－2 项目综合指标对比表（投资和财务指标）</td><td>26</td><td rowspan="2">表4 投资、运营和效益指标对比表</td><td rowspan="2">29</td><td rowspan="2">修改完善</td></tr>
<tr><td>5</td><td>表4 项目投产后主要技术经济指标</td><td>16</td></tr>
<tr><td>6</td><td>表5 项目综合评价</td><td>10</td><td>表5 项目综合评价</td><td>9</td><td>修改完善</td></tr>
<tr><td>7</td><td>附表1 项目投资现金流量表</td><td>20</td><td></td><td></td><td>删除</td></tr>
<tr><td>8</td><td>附表2 利润与利润分配表</td><td>18</td><td></td><td></td><td>删除</td></tr>
<tr><td>9</td><td>附表3 总成本费用表</td><td>21</td><td></td><td></td><td>删除</td></tr>
<tr><td>10</td><td>附表4 营业收入、营业税金及附加计算表</td><td>11</td><td></td><td></td><td>删除</td></tr>
<tr><td>11</td><td>附表5 主要参数和基础数据对比表</td><td>21</td><td></td><td></td><td>删除</td></tr>
<tr><td>12</td><td></td><td></td><td>表6 关键指标及影响因素对比表</td><td>15</td><td>增加</td></tr>
<tr><td></td><td>合计</td><td>236</td><td></td><td>124</td><td>减少112项</td></tr>
</table>

3. 炼油化工建设简化后评价优化方案

针对炼油及化工业务对现存的数据采集表进行细节调整，如根据《后评价管理办法实施细则》对简化后评价工作的要求，集团公司、专业分公司或所属企业批复可行性研究报告的所有项目，建成投产运行满1年的均应开展简化后评价，不要求对未来的生产经营及经济效益情况做预测及评价，取消“财务内部收益率、财务净现值”等效益指标（表7-6和表7-7）。

表7-6 炼油建设简化后评价内容对比

序号	原简化后评价表	原简化后评价表指标数量	新简化后评价表	新简化后评价表指标数量	备注
1	表1 项目概况表	17	表1 项目概况表	19	修改完善
2	表2 项目建设程序评价表	39	表2 项目建设程序评价表	29	修改完善
3	表3 项目投资和效益指标对比表	18	表3 项目投资和效益指标对比表	15	修改完善
4	表4 主要技术经济指标表	27	表4 主要技术经济指标表	13	修改完善
5	表5 项目综合评价	11	表5 项目综合评价	11	修改完善
6			表6 项目全局关键指标对比表	11	新增
	修改前指标数量	112	修改后指标数量	98	减少14项

表7-7 化工建设简化后评价内容对比表

序号	原简化后评价表	原简化后评价表指标数量	新简化后评价表	新简化后评价表指标数量	备注
1	表1 项目概况表	17	表1 项目概况表	19	修改完善
2	表2 项目建设程序评价表	39	表2 项目建设程序评价表	29	修改完善
3	表3 项目投资和效益指标对比表	18	表3 项目投资和效益指标对比表	15	修改完善
4	表4 主要技术经济指标表	27	表4 主要技术经济指标表	20	修改完善
5	表5 项目综合评价	11	表5 项目综合评价	11	修改完善
6			表6 项目全局关键指标对比表	11	新增
	修改前指标数量	112	修改后指标数量	105	减少7项

4. 销售项目建设简化后评价优化方案

由于加油站项目较多，简化后评价需要借助于后评价信息系统，发挥其评价内容简单、快捷、重点突出和可以实现项目全覆盖的优势，但目前的加油站项目简化后评价在动态指标设置过多，评价难度大、周期长，难以满足快键和投资项目全覆盖。因此，加油站项目简化后评价表在修改完善中要综合考虑以上形势的变化、改革发展的要求和满足信息系统中简化后评价标准数据采集表的完善、项目预警及对比分析等的需要。原有加油站项目简化后评价内容多，牵涉的精力大，因此为实现项目的全覆盖，突出项目特点，便于管理部门通过简化后评价的汇总分析，掌握加油站建设项目实际投资、实物工作量和成果的完成情况，需要建立与之相适应的简洁、快速、高效的评价指标。结合《后评价管理办法实施细则》中对原简化后工作规定和要求，将原加油站建设简化后评价分为加油站建设简化后评价、加气站建设简化后评价、加油加气站建设简化后评价，并删减其中无关指标，简化表单细节，调整数据采集表使其更具的针对性，以方便对不同的站场进行评价（表7－8和表7－9）。

表7－8　加油站建设项目简化后评价表内容对比

序号	原简化后评价表	原简化后评价表指标数量	新简化后评价表	新简化后评价表指标数量	备注
1	表1－1项目概况表	24	表1－1项目概况表	26	修改完善
2	表1－2加油站概况表	14	表1－2加油站概况表	20	修改完善
3	表2－1项目建设程序评价表（新建）	19	表2－1项目建设程序评价表（新建）	19	未修改
4	表2－2项目建设程序评价表（收购）	19	表2－2项目建设程序评价表（收购）	19	未修改
5	表3投资与运行指标对比表	36	表3投资与运行指标对比表	44	修改完善
6	表4项目生产期主要运行指标表	16	表4项目生产期主要运行指标表	17	修改完善
7	表5项目综合评价	9	表5项目综合评价	9	未修改
8			表6关键指标及影响因素对比表	9	新增
9	合计	137		163	增加26项

表7－9　油库建设项目简化后评价表内容对比表

序号	原简化后评价表	原简化后评价表指标数量	新简化后评价表	新简化后评价表指标数量	备注
1	表1项目概况表	19	表1项目概况表	17	修改完善
2	表2项目建设程序评价表	24	表2项目建设程序评价表	24	未修改
3	表3－1综合指标对比表	29	表3－1综合指标对比表	19	修改完善
4	表3－2项目综合指标对比表（投资和效益指标）	25	表3－2项目综合指标对比表（投资和效益指标）	35	修改完善
5	表4项目生产期主要运行指标表	35	表4项目生产期主要运行指标表	45	修改完善
6	表5项目综合评价	9	表5项目综合评价	9	未修改
7			表6关键指标及影响因素对比表	12	新增
	合计	141		149	

第八章　后评价信息系统操作简介

第一节　系统功能概述

后评价信息系统的功能包括：后评价驾驶舱、评分模型与指标体系管理、评价业务管理、成果管理、效益跟踪管理、应用考核和统计分析，具体如下：

后评价驾驶舱：通过采集所有评价类型项目基础数据，以图形和图表的方式，直观地展示各项评价业务完成情况以及相关的重要指标，支持不同维度数据的统计查询。

评分模型与指标体系管理：评分模型版本管理可配置化，既可满足不同阶段业务需要，又能保留历史评价数据，满足评价业务的多样化需求；指标体系可配置化对应评分模型，同时在完善指标体系的前提下，可支撑半自动化的综合评分。

评价业务管理：涵盖计划管理、简化后评价、企业自评价、独立后评价和典型项目后评价，包括简化后评价计划、企业自评价计划典型项目后评价计划在线上报、审批及下达，以及独立后评价计划的在线委托和授权管理，业务管理部门通过业务设置，将评价项目的颗粒度和评价范围标准化、统一化，各部门在此基础上分专业进行数据采集，系统自动生成报告编制细则中的报表，实现评价业务全流程信息化。

成果管理：包括同行业评价管理及成果发布，同行业评价管理重要用于录入及存储国内外同行业相关关键数据，便于横向对比分析；成果发布则指发布后评价报告、后评价意见、简报、通报、专项评价报告和年度报告、环境影响后评价报告等。

效益跟踪管理：用于对后评价项目进行效益测算，计算后评价经济评价关键指标。

应用考核：按照中国石油总部要求，通过系统应用考核，提升后评价信息系统的使用价值，对中国石油发展计划部后评价处、咨询单位、地区公司后评价工作开展情况进行量化考核，促进各单位高效、规范开展后评价工作。

统计分析：统计分析包括综合查询、对比分析和调查问卷，实现重点指标统计查询、标准化数据对比分析和专项后评价等功能。综合查询提供本级及下级单位简化后评价、归类汇总完成情况以及新增用户情况的统计和查询。对比分析可在提供标准化对比分析报表模板基础上，对后评价数据进行不同维度的对比和分析。调查问卷一方面用于实现传统调查问卷功能，另一方面可根据公开范围、题型等的设置，用于专项评价数据采集。

第二节　系统操作简介

一、系统登录

插入 U－key，打开开始菜单—程序—中国石油 USBKey 用户工具目录，点击“中国石油身份管理与论证服务平台”，输入 PIN 口令，在弹出页面中选择投资项目一体化管理系统（图 8－1）。

二、项目创建

投资评价项目—后评价系统中的所用项目，一方面来自投资计划，当项目在投资计划模

图 8－1　生产系统登录界面

块中下达过投资，则可在后评价计划待列入清单中出现，作为可评价项目；另一方面，当后评价项目与前期项目无法一一对应时，则需要用户在项目前期下载项目创建模板，将无法对应的项目，通过填写模板导入系统。

1. 项目创建

进入系统，点击左边目录树中的“项目前期—项目创建”菜单，点击“后评价项目创建”，在弹出页面中，点击“后评价项目模板下载”按钮，将批量项目创建模板保存到本地(图 8－2)。

图 8－2　模板下载界面

在本地 Excel 文件中，按照模板要求进行项目信息录入（Office 版本建议 2007 以上版本)：前 4 列数据按照顺序填写：评价大类→对应后评价项目类型→项目大类→项目小类。E 列至 H 列可根据实际项目情况进行填写即可（图 8－3）。

填写时注意对应后评价类型的选择，不同的后评价类型对应生成的后评价项目模版不同，如老区产能建设选择“油（气）田开发建设简化后评价”，油田内部的原油处理输送则

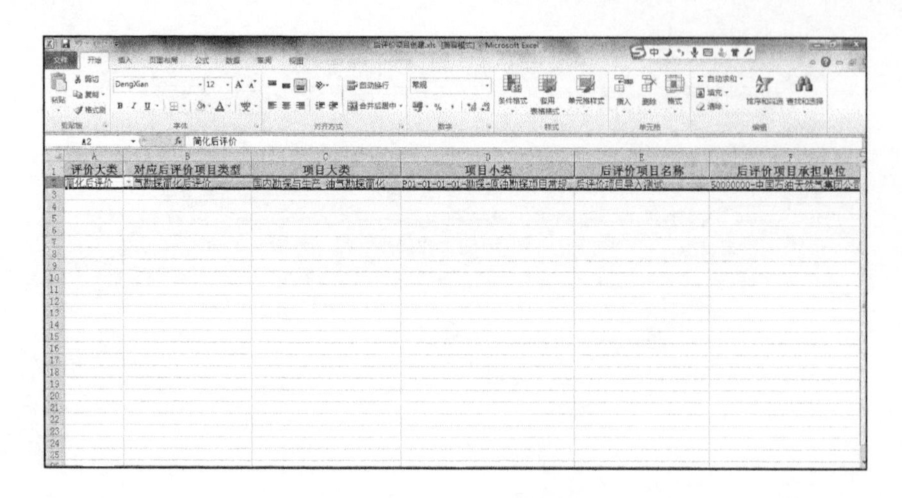

图 8－3　模板录入界面

选择“管道建设简化后评价”；在创建项目时，项目所用的后评价模版只与对应的后评价类型有关，与项目大类、项目小类等无关。本地 Excel 保存后，进入系统，点击左边目录树中的“项目前期—项目创建”菜单，点击“后评价项目创建”按钮，将模板导入系统。若数据填写无误则导入成功，即点击确定后即可进行下一步操作（图 8－4）。

图 8－4　导入成功

2. 项目删除

若项目创建完毕后发现项目相关信息有误，需要删除，则在项目创建页面选中需要删除的项目，点击删除后，该项目即从系统中删除。需要注意的是，当项目已经在后评价模块中列入计划时，则该项目无法删除。

三、评价业务管理

1. 计划管理

后评价计划管理功能包括：简化、企业、典型项目后评价计划列入、计划修改、计划审批及撤销审批 4 个部分。计划管理功能用于各评价类型计划的填报、提交和审批等，菜单路径：后评价→评价业务管理→简化/企业/典型项目后评价→计划管理。用户在页面中点击“计划列入”按钮，系统弹出计划列表页面，点击“添加项目”按钮，系统弹出项目列表页面，项目列表页面上方部分为查询区，查询区域提供多种筛选条件，包括项目名称模糊查询、项目类型、项目申请单位、评价类型，系统支持对多条件协同进行筛选查询（图8－5）。

图8－5　计划管理主页面

主页面功能按钮包括添加项目、提交、暂存、取消、审批、撤销审批。具体功能说明见表8－1。

表8－1　功能按钮介绍

序号	功能按钮	注释
1	简化后评价计划列入	列入或修改简化后评价计划
2	企业自评价计划列入	列入或修改企业自评价计划
3	独立后评价计划列入	列入或修改独立化后评价计划
4	查看	查看已列入计划的详细信息
5	撤销计划	撤销后评价计划
6	提交审批	将后评价计划提交审批
7	授权查询	授权他人查询该项目的信息
8	授权更新	授权他人编辑该项目的信息
9	授权信息	查询某项目被授权情况

1）后评价计划列入操作说明

后评价计划列入用于各类型评价计划的选取和预列入，以简化后评价计划管理为例，操作方式如下：

用户在简化后评价页面中点击“计划管理”，系统弹出计划列入向导页面，点击“添加项目”按钮，系统弹出项目列表页面，由于页面中每页显示的项目数量有限，如未能找到所需项目，可翻页查找或根据项目名称，项目申请单位等进行筛选，其中项目名称支持模糊查询，用户只需要在项目名称中输入关键字，点击查询即可。可根据项目名称、项目类型、项目申请单位、评价类型进行筛选，添加所要下达后评价计划的项目，添加完成后在对应空格处填写所需字段，必须要填写的内容包括后评价项目名称、后评价项目承担单位、后评价起始时间、后评价结束时间、评价时点、投产年份等，其中后评价项目承担单位即为进行后评价项目数据信息采集的单位（图 8 -6）。

图 8 -6　简化后评价计划列入窗口

系统中填写的后评价起始时间、后评价结束时间、经济评价起始时间、经济评价结束时间、评价时点、投产年份，标准数据采集表将根据填报的时间自动拓展年份，各字段的定义解释如下：

后评价起始时间：指后评价数据收集开始时间，一般为项目前期立项阶段时间，早于经济评价起始时间；

后评价结束时间：指后评价数据收集结束时间，一般为后评价计划下达时间；

经济评价期起始时间：经济评价期指项目的建设期和生产运营期，经济评价期起始时间，一般为项目开工建设时间；

经济评价期结束时间：一般为经济评价期起始时间加 30 年；

评价时点：指后评价数据收集的截止时点，通常选择后评价结束时间当年的最后一天，精确到年；

投产年份：项目投产的时间，投产时间要求在后评价时段中，精确到年。

后评价起始时间、后评价结束时间、经济评价期起始时间、经济评价期结束时间、评价时点、投产年份在时间逻辑上需满足图 8 -7 中所示要求。

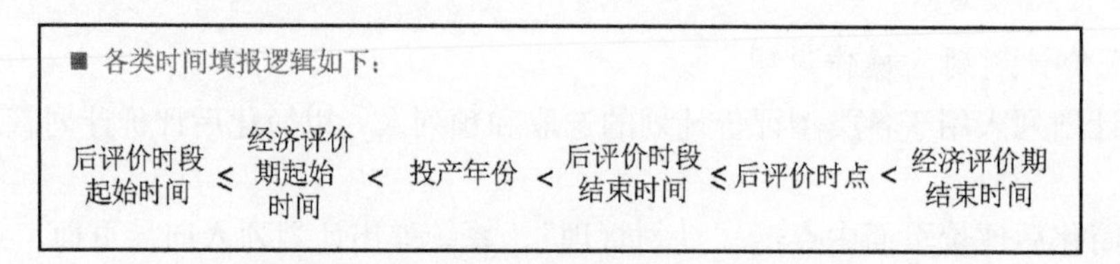

图 8 -7　后评价时间填报逻辑

其中，后评价开始时间与投产年份控制建设期，投产年份与后评价结束时间控制“项目投产到后评价时点前”，后评价结束时间到经济评价结束时间控制“后评价时点后预测值”，根据项目实际情况在界面中填入后评价起始时间、后评价结束时间等。系统支持同时下达多条后评价项目计划，以上字段全部填写完毕后，点击“保存”，若填写无误提示保存成功后即可在计划管理页面看到已列入的项目（图 8－8)。

计划管理

简化后评价　归类汇总

待提交　待审批　已审批

2022年简化后评价计划

后评价名称：　提报人：全部　查询　重置

请尽快审批计划。　导出

项目申请单位	后评价承担单位	所属二级单位	后评价起始时间	后评价结束时间	评价时点	投产年份	模型版本
长庆石化公司	长庆石化公司	长庆石化公司	2022	2022	2022	2022	V2
长庆石化公司	长庆石化公司		2015	2021	2021	2018	V2
吉林油田公司	研究院	研究院	2020	2020	2020	2020	V1
天津销售公司	滨海分公司	滨海分公司	2020	2020	2020	2020	V2
辽河油田公司	江苏销售公司	江苏徐州销售分公司	2020	2021	2021	2020	V3
大庆石化公司	炼化企业		2021	2021	2021	2021	V2
宁夏石化公司	炼化企业	炼化企业	2020	2022	2022	2022	V2
大庆石化公司	炼化企业		2021	2021	2021	2021	V2
大庆油田公司	油气田企业	油气田企业	2021	2021	2021	2021	V2

取消　审批

图 8－8　简化后评价列入时间参数

若为销售网络项目，弹出计划列入向导页面后，销售网络项目需切换到销售网络页签，页面即自动变为销售网络详细评价计划列入页面，在所在单位处填写销售网络详细后评价项目名称，在对应空格处填写所需字段，其中必须要填写的内容包括后评价项目名称、后评价项目承担单位、后评价起始时间、后评价结束时间、评价时点、投产年份等（图 8－9)。

提报单位	提报人	后评价起始时间	后评价截止时间	经济评价起始时间	经济评价结束时间	评价时点	投产年份	模型版本
油气田企业	战略所	2021	2021	2021	2021	2021	Invalid Date	V2
油气田企业	战略所	2021	2021	2021	2021	2021	Invalid Date	V2
炼化企业	郑军哲	2020	2020	2020	2020	2020	Invalid Date	V2
炼化企业	郑军哲	2021	2021	2021	2021	2021	Invalid Date	V2
炼化企业	郑军哲	2021	2021	2021	2021	2021	Invalid Date	V2
炼化企业	郑军哲	2021	2021	2021	2021	2021	Invalid Date	V2
炼化企业	郑军哲	2021	2021	Invalid Date	Invalid Date	2021	Invalid Date	V2

图 8－9　销售网络项目列入时间参数

系统中填写的后评价起始时间、后评价结束时间、评价时点，标准数据采集表将根据填报的时间自动拓展年份，以上字段全部填写完毕后，点击“保存”，若填写无误则提示保存成功，若点击“保存”显示报错，则根据提示针对项目中填写的数据进行相应修改，后再次保存即可。

2）后评价计划修改、删除、提交审批操作说明

（1）计划修改。

以简化后评价为例，用户在简化后评价页面点击“计划管理”按钮，系统弹出计划管理页面，如图 8－10 所示。

图 8－10　简化后评价计划修改功能

用户对后评价项目名称、承担单位、计划时间参数进行修改后，点击“暂存”按钮，提示操作成功，简化后评价计划修改完毕（图 8－11）。

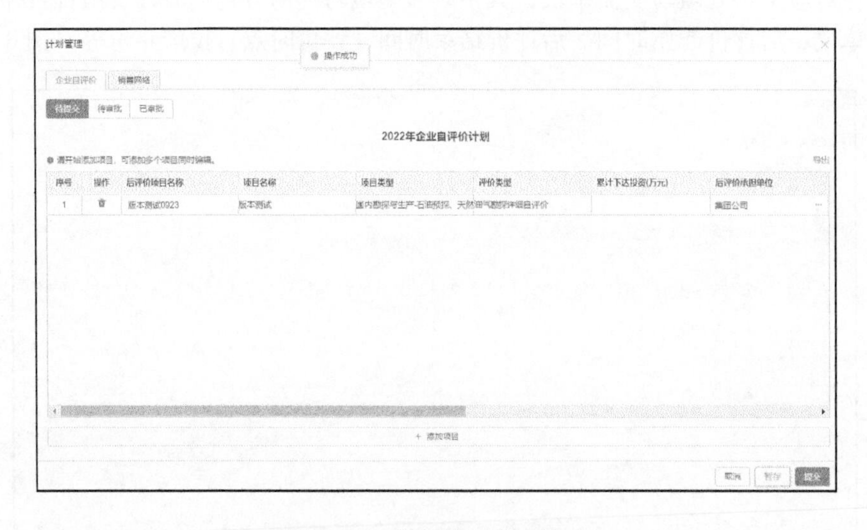

图 8－11　计划修改成功提示

（2）计划删除。

选中需删除的项目，点击“后评价项目名称”前的回收箱图标，点击确定后，该项目即被退回到项目列表（图 8－12）。

（3）计划信息导出功能。

在页面中点击“导出”按钮，即可将所列入计划项目的项目类型、后评价项目承担单位、评价时点等相关信息导出（图 8－13）。

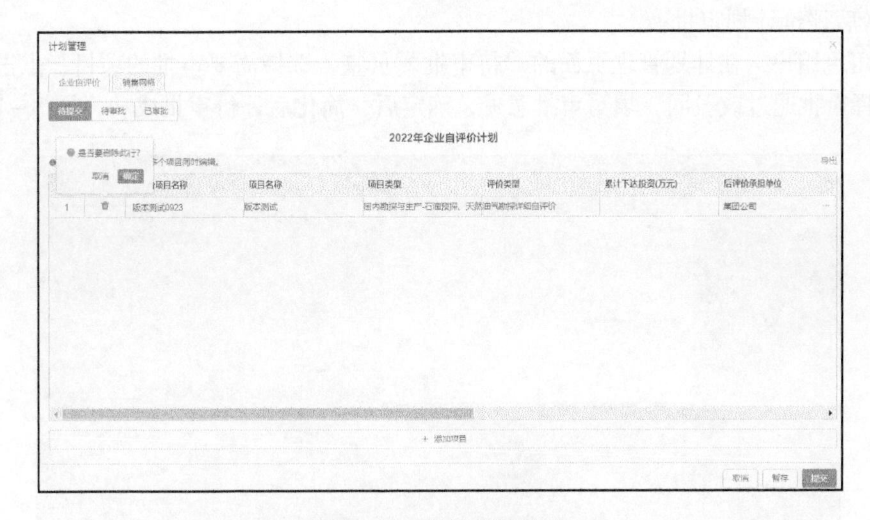

图 8－12　计划删除功能

A	B	C	D	E	F	G
后评价项目名称	项目名称	提报单位	提报人	项目编码	项目性质	项目类型
演示101202	长庆石化-经济评价培训项目四	长庆石化公司	地区公司提报人	L_0000HV2	扩建	炼油与化工-炼油生产-新建、扩建原油加工能力
演示101201	长庆石化-经济评价培训项目一	长庆石化公司	地区公司提报人	L_0000HV5	新建	炼油与化工-炼油生产-新建、扩建原油加工能力
1	KZTS-大庆炼化-公用工程-房屋建	炼化企业	郑军哲	L_00002BP	新建	公用工程-房屋建筑
111	KZTS-大庆石化-公用工程-test1	炼化企业	郑军哲	L_00002BM	新建	公用工程-信息化建设-统建——生产运行
对光反射	45634	成品油销售企业	郑扬	L_00002ZT		天然气与管道-安全隐患治理
zpp-自评价-0123-001	ZKTS-上市-公用工程-大庆油田-te	油气田企业	战略所	L_00002BZ	新建	公用工程-其它
zpp-自评价-0121-007	tf-0921-16	油气田企业	战略所	L_00002KS		国内勘探与生产-石油预探、天然气勘探-石油预探-风险
1111方法	经济评价2020.8.20	炼化企业	郑军哲	L_00002D0	新建	炼油与化工-炼油生产-新建、扩建原油加工能力
嘎嘎嘎	KZTS-大庆石化-矿区-test1	炼化企业	郑军哲	L_00002BQ	收购	矿区建设-安全隐患治理
而法国	信息项目测试082801	炼化企业	郑军哲	L_00002ER	新建	公用工程-信息化建设-统建——办公管理
99	cyf-信息-生产运行-0909	炼化企业	郑军哲	L_00002IQ	新建	公用工程-信息化建设-统建——生产运行
zpp-自评价-0121-005	cyf-大庆油田-生产服务四类-非安	油气田企业	战略所	L_00002RG	新建	生产服务-其它
测试12009	GGGC-炼化-大庆石化-test1	炼化企业	郑军哲	L_00002GX	新建	公用工程-其它
测试12008	cyf-大庆石化-生产服务非四类-非	炼化企业	郑军哲	L_00002RH	新建	生产服务-其它
测试12007	cyf-大庆石化-生产服务四类-非安	炼化企业	郑军哲	L_00002RI	新建	生产服务-其它
测试12001	cyf-大庆石化-工建四类-非安装-(	炼化企业	郑军哲	L_00002QM	新建	工程建设-非安装设备-油气田设备
zpp-自评价-0120-0012	cyf-大庆油田-矿区非四类-非安装	油气田企业	战略所	L_00002RP	新建	矿区建设-设备购置-其他

图 8－13　计划信息导出功能

（4）后评价计划提交审批。

在页面中选中某个已列入计划项目添加完毕后，在计划管理页面的“待提交”页签，点击“提交”按钮，提示“是否提交确认”，确认后，简化后评价提交审批成功（图 8－14）。

图 8－14　简化后评价计划提交审批功能

（5）后评价计划审批。

审批角色用户，在计划管理页面的“待审批”页签，选择需要审批的项目，点击“审批”按钮，选择审批通过或驳回，填写审批意见，确定后，简化后评价审批成功（图 8 – 15）。

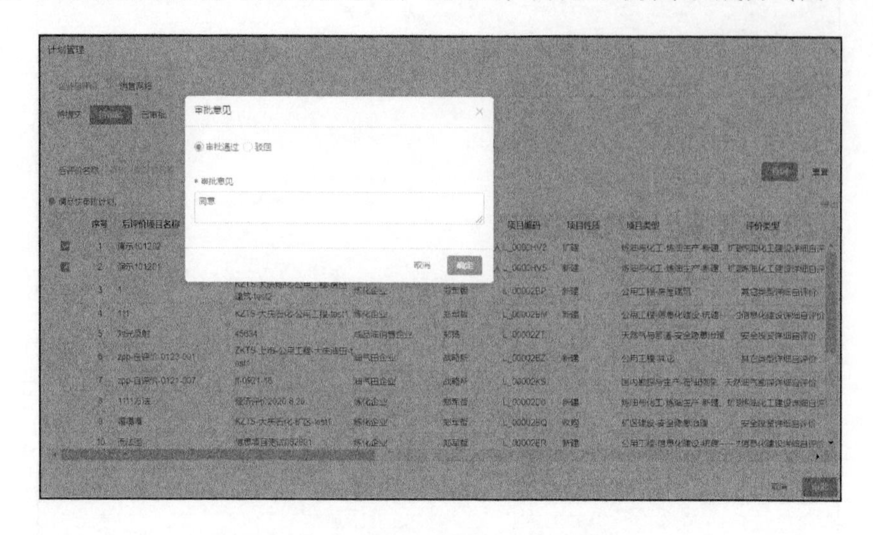

图 8 – 15　简化后评价计划审批功能

2. 数据采集

已完成简化后评价计划下达的项目即可在评价业务管理→简化后评价中看见该条项目，简化后评价主页面上方部分为查询区域，可根据后评价项目名称、计划下达时间、评价类型、评价时点、数据采集状态、建设单位、投产年份等定位查询所需要项目，主页面左下角按键可选择每页所展示项目数及翻至下一页，找到所需项目后，点击该条项目的后评价名称，进入该项目的详情页面。在数据采集页签打开所需填写的数据报表进行填写（图 8 – 16）。

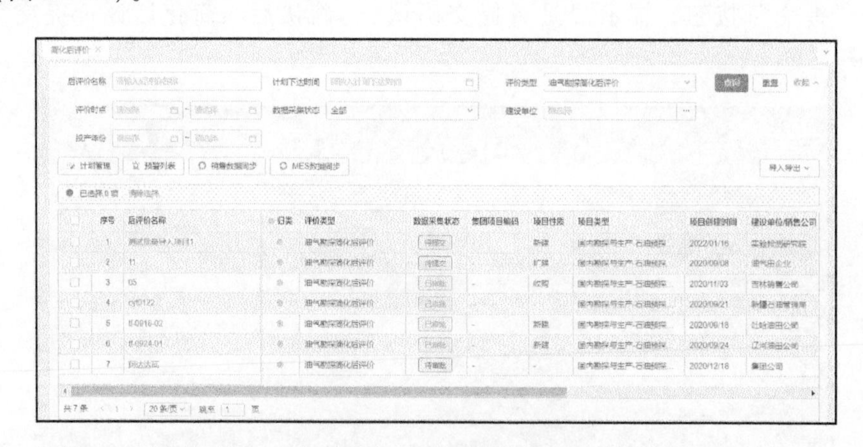

图 8 – 16　简化后评价主页面

根据后评价编制大纲及模版制定系统中各类评价所对应的数据采集表，不同的数据采集表对应有不同的填报说明、适应的项目类型及具体的评价范围；以油气勘探简化后评价为例，其后评价数据采集表是以常规油气区域勘探项目（包括预探和油气藏评价两个部分）为基础制定，共 6 张：表 1 为项目概况表，表 2 为项目决策程序评价表，表 3 为勘探投资和工作量评价表，表4为勘探成效评价表，表5为项目综合评价表，表6为常规油气勘探项目预警关键指标表，对新区勘探项目和年度勘探计划后评价具有较好的适应性。在系统中选中项目点击数据采集后，左竖栏展示为数据采集表单目录，点击其中一个表单，即在系统的右侧主页面展示所需填写的报表（图8－17）。

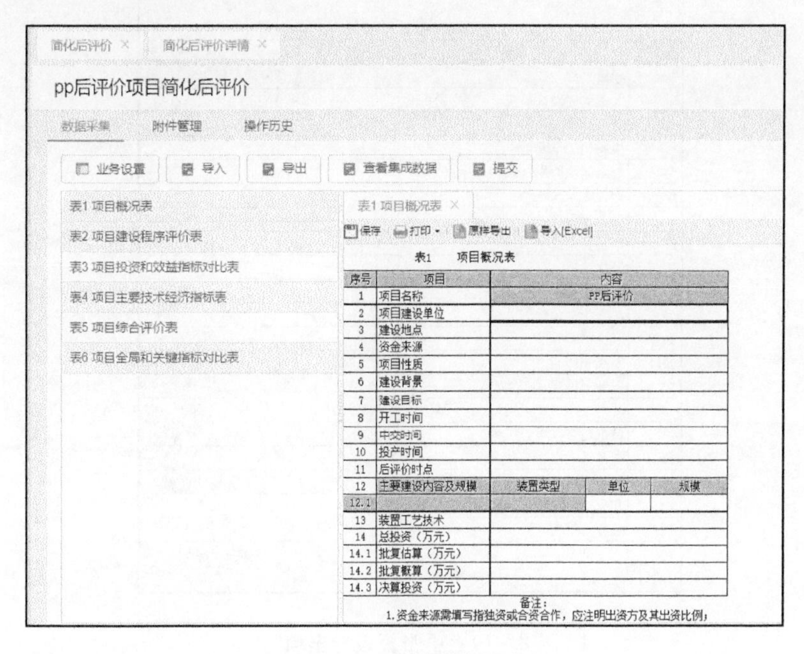

图8－17　数据采集功能

填写的方式有3种：

（1）在线填报。

录入人员可直接登录系统，在线填写所负责项目的数据采集表，按上述步骤打开数据采集表后，双击所需填写的空格直接输入即可，输入完成后，点击保存按钮进行存储（图8－18）。

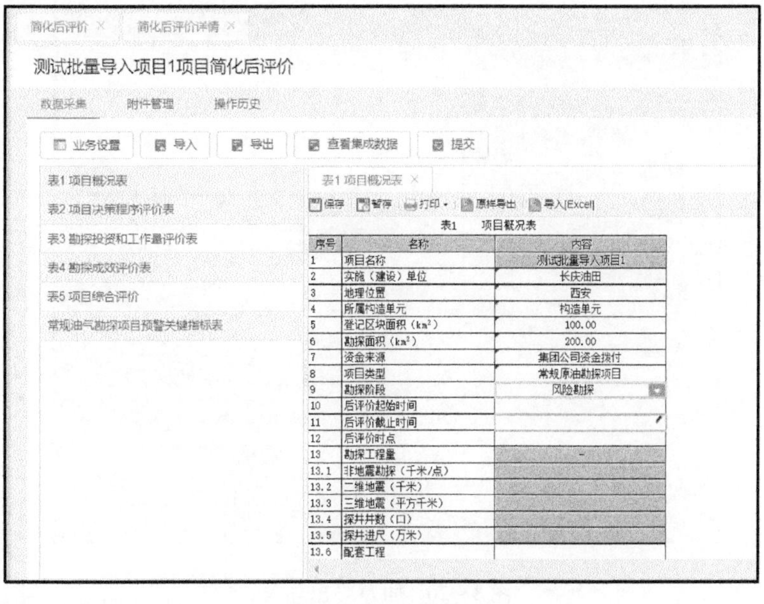

图8－18　在线填报

（2）单张报表导出填写。

主页面中表格上方的“原样导出”用于单张数据采集表的导出，导出单张数据采集表后，使用 Excel 或 wps 打开，可线下填写并导入系统中（图 8－19）。

序号	名称	内容
1	项目名称	测试批量导入项目1
2	实施（建设）单位	长庆油田
3	地理位置	西安
4	所属构造单元	构造单元
5	登记区块面积（km^2）	100.00
6	勘探面积（km^2）	200.00
7	资金来源	集团公司资金拨付
8	项目类型	常规原油勘探项目
9	勘探阶段	风险勘探
10	后评价起始时间	
11	后评价截止时间	
12	后评价时点	
13	勘探工程量	-
13.1	非地震勘探（千米/点）	
13.2	二维地震（千米）	
13.3	三维地震（平方千米）	
13.4	探井井数（口）	
13.5	探井进尺（万米）	
13.6	配套工程	
14	总投资（万元）	
15	油气储量	-

图 8－19　单张报表导出填写

（3）批量导出导入。

在数据采集页签，点击“导出”按钮，系统将导出该页面的所有标准数据采集表。线下填写完成后，点击“导入”按钮，若数据采集表内填写的数据格式正确，则导入后系统会提示导入成功；若数据填写有误，则导入后系统会提示导入失败，并自动产生报错文件（图 8－20）。

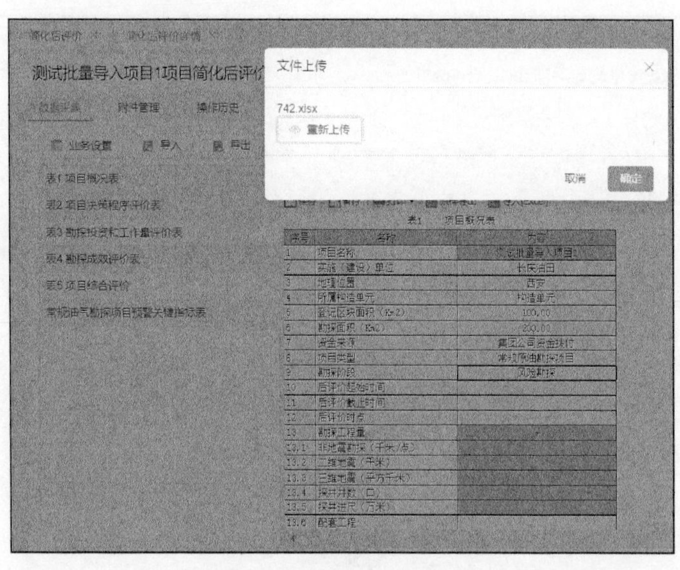

图 8－20　批量导出导入

3. 附件管理

完成后评价数据采集、报告管理工作后，点击项目名称，进入项目详情页面，打开“附件管理”页签，点击“上传”按钮，在弹出框中选中上传文件，将该项目相关的重要文件上传至系统。需要注意的是，系统禁止上传国密和核心商密文件（图 8－21）。

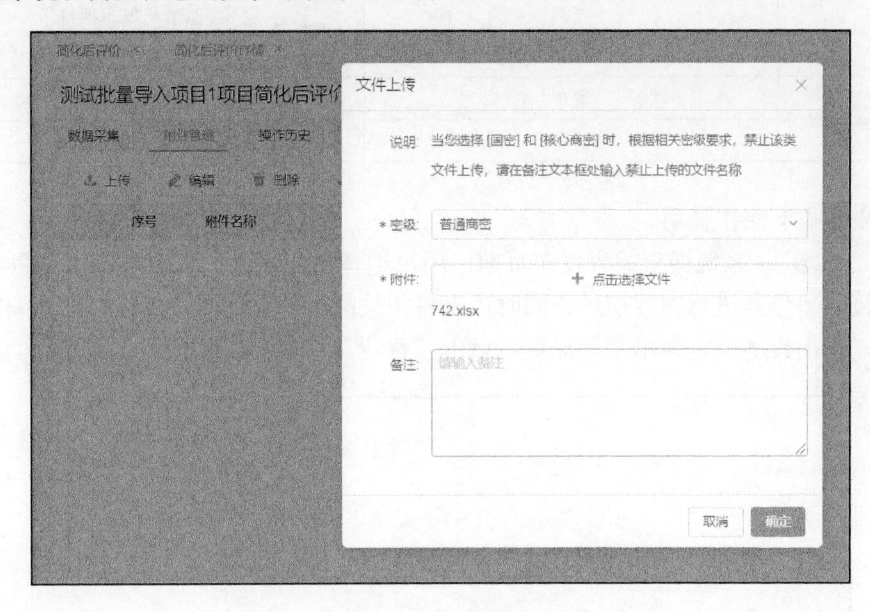

图 8－21　附件管理

以上操作全部完成后，即标志在系统完成一项后评价工作。

四、成果管理

1. 成果发布

1）成果发布主页面

菜单路径：后评价→成果管理→成果发布，主页面功能包括数据新增、编辑、删除、发布和取消发布。具体功能如图 8－22 和表 8－2 所示。

#	成果名称	项目名称	成果类型	发布单位	发布年度	发布状态
1	测试111		环境影响后评价报告	长庆石化公司	2022	已发布
2	环境影响后评价报告		环境影响后评价报告	集团公司	2022	已发布
3	4556测试		后评价意见	独山子石化公司	2022	已发布
4	测试11113345		专项评价报告	集团公司	2022	已发布
5	测试		专项评价报告	集团公司	2022	已发布
6	xxx报告		后评价报告	长庆石化公司	2022	已发布
7	1234	cyf-大庆油田-生产服务四类-非安装-0930	后评价报告	计划部	2021	已发布
8	1442	LLP测试-储气库-大庆油田20200729	后评价报告	集团公司	2021	已发布
9	20210416	tf-0924-01	简报	集团公司	2021	未发布
10	成果测试	cyf-川庆钻探-油气合作开发四类-非安装-0930	后评价意见	天津销售公司	2021	未发布
11	成果管理测试	znp-1106-001	后评价报告	天津销售公司	2021	未发布

共 14 条　20 条/页　前往 1 页

图 8－22　成果发布主页面

表 8-2　功能按钮介绍

序号	功能按钮	注释
1	新增	发布新的项目
2	编辑	编辑已发布项目
3	查询	查看已发布项目
4	删除	删除发布的项目
5	发布	发布项目成果
6	取消发布	撤销已发布的项目成果

2）成果发布操作说明

点击“新增”，系统弹出成果发布页面，用户选择发布成果的成果类型、项目名称、成果名称、接收单位并进行内容描述，同时可以将相关的附件上传作为成果发布，编辑完成后点击保存，弹出提示框，提示是否保存。点击“确定”，成果被保存（图 8-23）。

图 8-23　成果发布功能

成果发布后，如需对成果信息进行修改，可以使用编辑功能：

选中所需修改的成果，点击“编辑”按钮，弹出编辑窗口，修改成果信息并保存。点击查看按钮，可对相关成果进行查看。

选中所需修改的成果，点击“删除”按钮，弹出提示信息，确认是否删除成果，点击“确认”，则成果被删除。

选中所需修改的成果，点击“发布”按钮，弹出提示信息，“确认发布成果信息”，点击“确认”，则成果被发布。

选中已发布成果，点击“取消发布”按钮，弹出提示信息，“确认取消发布成果信息”，点击“确认”，则成果发布被取消。

2. 同行业评价管理

1）同行业评价管理主页面

菜单路径：后评价→成果管理→同行业评价管理，主页面功能包括数据新增、编辑、查看、删除具体功能说明如图 8－24 和表 8－3 所示。

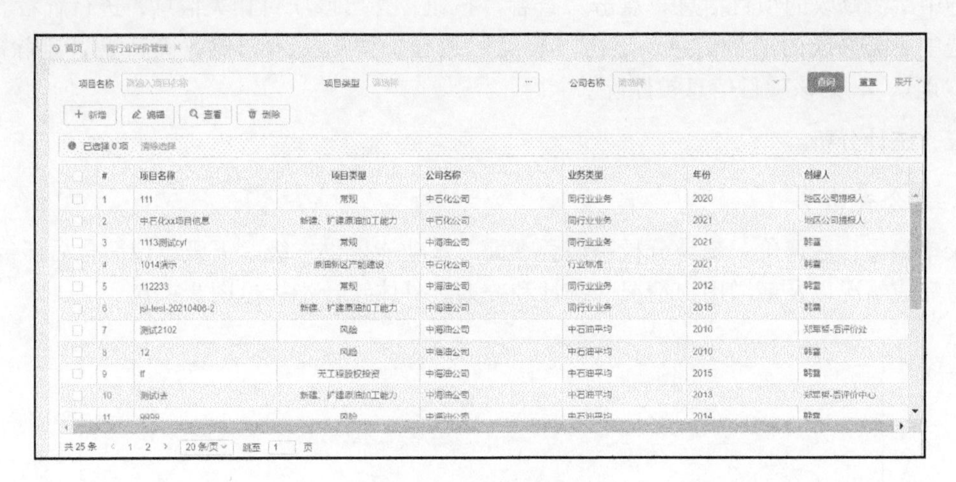

图 8－24　同行业评价主页面

表 8－3　功能按钮介绍

序号	功能按钮	注释
1	新增	增加新的同行业项目信息
2	编辑	编辑同行业项目信息
3	查询	查看同行业项目信息
4	删除	删除同行业项目信息

2）同行业评价管理操作说明

用户点击“新增”按钮，系统新增同行业项目信息页面，如图 8－25 所示。

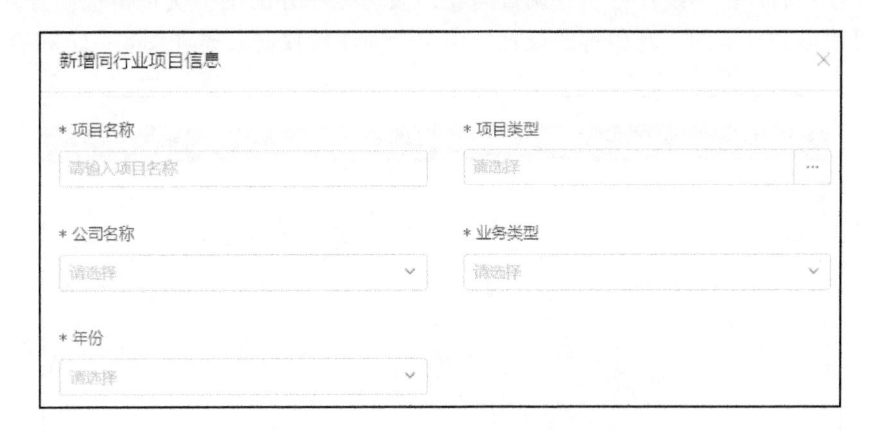

图 8－25　新增同行业项目信息功能

用户填写新增同行业的项目名称、项目类型、公司名称、业务类型和年份。选择项目类型后，项目类型中预设的指标信息将自动展现出来，用户可以对指标信息进行录入。编辑完成后点击保存，弹出提示框，提示是否保存。点击“确定”，同行业项目信息被保存。

同行业项目信息建立完成后，如需要修改其信息，可以用编辑按钮。

选中所需修改的项目信息，点击“编辑”按钮，弹出该项目相关信息，修改项目信息并保存，其他项目信息修改成功。

选中所需修改的项目信息，点击“查看”按钮，弹出该项目相关信息，进行查看。

选中所需修改的项目信息，点击“删除”按钮，弹出提示信息，确认是否删除成果，点击“确认”，则该项目信息被删除。

五、统计分析

1. 综合查询

菜单路径：后评价→统计分析→综合查询。该功能提供本级及下级单位简化后评价、归类汇总完成情况以及新增用户情况的统计和查询。具体统计指标见图 8－26。

板块名称　单位名称　时间段 2021-01-01 - 2021-12-31　查询　重置

导出列表

序号	板块	单位	简化列入	简化完成	简化未提交	归类汇总列入	归类汇总完成	归类汇总未提交
1	勘探	集团公司	107	27	80	26	4	22
2	科研	子节点	0	0	0	0	0	0
3	集团公司	总部机关	1	0	1	0	0	0
4	海外	专业公司	0	0	0	0	0	0
5	勘探	油气田企业	46	12	34	10	1	9
6	炼化	炼化企业	25	8	17	10	2	8
7	销售	成品油销售企业	23	7	16	6	1	5
8	中油管道	天然气销售企业	0	0	0	0	0	0
9	工程技术	中油技服	1	0	1	0	0	0
10	工程建设	工程建设企业	0	0	0	0	0	0
11	装备制造	装备制造企业	0	0	0	0	0	0
12	海外	中油国际公司	0	0	0	0	0	0
13	科研	科研及其他单位	0	0	0	0	0	0
14	科研	国际贸易企业	0	0	0	0	0	0
15	中油资本	中油资本	0	0	0	0	0	0

图 8－26　综合查询功能主页面

2. 调查问卷

菜单路径：后评价→统计分析→调查问卷，该功能一方面用于实现传统调查问卷功能，另一方面可根据公开范围、题型等的设置，用于专项评价数据采集（图 8－27 和表 8－4）。

图 8－27　调查问卷功能主页面

表 8-4　调查问卷功能页面介绍

序号	功能页面	注释
1	问卷名称	设置问卷的名称、前置说明、后置说明
2	问卷题目	设置问卷题目，包括单选、多选、填空等
3	问卷设置	设置问卷的起止时间、回收限制、字体等
4	问卷标签	设置问卷的标签
5	问卷传播	问卷 PC 端及手机端答题地址
6	问卷回收	问卷回收的情况
7	单题分析	对单个题目进行分析
8	交叉分析	对多个题目进行交叉分析

六、后评价应用考核

1. 后评价处考核明细

菜单路径：后评价→后评价应用考核→后评价处考核明细。该功能提供发展计划部后评价处考核情况的统计和查询（图 8-28）。

后评价处****年后评价应用考核明细表

典型项目计划录入及时性得分	典型项目成果确认及时性得分	上年度典型项目完成率得分	最终得分
20	15	60	95

典型项目计划录入及时性得分：

序号	本年度典型项目计划	OA计划下达时间	系统计划下达时间	完成时长（天）	得分	权重	本项得分
1	2022年典型项目后评价计划	2022-05-01	2022-05-20	20	100	20%	20

典型项目成果确认及时性得分：

序号	典型项目名称	企业自评价报告提交时间	自评价完成情况确认时间	完成时长（天）	项目得分	权重	本项得分
1	典型项目1	2022-05-01	2022-05-20	20	100	20%	15
2	典型项目2	XXXX-XX-XX	XXXX-XX-XX	21	100		
3	典型项目3	XXXX-XX-XX	XXXX-XX-XX	22	100		
4	典型项目4	XXXX-XX-XX	XXXX-XX-XX	23	100		
5	典型项目5	XXXX-XX-XX	XXXX-XX-XX	24	100		
6	典型项目6	XXXX-XX-XX	XXXX-XX-XX	40	80		
7	典型项目7	XXXX-XX-XX	XXXX-XX-XX	41	80		
8	典型项目8	XXXX-XX-XX	XXXX-XX-XX	42	80		
9	典型项目9	XXXX-XX-XX	XXXX-XX-XX	43	80		
10	典型项目10	XXXX-XX-XX	XXXX-XX-XX	44	80		
11	典型项目11	XXXX-XX-XX	XXXX-XX-XX	45	60		
12	典型项目12	XXXX-XX-XX	XXXX-XX-XX	46	60		

上年度典型项目完成率得分：

序号	上年度典型项目完成整改落实数量	上年度计划下达典型项目数量	完成率	得分	权重	本项得分
1	25	25	100%	100	60%	60

图 8-28　后评价处应用考核明细

2. 咨询单位考核明细

菜单路径：后评价→后评价应用考核→咨询单位考核明细。该功能提供发展计划部后评价处考核情况的统计和查询（图 8-29）。

单位名称**年后评价应用考核明细表

验收意见上传及时性得分	独立后评价报告完成及时性得分	最终得分
35	35	70

验收意见上传及时性得分：

序号	典型项目名称	自评价验收会举办时间	验收意见上传时间	完成时长（天）	项目得分	权重	本项得分
1	典型项目1	2022-05-01	2022-05-15	15	100	50%	35
2	典型项目2	XXXX-XX-XX	XXXX-XX-XX	21	80		
3	典型项目3	XXXX-XX-XX	XXXX-XX-XX	22	80		
4	典型项目4	XXXX-XX-XX	XXXX-XX-XX	23	80		
5	典型项目5	XXXX-XX-XX	XXXX-XX-XX	24	80		
6	典型项目6	XXXX-XX-XX	XXXX-XX-XX	40	60		
7	典型项目7	XXXX-XX-XX	XXXX-XX-XX	41	60		
8	典型项目8	XXXX-XX-XX	XXXX-XX-XX	42	60		
9	典型项目9	XXXX-XX-XX	XXXX-XX-XX	43	60		
10	典型项目10	XXXX-XX-XX	XXXX-XX-XX	44	60		
11	典型项目11	XXXX-XX-XX	XXXX-XX-XX	45	60		
12	典型项目12	XXXX-XX-XX	XXXX-XX-XX	46	60		

独立后评价报告完成及时性得分：

序号	典型项目名称	自评价验收会举办时间	独立后评价报告审批通过时间	完成时长（天）	项目得分	权重	本项得分
1	典型项目1	2022-05-01	2022-05-15	15	100	50%	35
2	典型项目2	XXXX-XX-XX	XXXX-XX-XX	21	80		
3	典型项目3	XXXX-XX-XX	XXXX-XX-XX	22	80		
4	典型项目4	XXXX-XX-XX	XXXX-XX-XX	23	80		
5	典型项目5	XXXX-XX-XX	XXXX-XX-XX	24	80		
6	典型项目6	XXXX-XX-XX	XXXX-XX-XX	40	60		
7	典型项目7	XXXX-XX-XX	XXXX-XX-XX	41	60		
8	典型项目8	XXXX-XX-XX	XXXX-XX-XX	42	60		
9	典型项目9	XXXX-XX-XX	XXXX-XX-XX	43	60		
10	典型项目10	XXXX-XX-XX	XXXX-XX-XX	44	60		

图 8-29　咨询单位考核明细

3. 地区公司考核明细

菜单路径：后评价→后评价应用考核→地区公司考核明细。该功能提供发展计划部后评价处考核情况的统计和查询（图 8－30 和图 8－31）。

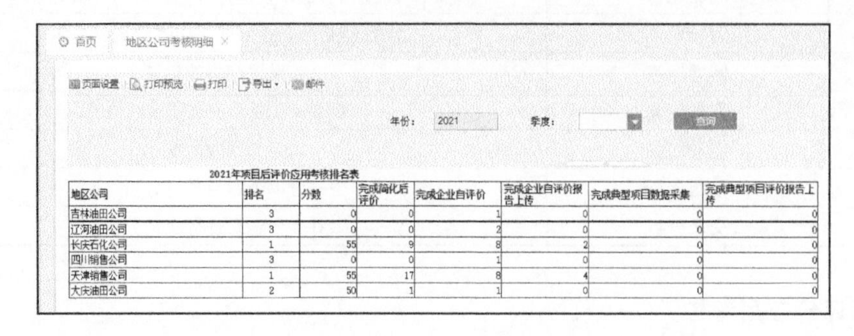

2021年项目后评价应用考核排名表

地区公司	排名	分数	完成简化后评价	完成企业自评价	完成企业自评价报告上传	完成典型项目数据采集	完成典型项目评价报告上传
吉林油田公司	3	0	0	1	0	0	0
辽河油田公司	3	0	0	2	0	0	0
长庆石化公司	1	55	9	8	2	0	0
四川销售公司	3	0	0	1	0	0	0
天津销售公司	1	55	17	8	4	0	0
大庆油田公司	2	50	1	1	0	0	0

图 8－30　地区公司应用考核排名

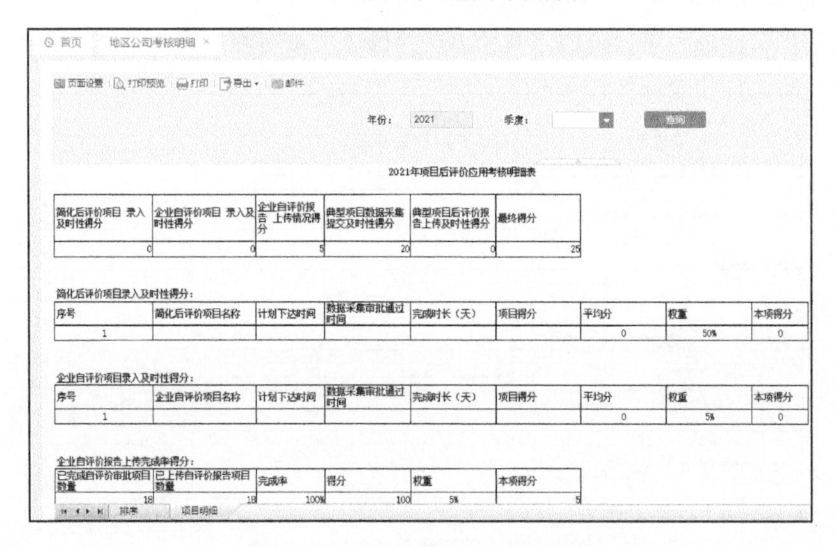

2021年项目后评价应用考核明细表

简化后评价项目 录入及时性得分	企业自评价项目 录入及时性得分	企业自评价报告 上传情况得分	典型项目数据采集提交及时性得分	典型项目后评价报告上传及时性得分	最终得分
0	0	5	20	0	25

简化后评价项目录入及时性得分：

序号	简化后评价项目名称	计划下达时间	数据采集审批通过时间	完成时长（天）	项目得分	平均分	权重	本项得分
1						0	50%	0

企业自评价项目录入及时性得分：

序号	企业自评价项目名称	计划下达时间	数据采集审批通过时间	完成时长（天）	项目得分	平均分	权重	本项得分
1						0	5%	0

企业自评价报告上传完成率得分：

已完成自评价审批项目数量	已上传自评价报告项目数量	完成率	得分	权重	本项得分
18	18	100%	100	5%	5

图 8－31　地区公司应用考核明细

第九章 后评价信息系统典型单位案例分析

第一节 勘探开发板块应用实例

以中国石油某油田公司油气田开发项目简化后评价为例，简要介绍勘探开发后评价信息系统应用及工作开展情况。

某油田公司为中国石油下属地区分公司，其分布在鄂尔多斯盆地的油气资源丰富，属于世界上典型的致密油气藏，具有“低渗、低压、低丰度”的特点。四十多年来，该油田在“磨刀石上闹革命”，攻克了一系列世界级勘探开发难题，建成了我国产量最高的现代化油气田，为保障国家能源安全作出了重要贡献。

一、油气田开发项目后评价简介

油气田开发主要包括以油气田开发地质为基础的油（气）藏工程、钻井工程、采油（气）工程、地面工程、经济评价等多学科多专业的综合研究，发挥各专业协同的系统优势，实现油气田科学有效的开发，最终达到较高的经济采收率。油气田开发项目动用的是埋藏在地下的储量资源，地下情况是看不见摸不到的，因此与一般投资项目相比，油气田开发项目具有认识上的局限性、地质与资源的风险性、实施中的可变性和产出成果的不确定性等特点。油气田开发项目作为投资项目的一种类型，后评价工作具有投资项目后评价工作的一般性要求，即需要对项目进行全过程的跟踪、研究和总结。但同时，油气田开发项目后评价在时点选择、评价范围和内容等方面均有自己的特点，而且不同类型油气田开发项目的评价内容和重点也不同。

1. 油气田开发项目的特点

油气资源开发是石油工业最根本和核心的业务，是一个资金投入大、风险高的行业。随着开发的不断深入，已动用的油气田已逐步进入开发的中后期，新增资源的资源品质又逐年变差，因此油气资源开采难度以及开发成本也将随之升高等。这些决定了油气田开发项目具有以下特点：

（1）项目工程量大，投资高。

油气田开发建设是技术密集型、知识密集型和资金密集型产业，需要依靠资金的大量投入，通过油气田开发建设和生产过程，获取油气资源的有效产出。同时，油气产区的自然环境多数比较恶劣，建设一个油气田需钻井、采油、油气集输处理及系统配套工程的建设，工程建设复杂、工程量大、投资高。

（2）不确定因素多，风险大。

石油、天然气属于不可再生资源，资源储藏于地下，储集状况复杂。虽然经过勘探、试采等手段对目的区域有了大体的认识，但在开发设计、建设阶段，仍然难以明晰储层物性、流体性质以及油气水分布情况，使项目建设存在不确定因素。同时油气田开发过程中存在产量递减和含水上升等客观规律，这些不可控因素无疑使油气田开发建设项目具较大的风险性。

(3) 油气产量递减，后期调整多。

在油气田开发的全生命周期中，随着开发的持续，剩余储量逐年减少，产量递减不可避免。在油气田开发中期、后期，需要不断采取各种措施并进行开发调整，来增加资源可采储量，弥补产量递减，提高油气最终采收率。

2. 油气田开发项目后评价的特点

鉴于油气田开发项目自身的特点，其后评价与一般项目后评价存在着一定差异，其主要特点如下：

(1) 评价的复杂性。

油气田开发项目是一个系统工程，包括油（气）藏工程、钻井工程、采油（气）工程、地面工程和经济评价等部分。在评价时，不仅要对各专业工程进行评价，还要考虑各专业工程之间的相互关系。由于项目工作对象是深埋地下的油气资源，而资源本身存在非常大的风险和不确定性；并且项目建设技术高度密集、投资规模大。因此与一般投资项目相比，项目评价更强调前期油（气）藏地质研究深度，强调方案优化与论证，注重各专业工程（钻井、采油气、地面等）的协调实施，比一般建设项目更具复杂性。

(2) 评价的不确定性。

油气田开发项目的不确定性导致了评价的不确定性。石油天然气埋藏在地下，即便是经历了一段时间的油气开采，在评价时点所掌握的油气层地质资料也不完善，对今后开发效果的预测精度存在制约。此外，由于油气资源的战略地位，评价时预测的油气价格和产量还会受到诸如地缘政治、经济波动等不确定因素影响，导致后评价结果具有较大的可变性。

(3) 结论的指导性要强。

油气藏类型多样，油气田开发方式也有多种选择，评价的方法和评价内容都有所不同。因此必须系统地对不同类型油气藏、不同开发方式等进行系统的总结评价，形成更加科学的指导建议，为改进今后油气田开发项目建设提供借鉴。

3. 油气田开发项目后评价类型

不同类型的油气田开发项目在评价范围、评价时点、评价内容和评价方法上都存在差异，有必要对油气田开发项目的主要类型进行划分，以便针对不同的油气田开发建设项目类型制定相应的评价方法和体系。按照油气田开发项目相对于油气田区域的新旧程度，将其分为产能建设项目和老区调整项目两大类。

1) 产能建设项目

(1) 新区油田产能建设项目。

新区油田产能建设项目是在全新的区域上进行开发，是一个完整的新项目。对其进行后评价时，评价内容需要详尽、完整，涉及项目全过程，包括前期工作、建设实施、生产运行、投资与效益、影响与持续性等所有方面。

(2) 新区气田产能建设项目。

新区气田产能建设项目类似于新区油田产能建设项目，但是由于油田和气田具有不同的特点，因此对新区气田产能建设项目进行后评价时要更多考虑气田的实际特点，选择合适的评价内容、方法和程序。

(3) 老区油田产能建设项目。

老区油田产能建设项目不同于新区油田产能建设项目，是在原产能区域内，对新增探明储量进行产能建设。由于区域内已有部分相关的地面配套设施、设备和环境依托，因此在进行产能建设时，所需的工程量相对较少。在对老区油田进行项目后评价时，评价内容会与新区有所不同；同时要考虑与其他油田开发项目之间的关系，区分两者产出、成本费用和收益关系。

(4) 老区气田产能建设项目。

老区气田产能建设项目评价与老区油田产能建设项目类似。只是气田开发方式与油田不同。

2) 老区调整项目

一般而言，油气田开发可以划分为开发前期、开发初期、稳产期、递减期、边际采油期5个阶段。老区油田调整项目主要在油气田开发中后期进行。

(1) 老区油田调整项目。

老区油田在进入递减期后，就会根据油田开发的实际情况调整油田的开发方案，采取各种措施稳定产量，比如通过开发调整井、调整注水系统以及配套设施等方式来综合利用资源，或是通过采用各种提高采收率的工艺技术来弥补产量的递减。这样的项目称为老区油田调整项目。

老区油田调整项目的主要特点：一是由于老区油田的调整项目是在原有项目的基础上的进一步调整，因此这种类型的开发投资项目在某种程度上利用了油田区块原有的资产和设备，可以以较少的增量投入取得较大的经济效益。二是老区油田调整项目的建设与油田生产是同时进行的。油田在生产的同时就能进行调整项目的建设，对原来油田的生产影响一般都比较小。

由于老区原有的油田正处在生产运行的阶段，而油田调整项目的效益是一个增量值，因此老区油田调整项目效益和费用的计算较为复杂。因此，在进行老区油田调整项目评价时，应该根据油田调整项目特点制订评价方法。一般采用有无对比法，即将“有项目”与“无项目”进行对比，用增量效益与增量成本费用进行增量分析。

(2) 老区气田调整项目。

老区气田调整项目与老区油田调整项目相似，只是气田的调整方式会与油田有所不同。在评价时，气田调整项目也应充分考虑到调整后增量效益与增量成本费用的关系。如果是油气同产的油田，那么在天然气产能进行调整的过程中，应该综合考虑到调整区域内原油的产能变化情况，力争设计出一个综合的调整方案，通过对天然气的产能调整，达到优化资源开采的目的，取得最优调整效果。

二、某油田公司的后评价信息系统应用情况

某油田公司按照相关要求，应用后评价信息管理系统完成了后评价项目信息的录入，利用系统开展相关项目评价工作。根据系统应用情况，提出了针对性改进意见，为系统功能提升具有重要的参考借鉴意义。

1. 后评价信息系统应用情况

某油田公司按后评价系统正式启用的通知要求，向其所属各单位下发了需要填报的“后评价用户信息收集表”和“后评价管理工作流收集模板”等内容。该油田公司所属单位上报各级系统操作人员名单，公司主管后评价的业务部门依据上报的系统操作人员角色（录入和审批等），为所有人员分单位配置了4级审批权限表。该油田公司将配置好的人员

权限表提交后评价信息系统项目组进行权限配置。

近年来，该油田公司开展简化后评价项目几百个、详细后评价项目数十个，以上历史项目数据都需要补录入信息系统。该油田在组织补录数据时，后评价主要处室相关业务人员首先熟悉系统，并编写了简要的操作说明。针对各单位在后评价信息系统操作过程中出现的问题，该油田公司规划计划处及时与系统维护人员联系并反馈相关问题，邀请赴油田现场开展有针对性的系统培训交流。通过充分的交流，有力推进了后评价信息系统的应用，为系统的完善升级奠定了坚实基础。

根据中国石油项目后评价工作通知要求，结合该油田公司近两年的投资计划及实施计划，认真分析近两年投资项目实施情况，以文件下发了投资项目简化后评价工作的通知，对开展年度简化后评价的项目范围、评价参数、填报模板、进度时点等进行了明确要求。简化后评价工作涉及几乎所有二级单位（项目组）和油田公司机关部门，明确要求各单位计划科作为项目后评价工作的协调科室，有关单位落实了主管领导、具体工作联系人，确保了后评价工作顺利有效开展；并进一步明确了简化后评价报告编制主体、审批流程及专业部门审查主体（表9-1）。后评价主管部门负责组织指导项目后评价工作，复审所有项目简化后评价报告，并汇总完成油田公司项目后评价分析报告，经公司审查通过后上报。

表9-1　后评价工作责任主体明细表

序号	项目类别	简化后评价报告编制主体	专业部门审查主体
1	油气勘探项目	勘探事业部	勘探事业部
2	油藏评价项目	油藏评价项目组	油田开发事业部
3	油田开发项目	各采油厂	油田开发事业部
4	气田开发项目	各采气厂	气田开发事业部
5	气田评价项目	各采气厂、项目组	气田开发事业部
6	油气管道项目	各输油处、采油厂	规划计划处
7	安全环保项目	各采油厂、采气厂	安全环保处
8	节能建设项目	水电厂	质量管理与节能处
9	科研项目	相关科研项目单位	技术发展处
10	矿区建设项目	物业服务处	矿区计划财务部
11	其他配套项目	采气（油）厂、项目组、科研院所	规划计划处

2. 油气田开发项目后评价信息系统应用案例

按照上游开发项目通过信息系统评价的操作流程，系统规范地开展了该项目的系统评价。按照要求，在利用信息系统评价一个项目前，首先要在信息系统中完成项目的立项，即在信息系统中对该项目进行合法身份的确认。后评价信息系统是投资项目一体化管理系统的一个模块，按照科研设计，只有某项目在前期编制了可行性研究报告，并上报审批或备案，同时下达投资计划后，该项目的相关信息才会按照一体化设计实现该项目基础信息自动导入后评价信息系统。对于新立项目已经实现了上述功能，对于历史项目，该项功能还在完善中。作为本次后评价信息系统操作案例的该项目属于历史项目，因此需要在系统中由系统管理员为该项目立项，就是给该项目一个合法身份。

在后评价信息系统项目组的授权下，由某油田公司后评价主管部门在后评价信息管理系统中填写该项目名称、项目编号、项目性质和项目申报单位，所属二级单位、后评价及经济评价时间范围。项目名称要与上报可研的项目名称一致，项目编号按照统一的项目编号执行，项目性质指项目类型，项目申报单位为项目所属的地区公司。项目计划列入（图9－1）要明确项目信息录入单位，确定数据录入的时间范围及经济评价时间界限，明确后评价时间点。并在此基础上，授权项目所属二级单位系统操作权限（图9－2）。

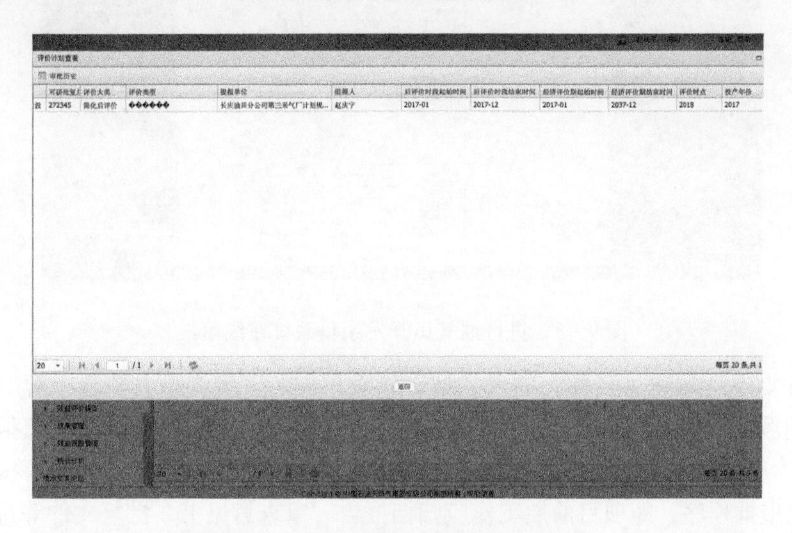

图9－1　油气田开发项目计划列入

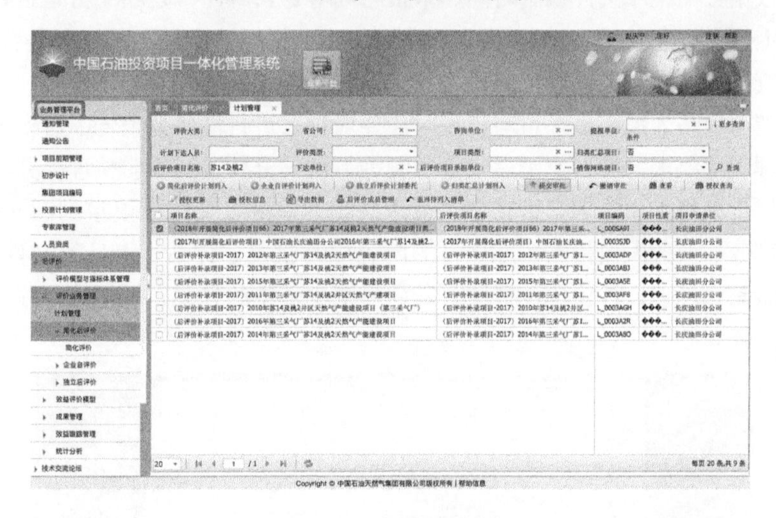

图9－2　下达油气田开发项目后评价任务给项目所属二级单位

二级单位后评价业务人员接到后评价计划后，按照对应的天然气产能建设简化后评价模板，在信息系统中按业务管理平台—后评价—评价业务管理—简化后评价—简化评价的步骤打开简化后评价页面（图9－3），在要评价的项目前打钩选择该项目。在录入基础信息数据前，首先要完成该项目各项业务设置，比如地面系统建设内容等，然后再按照简化后评价表单顺序，完成该项目在信息系统中的线上填报。

天然气开发项目简化后评价表包括6个基础数据录入表和一个关键指标表。图9－3为项目概况表。业务人员根据项目实际情况填写项目建设单位、建设地点、建设目的等，对该项目的工程内容及规模进行简要描述。图9－3中项目名称要和计划下达的项目名称一致，

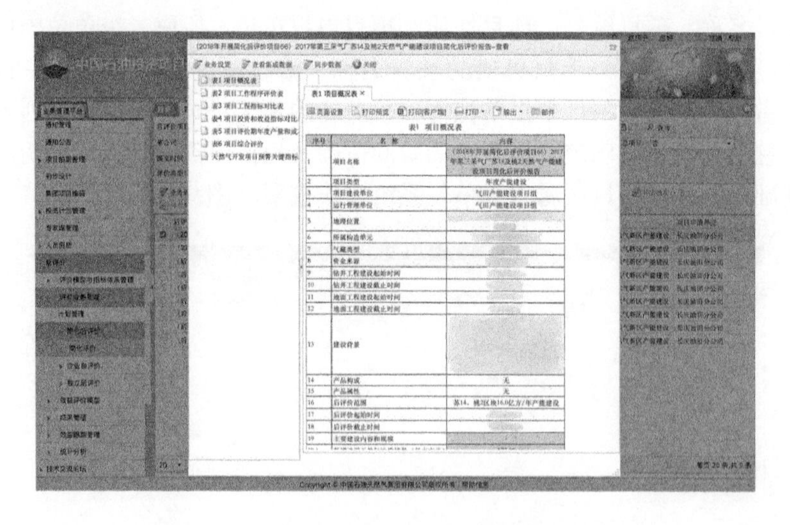

(2018年开展简化后评价项目66) 2017年第三采气厂苏14及桃2天然气产能建设项目简化后评价报告-查看

表1　项目概况表

序号	名　称	内容
1	项目名称	(2018年开展简化后评价项目66) 2017年第三采气厂苏14及桃2天然气产能建设项目简化后评价报告
2	项目类型	年度产能建设
3	项目建设单位	气田产能建设项目组
4	运行管理单位	气田产能建设项目组
5	地理位置	
6	所属构造单元	
7	气藏类型	
8	资金来源	
9	钻井工程建设起始时间	
10	钻井工程建设截止时间	
11	地面工程建设起始时间	
12	地面工程建设截止时间	
13	建设背景	
14	产品构成	无
15	产品属性	无
16	后评价范围	苏14、桃2区块16.0亿方/年产能建设
17	后评价起始时间	
18	后评价截止时间	
19	主要建设内容和规模	

图9－3　进行油气田开发项目系统在线填报

并自动链接计划下达的项目名称；项目类型、建设单位、气藏类型和资金来源等根据系统后台数据相关内容的维护，在下拉列表框中选择，其他内容根据项目实际情况填报。

图9－4为项目基本程序评价表。首先，判断项目决策程序是否完整，是否按照要求履行了有关审批或报批程序，即项目前期工作应归档报告、审查意见书、批复文件等过程资料是否齐全；其次，根据各项程序文件编制时间、审批时间等逻辑顺序，判断项目是否存在逾越程序的问题，即各上报/批复时间是否按时间先后顺序发生。根据该项目立项依据是否合理、规范，技术方案、审查纪要、批复文件等资料是否齐全，各环节是否按时间顺序发生，开发方案有无变更等按实际情况填写入系统。在填写该表时还要对项目可行性研究报告中对安全隐患及评价结论、安全管理规范要求、项目实施后效果预测等方面的分析进行说明整理，并与实际完成情况进行对比，评价项目立项依据是否充分、是否科学，并将以上结论填报到图9－8项目综合评价表的相应部分。业务人员根据实际项目的内容填写批复、评估、审计等文件的批复文号；在备注中填报编制、承包、评价单位资质。若项目缺少基本的方案、批复等程序文件，应在备注中说明原因。

(2018年开展简化后评价项目66) 2017年第三采气厂苏14及桃2天然气产能建设项目简化后评价报告-查看

表2　项目工作程序评价表

序号	报告或文件类型/(项目)名称	完成/批复时间	编制/批复单位	上报/批复文号	备注
1	开发概念设计（项目建议书）批复				
2	地面工程总体规划方案批复				
3	总体开发方案（可行性研究）报告编制		无	无	
4	环境影响评价报告批复	无	无	无	
5	劳动安全预评报告批复（备案）		无	无	
6	总体开发方案（可行性研究）审查		无	无	
7	总体开发方案（可行性研究）评估		无	无	
8	总体开发方案（可行性研究）批复（核准或备案）		无	无	
9	地面工程初步设计编制			无	
10	地面工程初步设计审查			无	
11	地面工程初步设计批复			无	
12	地面工程施工图设计编制			无	
13	开发井开工		无	无	
14	全部开发井竣工		无	无	
15	地面工程开工			无	
16	地面工程正式投产		无	无	
17	全部开发井投产		无	无	
18	安全验收		无	无	
19	环保验收		无	无	
20	消防验收		无	无	
21	竣工验收			无	
22	决算审计		无	无	

注：1.如果前期工作参与的单位很多，列出牵头单位即可；

2.可以补充大型（投资达到3000万元及以上）地面系统配套项目的可研报告、初步设计的编制、评估

图9－4　油气田开发项目工程程序评价表截图

图 9－5 为项目工程指标对比表。根据项目有关业务设置及项目完成探明储量等基本情况，填报项目的方案（可研）、地区公司下达计划及实际完成数据资料。在此基础上，对该项目方案、计划和实际完成相关数据资料进行对比分析，即按照系统设计自动分别计算实际完成和方案、实际完成和计划相关指标的差异率。如果前后相关指标差异率达到 ±10% 及以上，应详细说明并分析造成该项指标差异的主要原因，评价该项指标变化对项目目标的影响，并通过指标的前后对比及差异情况分析，评价方案的合理性和适应性。

(2018年开展简化后评价项目66) 2017年第三采气厂苏14及桃2天然气产能建设项目简化后评价报告－查看

业务设置　查看集成数据　同步数据　关闭

表1 项目概况表　表2 项目工作程序评价表　表3 项目工程指标对比表　表4 项目投资和效益指标对比表　表5 项目评价期年度产量和成本　表6 项目综合评价　天然气开发项目预警关键指标

表3 项目工程指标对比表

序号	评价指标	方案	计划	实际完成	（实际完成－计划）/计划符合率(%)	（实际完成－调整方案）/调整方案符合率(%)	备注
一	动用储量						
1	新增动用天然气地质储量（亿立方米）				0.00%	0.00%	
2	新增动用天然气可采储量（亿立方米）				0.00%	0.00%	
二	建设规模						
1	天然气产能规模（亿立方米/年）				-2.50%	-2.50%	
2	全部生产井投产第二年天然气产量（亿立方米/年）				0.00%	∞	
3	天然气产能到位率（%）				2.56%	∞	
4	单井日产（万立方米/天）				2.31%	∞	
4.1	直井(定向井)（万立方米/日）				1.67%	78.67%	
4.2	特殊工艺井单井日产（万立方米/日）				2.75%	17.30%	
4.3	其他井单井日产（万立方米/日）				0.00%	0.00%	
5	天然气处理规模(亿立方米/年)				0.00%	0.00%	
6	凝析油处理规模（万吨/年）				0.00%	0.00%	
三	开发井数（口）				0.00%	0.00%	
1	采气井数（口）				0.00%	0.00%	
1.1	新钻采气井数（口）				0.00%	0.00%	
1.1.1	直井(定向井)采气井数（口）				0.00%	0.00%	
1.1.2	特殊工艺井采气井数（口）				0.00%	0.00%	
1.1.3	其他井采气井数（口）				0.00%	0.00%	
1.2	利用探井数（口）（采气）				0.00%	0.00%	
2	备用井井数（口）				0.00%	0.00%	
2.1	新钻备用井数（口）				0.00%	0.00%	
2.1.1	直井(定向井)备用井井数（口）（新钻）				0.00%	0.00%	
2.1.2	特殊工艺井备用井井数（口）（新钻）				0.00%	0.00%	

图 9－5　油气田开发项目工程指标对比表截图

图 9－6 为投资和效益指标对比表。根据项目实际开展阶段，填报项目方案（科研）、计划（初设）和实际完成的相关数据，并按照专业规范要求确定保留的小数位数；同时注意合计项是由分项自动计算合成，不能填报。如果出现数据缺项，需要在备注中说明原因。将实际完成数据分别与方案和计划（初设）指标对比，如果差异较大，要分析造成差异的原因。此分析的结论可作为图 9－8 中相应部分的依据。同时在此表的数据分析中要注意实际完成投资分别与方案和计划（初设）指标的对比分析，地面投资主要与初设投资进行对比，如果单项投资变动幅度达到 ±10% 及以上，应详细分析并说明原因。

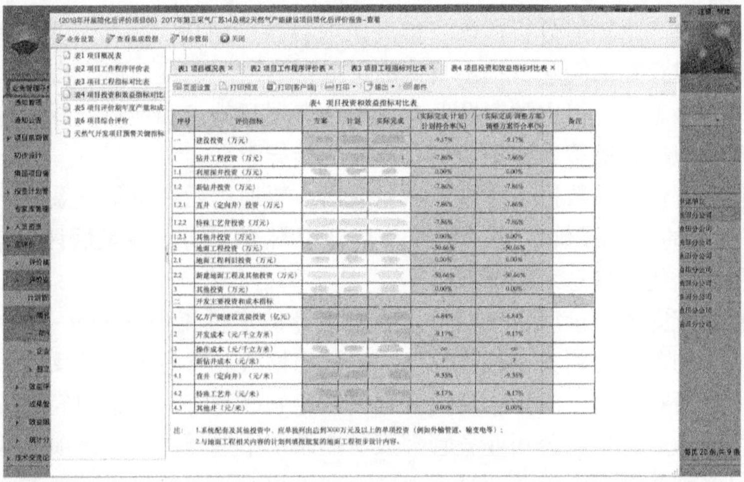

(2018年开展简化后评价项目66) 2017年第三采气厂苏14及桃2天然气产能建设项目简化后评价报告－查看

业务设置　查看集成数据　同步数据　关闭

表1 项目概况表　表2 项目工作程序评价表　表3 项目工程指标对比表　表4 项目投资和效益指标对比表

表4 项目投资和效益指标对比表

序号	评价指标	方案	计划	实际完成	（实际完成－计划）/计划符合率(%)	（实际完成－调整方案）/调整方案符合率(%)	备注
一	建设投资（万元）				-9.17%	-9.17%	
1	钻井工程投资（万元）				-7.86%	-7.86%	
1.1	利用探井投资（万元）				0.00%	0.00%	
1.2	新钻井投资（万元）				-7.86%	-7.86%	
1.2.1	直井（定向井）投资（万元）				-7.86%	-7.86%	
1.2.2	特殊工艺井投资（万元）				-7.86%	-7.86%	
1.2.3	其他井投资（万元）				0.00%	0.00%	
2	地面工程投资（万元）				-50.66%	-50.66%	
2.1	地面工程利旧投资（万元）				0.00%	0.00%	
2.2	新建地面工程及其他投资（万元）				-50.66%	-50.66%	
3	其他投资（万元）				0.00%	0.00%	
二	开发主要投资和成本指标						
1	亿方产能建设直接投资（亿元）				-6.84%	-6.84%	
2	开发成本（元/千立方米）				-9.17%	-9.17%	
3	操作成本（元/千立方米）				-∞	-∞	
4	新钻井成本（元/米）				?	?	
4.1	直井（定向井）（元/米）				-9.35%	-9.35%	
4.2	特殊工艺井（元/米）				-8.17%	-8.17%	
4.3	其他井（元/米）				0.00%	0.00%	

注：1.系统配套及其他投资中，应单独列出总到3000万元及以上的单项投资（例如外输管道、输变电等）；
2.与地面工程相关内容的计划列填报批复的地面工程初步设计内容。

图 9－6　油气田开发项目投资和效益指标对比表截图

图9－7为项目评价期年度产量和成本对比表。表中的时间就是项目计划下达时所设置的项目经济评价时间段，后评价时点就是项目计划下达时设置的项目后评价期末时点，在此时间点及以前年度录入的是项目实际运行数据，此时间点后至经济评价截止时间录入的是项目预测数据。表中录入的主要是项目产品年产量、年商品率、产品价格和成本等涉及项目产出及投入的相关数据。分两个时段录入，一是经济评价期内方案设计数据；二是经济评价期内项目实际完成数据。对比分析整个经济评价期内方案预测和实际（后评价时点前）和预测（后评价时点后）天然气等产量与含水指标、采气速度、采收率变化情况，与方案设计值逐项对比，分析差异原因。如果低于设计值5%以上，应详细分析原因，提出改进措施和建议。

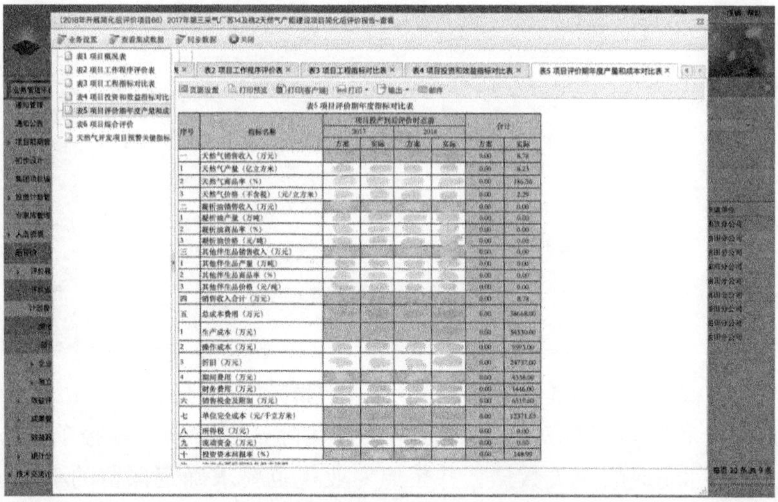

（2018年开展简化后评价项目66）2017年第三采气厂苏14及桃2天然气产能建设项目简化后评价报告－查看

业务设置　查看集成数据　同步数据　关闭

表1 项目概况表
表2 项目工作程序评价表
表3 项目工程指标对比表
表4 项目投资和效益指标对比表
表5 项目评价期年度产量和成本对比表
表6 项目综合评价
天然气开发项目预警关键指标

页面设置　打印预览　打印(客户端)　打印　输出　邮件

表5 项目评价期年度指标对比表

序号	指标名称	项目投产到后评价时点前				合计	
		2017		2018			
		方案	实际	方案	实际	方案	实际
一	天然气销售收入（万元）					0.00	8.78
1	天然气产量（亿立方米）					0.00	8.23
2	天然气商品率（%）					0.00	186.58
3	天然气价格（不含税）（元/立方米）					0.00	2.29
二	凝析油销售收入（万元）					0.00	0.00
1	凝析油产量（万吨）					0.00	0.00
2	凝析油商品率（%）					0.00	0.00
3	凝析油价格（元/吨）					0.00	0.00
三	其他伴生品销售收入（万元）					0.00	0.00
1	其他伴生品产量（万吨）					0.00	0.00
2	其他伴生品商品率（%）					0.00	0.00
3	其他伴生品价格（元/吨）					0.00	0.00
四	销售收入合计（万元）					0.00	8.78
五	总成本费用（万元）					0.00	38668.00
1	生产成本（万元）					0.00	34330.00
2	操作成本（万元）					0.00	9993.00
3	折旧（万元）					0.00	24737.00
4	期间费用（万元）					0.00	4338.00
	财务费用（万元）					0.00	1446.00
六	销售税金及附加（万元）					0.00	6517.60
七	单位完全成本（元/千立方米）					0.00	12371.63
八	所得税（万元）					0.00	0.00
九	流动资金（万元）					0.00	0.00
十	投资资本回报率（%）					0.00	348.99

图9－7　油气田开发项目评价期年度产量和成本对比表截图

图9－8为项目综合评价，其中总体评价结论中的前期工作评价、地质油（气）藏评价、钻井工程评价、采气工程评价、地面工程评价、生产运行评价、投资与效益评价和影响与持续性评价等内容均与图9－3、图9－7中相关指标的对比分析结论相关，即图9－3、图9－7的分析评价结论是图9－8中相关结论的来源或依据。图9－8中的主要经验和教训填写的是通过前面各表指标的分析评价，指出该项目各个阶段、各个专业总结的经验教训、存在的问题，并针对存在的问题，提出具体的可操作的措施建议。以上有关项目各部分的评价结论、总结的经验教训、提出的问题及建议要结合项目特点和项目实际进行，对项目本身下步优化调整及类似项目决策、实施等具有重要的指导意义。

项目的简化后评价标准数据采集表填报完成后，要通过后评价信息系统的附件管理模块（图9－9），将完成的表、评价依据的文件及基础资料等一同上传至后评价信息系统保存，待完成审核后最终上传至信息系统备案。

项目在信息系统完成评价后，按照信息系统设计的审批流程（图9－10），按级别分别对简化后评价表中的数据及相关结论进行核准，提出修改完善意见，并反馈相关数据填报部门。待项目后评价所有表格中的数据资料及相关结论修改完善，并最终经油田公司后评价业务主管部门审核确认后，地区公司业务管理人员在系统中选择同意，该项目即审核通过，上传至后评价信息系统数据库。审核通过后地区公司无权对相关数据进行操作，除非经后评价业务主管部门同意解除数据锁定，要求地区公司重新填报后，方可进行修改完善。

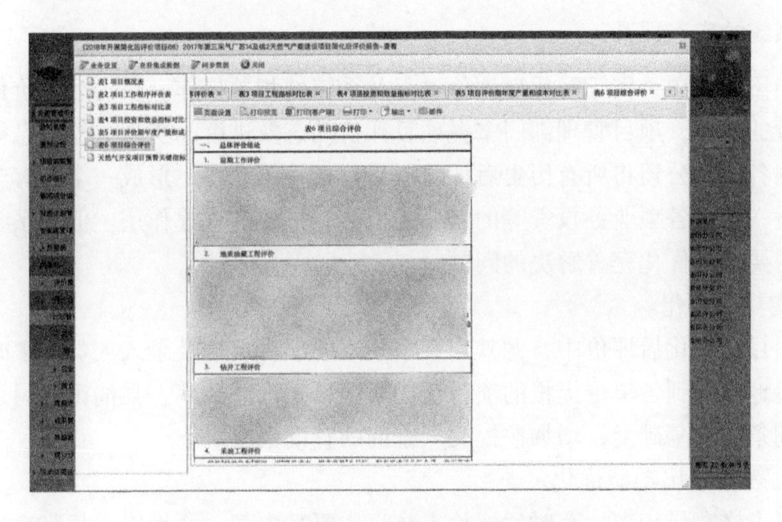

图 9－8　油气田开发项目综合评价表截图

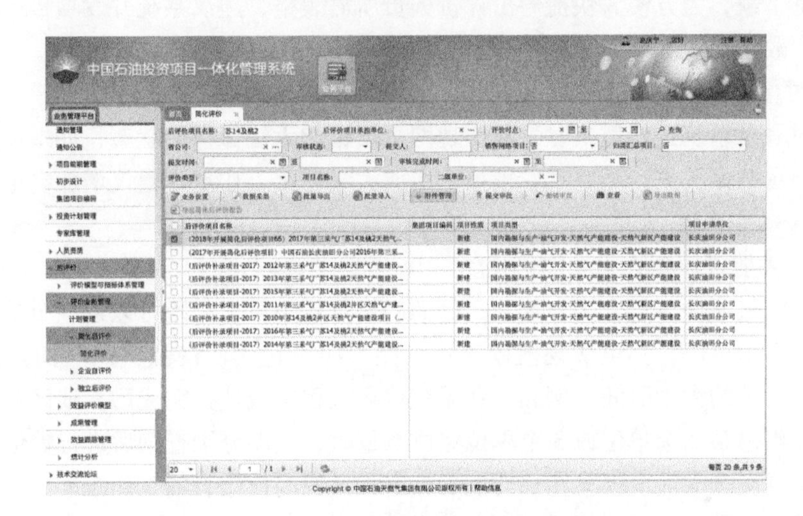

图 9－9　上传油气田开发项目文件进行附件管理

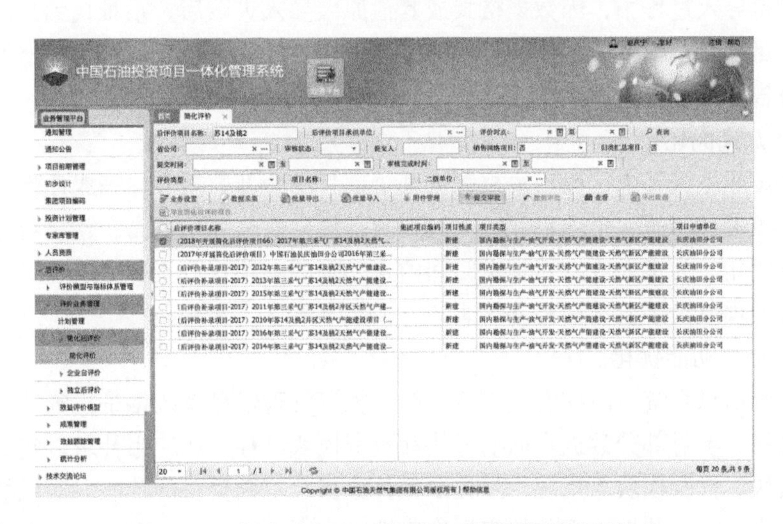

图 9－10　提交油气田开发项目后评价数据进行核准

三、对系统的完善提升

根据某油田公司项目实际简化后评价过程及系统的相关操作，认为后评价信息系统对提高简化后评价的效率，项目管理部门掌握项目评价动态及进度，实现数据信息等的有效积累等，尤其是当各地区公司将所有历史后评价项目信息补录完毕，形成一个具有丰富数据信息资源数据库后，对于各项业务投资等的趋势分析具有重要的支撑作用。但在系统的实际应用中，也存在需要通过优化完善解决的问题。

（1）查询功能优化。

在实际项目的简化后评价中，尤其当系统录入的项目及涉及录入人员较多时，为便于更加方便和快捷地查询到各单位提报的项目，提高项目查询的效率，某油田公司系统操作人员建议在原查询条件的基础上，增加按提交人查询的查询条件。

（2）页面表格导出功能优化。

部分项目表格数量较多，有时后评价人员只需要其中某一张表格或几张表格，就不需要把整套表格都下载，为方便、快捷导出评价人员所需表格，建议系统开发项目组增加系统的分别导出各个表格功能。

（3）定时保存功能优化。

多人同时登录系统进行填报时，易出现网页出错或无法保存的状态，如果填报者之前未进行保存将导致数据丢失，需要重新填报，造成大量返工工作量，建议增加自定义定时保存功能。

（4）复选功能或模糊查找功能优化。

在每一个筛选条件下包含多个选项，例如后评价承担单位，既可以选一个单位，又可以同时选 2 个或 3 个单位，甚至实现模糊查找功能，如“包含西南油气田”的查询条件，这样可以为查询者节约大量时间。例如，在系统填报过程中或填报完成后，地区公司后评价工作管理者，需汇总某 2 个单位或 3 个单位完成数量时，只能分别查询后进行数量相加，操作不太方便。实现复选功能或模糊查找功能后，会大大提高使用者的工作效率。

（5）表格批量导入出错后的详细报告优化。

在表格批量导入过程中，因数据格式或其他原因导入失败后，很难找到具体出错的位置和原因，尤其是导入表格及数据数量较多时，即无法对错误进行定位，建议增加出错位置和原因的详细报告，提高数据导入的效率。

（6）提醒方式优化。

填报者在按照系统要求，逐项填报完成某个项目的全部数据表，完成评价提交后，系统自动给各级审核者针对每一个项目发送一封提醒邮件，发送频率过高，建议对邮件发送的方式和频率进行优化。为每天或针对预定时间内未办理的事项仅分别提醒 2 次，工作日连续 2 天提醒后仍未处理改为手机短信提醒等。

（7）数据提取功能优化。

鉴于后评价信息系统、前期管理信息系统、投资管理信息系统都是投资项目一体化管理信息系统的模块，项目部分数据在前期模块和投资模块已存在或应当补录，建议增加后评价模块从前期模块、投资模块等系统直接提取相关数据及基础资料的功能，实现数据资源在系统内部的一体化，提高数据录入的效率和准确性。

第二节　炼化板块应用实例

以某炼化企业为例对该业务后评价信息系统应用及工作开展情况做介绍。

一、炼化项目后评价简介

1. 炼化业务简介

炼油化工业务是石油炼制和石油化工两大业务的统称炼化业务。石油炼制（炼油）业务主要是将石油加工成汽油、煤油、柴油、润滑油、石蜡和沥青等产品及化工原料。石油化工（化工）业务涉及产品种类多、范围广、加工流程长，主要是将石油炼制生产的石油馏分和气体通过烃类裂解生产乙烯、丙烯、丁二烯等烯烃以及苯、甲苯、二甲苯等芳烃。进一步将芳烃和烯烃等加工成合成树脂、合成橡胶、合成纤维等高分子产品，也可以将其加工成醇、酮、醛、酸等系列产品。石油炼制与国民经济密切相关，工业、农业、交通运输和国防建设都离不开石油。石油化工产品广泛应用于国民经济的各个领域，为人们生产和生活提供衣食住行的物质保障。作为投资项目中的一种类型，炼化项目后评价工作具有投资项目后评价工作的一般性要求，对已竣工投产经过一段时间生产运行的炼化项目，从前期论证决策、设计施工、竣工投产以及生产运行的全过程和项目目标、效益、影响及持续性等方面，进行客观、公正、科学、系统的综合分析与评价，全面总结项目的经验、教训，对存在问题提出切实可行的措施及建议，实现投资项目的闭环管理。同时炼化项目后评价在选择评价时点、范围和内容等方面均有自己的特点，对于不同类型的项目，其评价内容和侧重点也不尽相同。

2. 项目类型

炼化项目按建设性质分为新建、改扩建和迁建项目；按投资来源分为政府投资项目、企业投资项目、利用外资项目及其他投资项目；按投资额度和建设规模分为大型、中型和小型建设项目。中国石油根据项目性质和规模，将投资项目划分为四类，明确规定各类项目的审批管理权限，其中第四类项目由地区公司负责审批。对企业投资的小型建设项目，又分为“三措一新”（技术措施、安全措施、环保措施和设备另购更新）等项目，在装置运行期，通过“三措一新”等投资项目，解决生产问题和瓶颈，节能降耗，提高产品质量和收率，提高安全生产水平和环境保护能力，从而实现降低生产成本、提高经济效益的目的，这类项目具有投资小、针对性强的特点，也是企业投资项目管理的重要组成部分。

3. 项目特点

（1）内容复杂、工程量大、配套设施多。

炼化全厂性工程项目一般由多个单项工程组成，包括工艺生产装置、储运工程、全厂工艺及热力管网、公用工程、辅助工程、服务性工程、厂外工程和其他工程等工程内容。一个单项工程项目如生产装置通常又包括总图、构筑物、建筑物、静置设备、机械设备、工业炉、储罐、工艺管道、电气、自控仪表、供排水消防、热工、采暖通风、通信、分析化验、催化剂及化学药剂等专业。项目工程涉及面广，工程量大，交叉作业多。在项目的总平面布置上，需要综合考虑工艺流程、产品流程和土地使用限制等因素，集中布置生产装置和配套设施，工程内容十分复杂。

（2）一体化、规模化发展，投资规模大。

为了更好地实现炼油化工的原料互供、减少原料供应的中间环节，进一步优化原料配置；为了有利于各种产品和中间产品的综合利用，减少公用工程和辅助工程的投资费用，发挥项目的规模效益、提高产品市场竞争力，炼化项目规模化、一体化发展要求日益提高，投资规模不断扩大。

（3）生产介质多属危化品，生产过程危险性高。

炼油化工属高危行业，近年来，随着炼油化工行业的迅猛发展，生产规模不断扩大，设备的大型化和能量仓储的高度集中、生产过程的原料、辅助材料、中间产品、产品等大都为有毒有害、易燃易爆物质，工艺技术复杂，生产过程具有高温、高压的特点，决定了炼油化工生产具有高度的危险性，安全生产越来越受到重视。

（4）产品与生产控制密切相关，生产难度大。

生产过程是靠调节工艺操作参数实现，控制信息要求及时、稳定、可靠。生产工艺路线确定之后，生产温度、湿度、压力和处理时间等控制条件的不同，将对产品质量产生非常大的影响，也可能关系到目标产品生产的成败，由于目标产品与生产过程控制条件是密切相关的，生产操作、生产控制难度较大。

（5）系统性、专业性强，上下游装置关联密切。

炼油化工生产属流程型行业，生产过程有多个工序或阶段组成，各生产环节相互依存，主体装置、配套装置和系统工程等在生产运营过程中紧密联系，各自发挥作用。任何一个环节发生问题，都可能引起连锁反应，甚至造成事故或整个生产系统停工。炼油化工生产的专业性表现在要维持生产的稳定运行，需要工艺、设备、电器、仪表和化验等各专业人才，并且个装置和设施都具有各自的专业技术特点。

（6）节能环保压力大。

石油和化学工业是推进节能减排工作的重点领域，也是具有循环经济载体优势的产业。未来我国化学工业节能减排工作的重点：一是严格行业准入条件，对电石、氯碱、黄磷和农药等高能耗、高污染的行业加大治理力度，在满足市场需要的前提下控制器整体规模；二是促进产业结构调整和技术创新，加快发展节能环保和高技术含量的化工新材料、精细化工和生物化工等产业。国家通过不断出台产业政策和准入条件，对于高能耗、高污染产业推出了多种管制措施，规模小、特色和优势不突出、环保不达要求的企业将逐步被淘汰，高能耗、高污染行业的新增产能将受到从严限制。这势必要求未来的化工产业向集约化发展，进一步发展高附加值、高技术含量、低能耗、低污染的新材料和特种化学品。

4. 炼化项目后评价的特点

（1）评价的复杂性。

由于炼化项目类型多、建设内容复杂、技术含量高、投资规模大、配套工程差别较大。因此炼化与一般投资项目相比，项目评价更强调前期决策的正确与否，以及方案论证优化对预期目标实现程度的影响；注重建设实施与生产过程有机结合、提高项目生产运营的技术经济指标、提高项目效益等方面的评价。

（2）从生产运营效果评价入手。

炼化项目的目标，前期工作要选好项目，建设实施要建好项目，生产运行阶段要用好项目，用好项目才是最终目标。前期和建设实施阶段的工作均是为生产运营服务的。从生产运营效果的好坏入手，验证前期及建设实施等工作全过程目标实现程度，进而对项目的全过程进行评价，得出公正、客观、合理的评价结论。

（3）措施及建议要有针对性、可实施性。

对项目前期工作、建设实施以及生产运行等全过程存在问题提出的建议要有针对性和可实施性。针对前期和实施阶段提出的建议，可在未来项目中加以借鉴；针对生产运行提出的建议，具备通过生产优化或者改扩建实施的可能；避免提出不具备条件无实施可能的意见及建议。

二、某炼化企业后评价信息化系统应用情况

根据工作需要及后评价信息系统应用的工作要求，企业组织后评价信息系统存量项目的录入工作。为保证录入质量、效率，对相关部门及各二级单位的后评价人员进行系统操作培训，提高后评价信息化录入质量，并对录入过程中遇到的问题和难题，提出针对性改进意见和建议，对系统功能的提升具有重要的意义。

1. 后评价信息系统应用情况

企业围绕“总结最佳实践、服务投资决策”的工作定位，坚持问题导向，进一步突出前期工作、建设实施、生产运行、投资效益、影响与持续性等方面的评价，不断探索开展专项评价，深化后评价成果应用。通过强化组织领导、组建过硬团队、落实工作责任、充分论证研究、加强过程管控等方式，全面提高项目后评价工作水平。按后评价系统正式启用的通知要求，向所属二级单位下发“后评价用户信息收集表”和“后评价管理工作流收集模板”等内容。各二级单位上报各级系统操作人员名单，公司主管后评价的业务部门依据上报的系统操作人员角色（录入和审批等），为人员分配审批权限。

企业按照后评价补录通知的要求和后评价主管部门的要求，对已完成的后评价项目进行梳理，组织后评价相关业务人员熟悉信息化系统，编写简要的操作说明，积极开展并完成存量信息的补录工作。在组织补录数据时，针对各单位在后评价信息系统操作过程中出现的问题，及时与系统维护人员联系并反馈相关问题，邀请系统运维人员赴公司开展针对性的系统培训交流，有力推进后评价信息系统的应用，为系统的完善升级奠定坚实基础。

根据项目后评价工作通知要求，结合近两年的投资计划及实施计划，认真分析近两年投资项目实施情况，公司以文件方式下达投资项目简化后评价工作的通知，对开展年度简化后评价的项目范围、评价参数、填报模板、进度时点等进行明确要求。要求各部门及相关二级单位落实主管领导、具体工作联系人，确保后评价工作顺利有效开展；并进一步明确简化后评价报告编制主体、审批流程及专业部门审查主体。后评价主管部门负责组织指导项目后评价工作，复审所有项目简化后评价报告，并汇总完成公司项目后评价分析报告，经公司审查通过后上报。

2. 后评价信息系统简化后评价应用案例

企业按照炼化项目信息系统评价的操作流程，系统规范地开展项目的系统评价。按照要求，在利用信息系统评价一个项目前，首先在信息系统中完成项目的立项，即在信息系统中对该项目进行合法身份的确认。后评价信息系统是投资项目一体化管理系统的一个模块，在项目编制可行性研究报告，并上报审批或备案，同时下达投资计划后，该项目的相关信息就会按照一体化设计实现该项目基础信息自动导入后评价信息系统。对于新立项目已经实现了上述功能，对于历史项目，该项功能还在完善中。作为本次后评价信息系统操作案例的项目属于历史项目，需要在系统中由系统管理员为该项目立项。

在后评价信息系统项目组的授权下，由公司后评价主管部门在后评价信息管理系统中填写该项目名称、项目编号、项目性质和项目申报单位，后评价及经济评价时间范围。项目名称要与上报可研的项目名称一致，项目编号按照统一的项目编号执行，项目性质指项目类型，项目申报单位为项目所属的地区公司。项目计划列入（图9－11）要明确项目信息录入单位，确定数据录入的时间范围及经济评价时间界限，明确后评价时间点。并在此基础上，授权项目所属二级单位系统操作权限见图9－12。

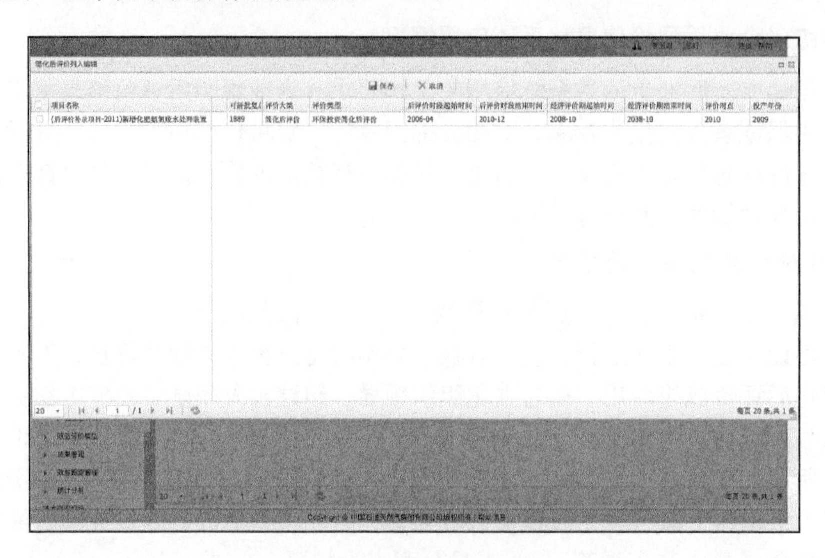

图9－11　炼化项目计划列入

中国石油投资项目一体化管理系统

业务管理平台

炼化规划储备项目库 | 项目前期管理 | 总体设计 | 初步设计 | 集团项目编码 | 专家库管理 | 人员资质 | 炼化报表 | 后评价 | 评价模型与指标体系管理 | 评价业务管理 | 计划管理 | 简化后评价 | 简化评价 | 企业自评价 | 独立后评价 | 效益评价模型 | 成果管理 | 效益跟踪管理 | 统计分析

评价大类：　省公司：　咨询单位：　提报单位：　收起
计划下达人员：　评价类型：　项目类型：　归类汇总项目：否
后评价项目名称：　下达单位：　后评价项目承担单位：　销售网络项目：否　查询
评价时点：　至　计划下达时间区间：　至　评价状态：　提交人：
项目名称：　二级单位：

简化后评价计划列入 | 企业自评价计划列入 | 独立后评价计划委托 | 归类汇总计划列入 | 提交审批 | 撤销审批 | 查看 | 授权查询
授权更新 | 授权信息 | 导出数据 | 后评价成员管理 | 返回待列入清单

项目名称	后评价项目名称	项目编码	项目性质	项目申请单位	后评价项目承担单位
(后评价补录项目-2011)新增化肥脱氮废水处理装置	新增化肥脱氮废水处理装置	L_0003GUW	新建	乌鲁木齐石化分公司	乌鲁木齐石化分公司化肥
(后评价补录项目-2011)热电厂双减系统隐患治理	热电厂双减系统隐患治理	L_0003GUR	改造	乌鲁木齐石化分公司	乌鲁木齐石化分公司热电
乌鲁木齐石化40万吨/年催化重整项目（2018后评...	乌鲁木齐石化40万吨/年催化重整项目（2018后评...	L_000543J	新建	乌鲁木齐石化分公司	规划总院
原油在线流量监测系统隐患治理	原油在线流量监测系统隐患治理	L_000RT9P	改造	乌鲁木齐石化分公司	乌鲁木齐石化分公司原料
炼油升级改造项目	炼油升级改造项目	L_0001KYE	扩建	乌鲁木齐石化分公司	乌鲁木齐石化分公司
公司引水项目改造（米东区DN1600管线）	公司引水项目改造（米东区DN1600管线）	L_000RN02	新建	乌鲁木齐石化分公司	乌鲁木齐石化分公司动力
电厂1、2号燃煤锅炉脱硫脱硝装置	电厂1、2号燃煤锅炉脱硫脱硝装置	L_000RN04	改造	乌鲁木齐石化分公司	乌鲁木齐石化分公司热电
炼油厂蜡油催化裂化装置烟气脱硝治理	炼油厂蜡油催化裂化装置烟气脱硝治理	L_000RN07	改造	乌鲁木齐石化分公司	乌鲁木齐石化分公司炼油
化肥厂二合成车间工艺气锅炉给水换热器（E41/S...	化肥厂二合成车间工艺气锅炉给水换热器（E41/S...	L_000RN05	改造	乌鲁木齐石化分公司	乌鲁木齐石化分公司化肥
热电厂三期扩建项目	热电厂三期扩建项目	L_000RHK9	扩建	乌鲁木齐石化分公司	乌鲁木齐石化分公司
乌石化氧化装置PTA母液的回收利用	乌石化氧化装置PTA母液的回收利用	L_0003WDX	改造	乌鲁木齐石化分公司	乌鲁木齐石化分公司化纤
化肥厂一合成装置4116板式换热器改造	化肥厂一合成装置4116板式换热器改造	L_0003WDY	改造	乌鲁木齐石化分公司	乌鲁木齐石化分公司化肥
动力厂供水系统及集水站单井线路隐患治理	动力厂供水系统及集水站单井线路隐患治理	L_0003WDZ	改造	乌鲁木齐石化分公司	乌鲁木齐石化分公司动力
2010后评价项目汇总	2010后评价项目汇总	L_0003WDG	改造	乌鲁木齐石化分公司	乌鲁木齐石化分公司
（后评价补录项目-2017）炼油厂80万吨/年蜡油...	炼油厂80万吨/年蜡油催化装置再生烟气治理	L_0002IUF	改造	乌鲁木齐石化分公司	乌鲁木齐石化分公司炼油

20　1　/7　每页 20 条,共 127 条

Copyright © 中国石油天然气集团有限公司版权所有 | 帮助信息

图9－12　下达炼化项目后评价任务给项目所属二级单位

本案例是某炼化企业环保治理项目简化后评价，由公司所属二级单位进行该项目的简化后评价工作。

二级单位后评价业务人员接到后评价计划后，按照对应的环保项目简化后评价模板，在信息系统中按业务管理平台—后评价—评价业务管理—简化后评价—简化评价的步骤打开简化后评价页面（图9－13），在要评价的项目前打钩选择该项目。在录入基础信息数据前，

首先要完成该项目各项业务设置，如地面系统建设内容等，然后按照简化后评价表单顺序，完成该项目在信息系统中的线上填报。

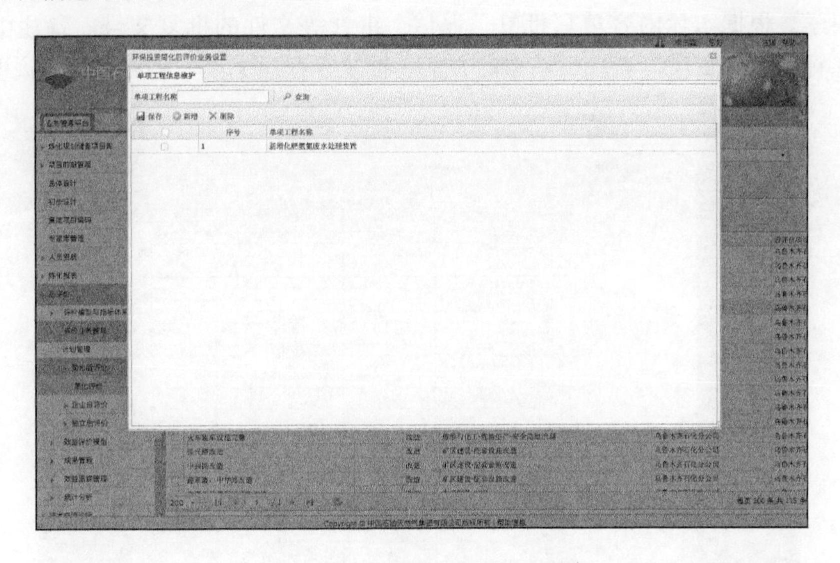

图 9－13　炼化项目业务设置

图 9－14 简化后评价表为项目概况表，业务人员根据项目实际情况填写该项目的项目名称、建设单位、建设地点、建设目的等，简要描述该项目的工程内容及规模。后评价业务人员接到后评价计划后，按照对应的安全项目简化后评价模板，应用项目后评价信息管理系统集中完成线上填报。对于单个项目的单项工程，需在系统中做业务设置，对项目进行特殊定义。

表1　项目概况表

序号	项目	内容		备注
1	项目名称	(后评价补录项目-2011)新增化肥氨氮废水处理装置		无
2	建设单位	乌石化公司		无
3	运行管理单位			无
4	建设地点			无
5	资金来源			无
6	项目性质	新建		无
7	建设起始时间			无
8	建设截止时间			无
9	建设背景	乌石化公司化肥厂工业废水无末端处理和应急设施，装置排废水只经过简单中和、沉降、调节后直接排放到乌石化污水库，同时三胺装置也依托化肥厂公用排污系统，随着装置运行时间长，设备老化带来的问题对环保的影响愈来愈多，另开展节水以来，化肥排水回用率大幅提高，相应排水污染物浓度也升高，在装置设备异常或开停工时，含氨氮、CODcr高浓度废水直排到乌石化污水库，造成外排废水超标，污染了环境；另为贯彻落实国家关于节水工作的要求，提高水资源综合利用率，股份公司在抚顺节水会议上提出了炼油化工"十五"节水要求，并下发了油化字[2001]229号文件。		无
10	后评价起始时间	2006-04-10		无
11	后评价截止时间	2010-12-31		无
12	单项工程	规模（万吨/年）	规模（吨/小时）	-
	新增化肥氨氮废水处理装置			-
13	批复估算（万元）			无
	批复概算（万元）			无
	决算投资（万元）	1906		无

图 9－14　炼化项目概况表的填报

图 9－15 为项目基本程序评价表，过程完整的判定标准是项目前期工作应归档报告、审查意见书、批复文件等过程资料是否齐全，程序合规的判定标准是各上报/批复时间是否按时间顺序发生。根据该项目立项依据是否合理、规范，技术方案、审查纪要、批复文件等资料是否齐全，各环节是否按时间顺序发生，技术方案是否科学，有无变更等按实际情况填写

入系统，填写时将可行性研究报告中对安全隐患及评价结论、安全管理规范要求、项目实施后效果预测等方面的分析进行说明，并与实际完成情况进行对比，评价项目立项依据是否充分、是否科学。根据实际内容填写批复、评估、审计等文件的批复文号。备注中填写了编制、承包、评价单位资质。若缺少基本的方案、批复等程序文件，将在备注中说明原因。

（后评价补录项目-2011）新增化肥氨氮废水处理装置-查看

业务设置　查看集成数据　同步数据　关闭

表1 项目概况表
表2 项目基本程序评价表
表3 项目综合指标对比表
表4 项目投产后至后评价时点
表5 项目综合评价

表1 项目概况表 ×　表2 项目基本程序评价表 ×

页面设置　打印预览　打印[客户端]　打印　输出　邮件

表2　项目基本程序评价表

序号	报告或文件类型/(项目)名称	完成/批复时间	编制/批复单位	上报/批复文号	备注
1	项目建议书批复	无	无	无	无
2	可行性研究报告编制	[illegible]	[illegible]	无	工咨甲
3	可行性研究报告评估	[illegible]	[illegible]	无	无
4	可行性研究报告批复	[illegible]	[illegible]	[illegible]	无
5	环境影响评价报告批复	无	无	无	无
6	职业病危害预评价报告批复	无	无	无	无
7	安全预评价报告及批复				
8	初步设计	[illegible]	[illegible]	无	无
9	初步设计批复	[illegible]	[illegible]	[illegible]	无
10	施工图设计	[illegible]	[illegible]	无	无
11	施工单位及设备材料采购等评标书	[illegible]	[illegible]	无	无
12	工程建设				
	新增化肥氨氮废水处理装置	[illegible]	[illegible]	无	无
13	工程监理	[illegible]	[illegible]	无	甲级资质
14	项目中交	[illegible]	[illegible]	无	无
15	联合调试运行	[illegible]	[illegible]	无	无
16	投产运行	[illegible]	[illegible]	无	无
17	生产标定	[illegible]	[illegible]	无	无
18	消防验收	无	无	无	无
19	安全验收	无	无	无	无
20	环保验收	无	无	无	无
21	项目档案验收	[illegible]	[illegible]	无	无
22	项目决算	[illegible]	[illegible]	无	无

图 9－15　炼化项目基本程序评价表截图

图 9－16 为项目综合指标对比表，针对项目的可研、初设和实际完成的项目总投资、设备购置费、安装工程费、建筑工程费等进行对比；对可研、初设和实际完成的主要污染物排放浓度、污染物脱除率、药剂的用量、资源回收率等主要技术指标进行对比，对运行成本、能耗、单位药剂量等经济指标进行对比。数据缺项需要在备注中说明原因。批复概算低于决算投资，批复概算与决算投资偏差超过 10% 的，在备注中说明原因。

（后评价补录项目-2011）新增化肥氨氮废水处理装置-编辑

业务设置　查看集成数据　同步数据　关闭

表1 项目概况表
表2 项目基本程序评价表
表3 项目综合指标对比表
表4 项目投产后至后评价时点
表5 项目综合评价

表3 项目综合指标对比表 ×

保存　FR-Designer_Export_Excel_Simple　导入[Excel]

表3　项目综合指标对比表

序号	评价指标	实施前值	可研	初设	实际完成	差异率(%)实际-可研	差异率(%)实际-初设	备注
一	项目规模	0				0.0%	0.0%	
1	新增化肥氨氮废水处理装置	0.0	[illegible]	[illegible]	[illegible]	0.0%	0.0%	无
二	项目总投资（万元）	—	[illegible]	[illegible]	[illegible]	[illegible]	0.0%	无
1	设备购置费（万元）	—	[illegible]	[illegible]	[illegible]	-100.0%	-100.0%	无
2	安装工程费（万元）	—	[illegible]	[illegible]	[illegible]	-100.0%	-100.0%	无
3	建筑工程费（万元）	—	[illegible]	[illegible]	[illegible]	-100.0%	-100.0%	无
4	其它费用（万元）	—	[illegible]	[illegible]	[illegible]	-100.0%	-100.0%	无
三	建设期（年）	0	[illegible]	[illegible]	[illegible]	[illegible]	[illegible]	无
四	设施服务期（年）	0	[illegible]	[illegible]	[illegible]	[illegible]	[illegible]	无
五	主要技术经济指标	—	—	—	—	—	—	—
1	污染治理效果指标	—	—	—	—	—	—	—
1.1	主要污染物排放浓度（毫克/升）	0.0	[illegible]	0.0	0.0	0.0%	0.0%	可研无此内容
1.2	主要污染物去除效率（%）	0.00	0.00	[illegible]	[illegible]	0.0%	0.0%	可研无此内容
1.3	主要污染物削减量（万吨/年）	0.0	[illegible]	0.0	0.0	0.0%	0.0%	可研无此内容
1.4	主要资源回收率（%）	0.00	0.00	[illegible]	[illegible]	0.0%	0.0%	可研无此内容
2	经济指标	—	—	—	—	—	—	—
2.1	运行成本费（元/吨）	0.0	[illegible]	[illegible]	[illegible]	-100.0%	0.0%	可研无此内容
(1)	单位能耗（元/吨）	0.0	[illegible]	[illegible]	[illegible]	-100.0%	0.0%	可研无此内容
(2)	单位水耗（元/吨）	0.0	[illegible]	[illegible]	[illegible]	-100.0%	0.0%	可研无此内容
(3)	单位药剂费（元/吨）	0.0	[illegible]	[illegible]	[illegible]	-100.0%	0.0%	可研无此内容
(4)	单位耗材费（元/吨）	0.0	[illegible]	[illegible]	[illegible]	-100.0%	0.0%	可研无此内容

图 9－16　炼化项目综合指标对比表截图

图 9－17 为项目投产后至后评价时点经济技术指标对比表，对可研及实际运行的实际处理量、污染物排放浓度、污染物去除率、药剂减量、运行成本、能耗、资源回收比例、水环境质量效果等指标分别加以对比，评价预期目标的实现程度。

表4 项目投产后至后评价时点主要技术经济指标对比表

序号	指标名称	初设值/考核值	可研预测		实际运行		可研正常年	预测正常年	差异原因
			2009	2010	2009	2010			
1	实际处理量	[illegible]	[illegible]	[illegible]	[illegible]	[illegible]	[illegible]	[illegible]	无
2	主要污染物排放浓度（毫克/升）	0	[illegible]	[illegible]	[illegible]	[illegible]	[illegible]	[illegible]	可研无此内容
3	主要污染物去除效率（%）	0	[illegible]	[illegible]	[illegible]	[illegible]	[illegible]	[illegible]	可研无此内容
4	主要污染物削减量（万吨/年）	0	[illegible]	[illegible]	[illegible]	[illegible]	[illegible]	[illegible]	可研无此内容
5	运行成本费（万吨/年）	0	[illegible]	[illegible]	[illegible]	[illegible]	[illegible]	[illegible]	可研无此内容
6	能耗（万吨/年）	[illegible]	[illegible]	[illegible]	[illegible]	[illegible]	[illegible]	[illegible]	可研无此内容
7	水耗（万吨/年）	0	[illegible]	[illegible]	[illegible]	[illegible]	[illegible]	[illegible]	可研无此内容
8	药剂费（万吨/年）	0	[illegible]	[illegible]	[illegible]	[illegible]	[illegible]	[illegible]	可研无此内容
9	耗材费（万吨/年）	0	[illegible]	[illegible]	[illegible]	[illegible]	[illegible]	[illegible]	可研无此内容
10	维修费（万吨/年）	0	[illegible]	[illegible]	[illegible]	[illegible]	[illegible]	[illegible]	可研无此内容
11	资源回收效益（万吨/年）	0	[illegible]	[illegible]	[illegible]	[illegible]	[illegible]	[illegible]	可研无此内容
12	资源回收比例（%）	0	[illegible]	[illegible]	[illegible]	[illegible]	[illegible]	[illegible]	可研无此内容
13	缴纳排污费（万元/年）	0	[illegible]	[illegible]	[illegible]	[illegible]	[illegible]	[illegible]	可研无此内容
14	水环境质量标准（级）	[illegible]	[illegible]	[illegible]	[illegible]	[illegible]	[illegible]	[illegible]	无
15	大气环境质量标准（级）	0	0.0	0.0	[illegible]	[illegible]	[illegible]	[illegible]	可研无此内容
16	噪声质量标准（级）	[illegible]	[illegible]	[illegible]	[illegible]	[illegible]	[illegible]	[illegible]	无

图 9 – 17　炼化项目投产后至后评价时点经济技术指标对比表截图

图 9 – 18 为项目综合评价表，分别对项目的立项依据、工程方案、前期工作、建设实施、生产运行、投资及效益、影响与持续性等方面进行评价，得出项目的总体评价结论。对项目的主要经验和教训进行总结、对存在的问题提出对策建议。其中经验和教训填写的是项目已经发生了的、该项目无法改变的，但是其他同类项目可以借鉴经验或吸取教训；存在的问题是该项目目前存在的通过解决方案可以弥补的问题；对策建议填写的是针对主要教训提出的推荐做法和针对存在的问题提出的解决方案。

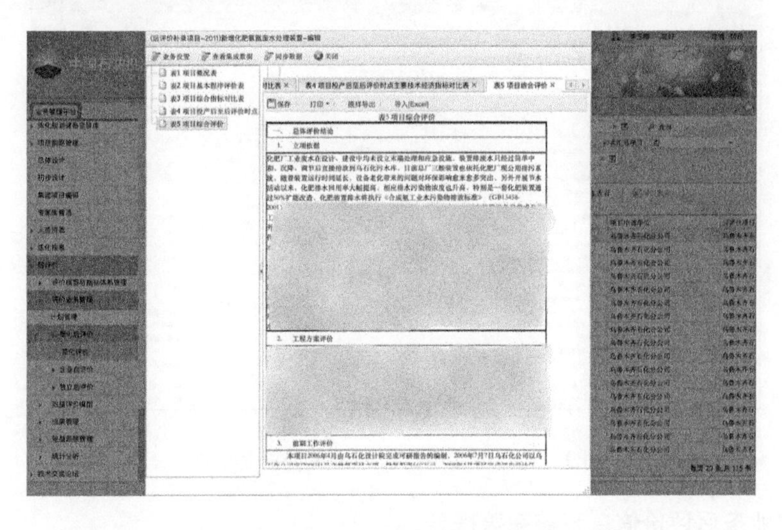

图 9 – 18　炼化项目综合评价

该项目的简化后评价数据采集表填报完成后，要通过后评价信息系统的附件管理模块（图 9 – 19），将完成的表、评价依据的文件及基础资料等一同上传至后评价信息系统保存，待完成审核后最终上传至信息系统备案。

简化后评价完成数据核准确认无误后，在系统中选择同意，项目审核通过，项目的简化后评价工作完成（图 9 – 20），按级别分别对简化后评价表中的数据及相关结论进行核准，提出修改完善意见，并反馈相关数据填报部门。待项目后评价所有表格中的数据资料及相关

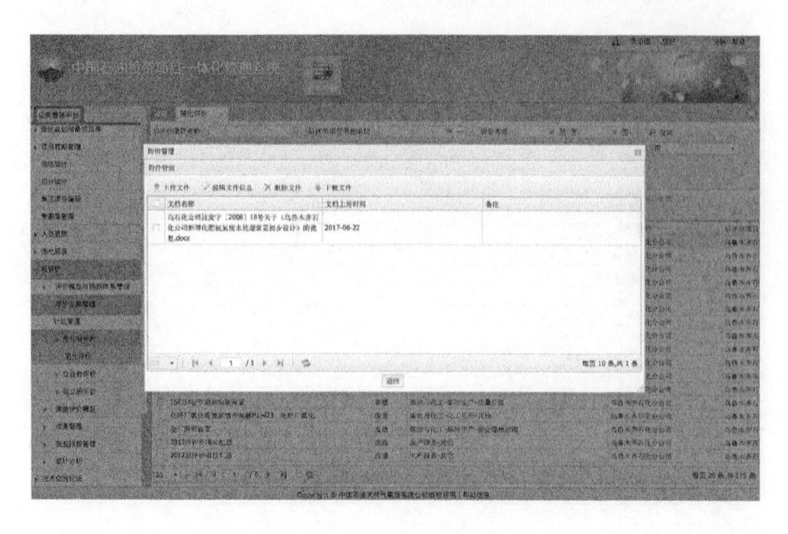

图 9－19　炼化项目后评价附件上传

结论修改完善，并最终经公司后评价业务主管部门审核确认后，地区公司业务管理人员在系统中选择同意，该项目即审核通过，上传至后评价信息系统数据库。审核通过后地区公司不能对相关数据进行操作，经后评价主管部门同意解除数据锁定，要求地区公司重新填报后，方可进行修改完善。

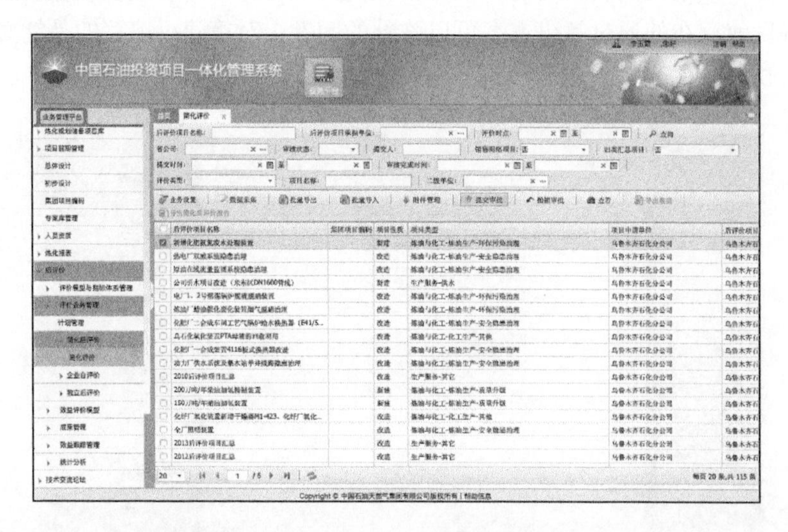

图 9－20　炼化项目后评价数据提交审批

三、炼化业务后评价信息系统完善提升

根据企业该项目简化后评价过程及系统的相关操作，认为后评价信息系统有利于提高简化后评价的效率，项目管理部门掌握项目评价动态及进度，实现数据信息的共享及其积累。当各地区公司将所有历史后评价项目信息补录完毕，形成一个具有丰富数据信息资源数据库后，对于各项业务投资等的趋势分析具有重要的支撑作用。在系统的实际应用中，存在如下需完善提升之处：

（1）系统界面需进一步改进。系统界面设计不够，操作不方便，需要进一步优化。

（2）数据挖掘、分析功能需进一步完善。应加大对数据库的建立、数理统计模型分析、基础研究和行业基准研究工作，对数据的获取和筛选需要简便和优化，有效发挥信息系统对数据的挖掘，为横向对比分析提供基础数据，有助于开展基础研究和进行最佳实践的总结，避免其成为信息封闭港。

第三节　管道板块应用实例

以中国石油某管道公司安全隐患治理项目简化后评价为例，简要介绍管道后评价信息系统应用及工作开展情况。

该公司下属处级企业及油气管道分布在全国14个省市自治区，是我国成立最早的油气输送、销售和建设管理功能一体化的管道运输企业，直接运营长距离、高压力、大口径输油气管道，原油管道周转量占中国石油国内原油总量60%以上，是国家能源安全和民生能源供应主要践行主体之一，担负中国石油赋予的经济责任、政治责任和社会责任。

一、管道项目后评价简介

油气管道工程是石油、天然气生产过程中的重要环节，是石油工业的动脉。石油和天然气从地下开采出来以后，经过预加工处理后通过管道输送到目的地。油气运输管道按地域可以分为两类，一类是陆上管道，另一类是海底管道；按输送介质来分，主要有原油管道、成品油管道、天然气管道、煤气层管道、LNG管道和LPG管道等类型。油气管道工程一般包括输油（气）站场、管道线路、管道穿（跨）越及辅助生产设施等内容。管道项目作为投资项目的一种类型，后评价工作具有投资项目后评价工作的一般性要求，即对已竣工投产并经过一段时间生产运行的油气管道项目，就前期论证决策、设计施工、竣工投产以及生产运营等全过程和项目目标、效益、影响及持续性，进行客观、系统的综合分析与评价，全面总结项目管理经验，实现投资项目全过程闭环管理。但同时，管道后评价在时点选择、评价范围和内容等方面均有自己的特点，而且输送不同介质管道项目的评价内容和重点也不同。

1. 油气管道项目的特点

（1）点多、面广，多为跨流域、跨地区项目。

与石油化工项目不同，油气管道项目属于线性工程项目，一般规模大、线路长、覆盖面广、沿途地形地貌复杂多样，是一项跨流域、跨地区、跨行业、上中下游一体化的系统工程，支干线分输站点及各类阀室较多，建设环节多、难度大、标准高，涉及社会、环境敏感点较多，牵扯部门和环节也比较多。

（2）具有较大安全、环保优势的基础设施项目。

油气管道项目属于基础设施项目，油气管道运营均采用密闭输送工艺，与铁路、水路、公路运输相比，不仅大大提高了油品输送的安全性、可靠性，减少了油品损耗和跑冒滴漏，管道建设和运行对沿线的自然生态环境影响较小，而且运输成本较铁路、公路运输大大降低，被公认为最为环保、安全、经济的油品输送方式。

（3）是连接上、下游的能源战略通道。

油气管道作为连接上游资源与下游市场的桥梁与纽带，是整个油气生产利用体系中必不可少的环节，具有举足轻重的作用。特别是近几年来，随着我国国民经济迅速发展，国内油气资源日益紧张，我国油气管道建设工程已经延伸到境外，能源通道的建设使得油气管道项目更具有国际性的战略意义。

（4）工程规模大、配套设施多。

油气管道项目建设的同时，为保证油品顺畅供应，往往配套建设储油（气）库、油气装卸码头、铁路接收站台等附属配套工程，整体工程量十分庞大。

（5）不确定因素较多，投资风险大。

油气管道项目除受资源、市场的影响外，受外部环境、国家政策影响也较大。油气管道项目为线性项目，在建设过程中需大量征用土地，受不同利益群体制约较大，而且管道的收益与国家相关政策的调整密切相关。

2. 管道项目后评价的特点

鉴于管道项目自身特点，其后评价与其他类型项目后评价相比存在着一定差异，其主要特点如下：

（1）管道负荷率评价。

油气管道作为连接上游资源与下游市场的桥梁与纽带，由于资源与市场两头在外，资源落实、市场开发情况均对管道负荷率产生直接影响，因此对管道项目这一核心指标的评价不仅要立足于决策阶段的背景、资源的组织、市场开发情况，还要对管道工程建设水平等因素进行系统分析评价。

（2）建设工期的评价。

油气管道项目属于线性工程项目，是一项跨流域、跨地区、跨行业、上中下游一体化的系统工程，涉及社会、环境敏感点较多，管道建设需要协调部门和环节较多，对管道建设工期合理性评价需要考虑的综合因素较多，很难给予合理的评价。

（3）结论的指导性要强。

油气管道按照输送介质不同分为不同类型，其评价的内容均有所不同。因此对不同类型管道均需系统的总结评价，形成科学的指导建议，为同类型管道建设提供借鉴。

二、某管道企业后评价信息系统应用情况

公司按照相关要求，应用后评价信息管理系统完成了后评价项目信息的录入，利用系统开展相关项目评价工作。根据系统应用情况，提出针对性改进意见，对系统功能提升具有重要的参考借鉴意义。

1. 后评价信息系统应用情况

公司按照集团后评价工作总体安排，围绕“总结最佳实践、服务投资决策”的工作定位，坚持问题导向，进一步突出前期决策、建设运营、投资效益等方面的评价，不断探索开展专项评价，深化后评价成果应用。通过强化组织领导、组建过硬团队、落实工作责任、充分论证研究、加强过程管控等方式，全面提高项目后评价工作水平。按后评价系统正式启用的通知要求，向其所属各单位下发需要填报的“后评价用户信息收集表”和“后评价管理工作流收集模板”等内容。公司所属单位共上报各级系统操作人员名单，公司主管后评价的业务部门依据上报的系统操作人员角色（录入和审批等），为所有人员分单位配置了 4 级审批权限表。公司将配置好的人员权限表提交后评价信息系统项目组进行权限配置。

公司全程参与投资项目后评价信息系统的全面设计、方案设计、数据表单梳理、数据采集识别等全过程，已组织各单位完成存量信息的补录工作，下属二级单位全部建立后评价上报和审查工作流程。自后评价补录通知下发起，公司按要求积极开展此项工作，对已完成的后评价项目进行梳理，对数据进行校核，已指导各单位完成 2011—2017 年项目后评价数据的补录300余项。在组织补录数据时，后评价主要处室相关业务人员首先熟悉系统，并编写了简要的操作说明。针对各单位在后评价信息系统操作过程中出现的问题，公司规划计划处及时与系统维护人员联系并反馈相关问题，邀请赴公司开展针对性的系统培训交流。通过充分的交流，有力推进后评价信息系统的应用，为系统的完善升级奠定坚实基础。

根据中国石油项目后评价工作通知要求，结合公司近两年的投资计划及实施计划，认真分析近两年投资项目实施情况，以文件形式下发了投资项目简化后评价工作的通知，对开展年度简化后评价的项目范围、评价参数、填报模板、进度时点等进行了明确要求。简化后评价工作涉及几乎所有二级单位（项目组）和公司机关部门，明确要求各单位计划科作为项目后评价工作的协调科室，有关单位落实主管领导、具体工作联系人，确保后评价工作顺利有效开展；并进一步明确简化后评价报告编制主体、审批流程及专业部门审查主体。后评价主管部门负责组织指导项目后评价工作，复审所有项目简化后评价报告，并汇总完成公司项目后评价分析报告，经公司审查通过后上报。

2. 管道项目后评价信息系统应用案例

按照管道项目通过信息系统评价的操作流程，系统规范地开展了该项目的系统评价。按照要求，在利用信息系统评价一个项目前，首先要在信息系统中完成项目的立项，即在信息系统中对该项目进行合法身份的确认。后评价信息系统是投资项目一体化管理系统的一个模块，按照可研设计，只有某项目在前期编制了可行性研究报告，并上报总部审批或备案，同时下达投资计划，该项目的相关信息才会按照一体化设计实现该项目基础信息自动导入后评价信息系统。对于新立项目已经实现了上述功能，对于历史项目，该项功能还在完善中。作为本次后评价信息系统操作案例的该项目属于历史项目，因此需要在系统中由系统管理员为该项目立项，就是给该项目一个合法身份。

在后评价信息系统项目组的授权下，由公司后评价主管部门在后评价信息管理系统中填写该项目名称、项目编号、项目性质和项目申报单位，所属二级单位、后评价及经济评价时间范围。项目名称要与上报可研的项目名称一致，项目编号按照统一的项目编号执行，项目性质指项目类型，项目申报单位为项目所属的地区公司。项目计划列入（图9-21）要明确项目信息录入单位，确定数据录入的时间范围及经济评价时间界限，明确后评价时间点。并在此基础上，授权项目所属二级单位系统操作权限（图9-22）。

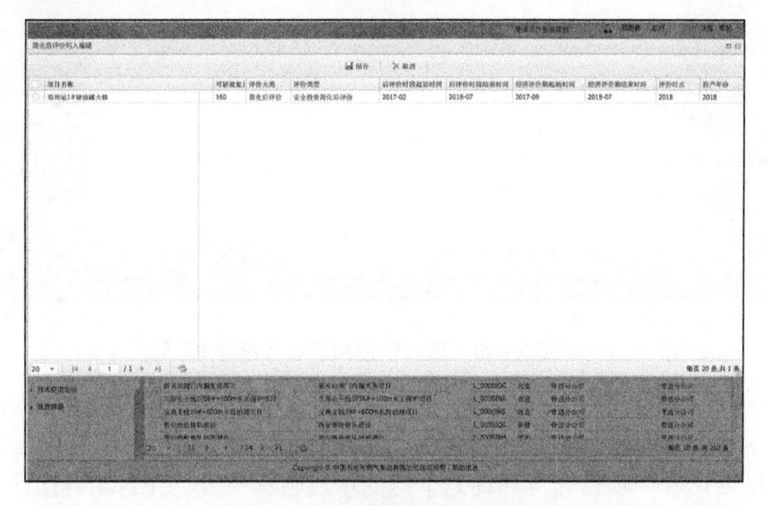

图9-21　管道项目计划列入

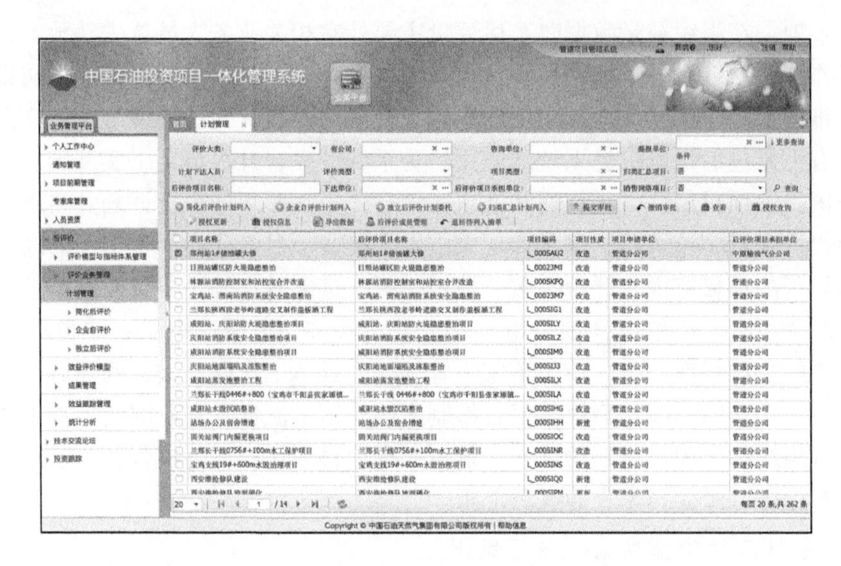

图 9－22　下达管道项目后评价任务给项目所属二级单位

根据后评价工作要求，筛选投产运行满一年的批复可研项目或施工方案和内容相对复杂的更新改造与大修项目，本案例是位于河南某市的管道安全简化后评价，主要建筑物包括执勤楼、训练场、消防训练塔，配套水电暖工程及围墙道路工程等。

二级单位后评价业务人员接到后评价计划后，按照对应的管道项目简化后评价模板，在信息系统中按业务管理平台—后评价—评价业务管理—简化后评价—简化评价的步骤打开简化后评价页面（图 9－23），在要评价的项目前打钩选择该项目。在录入基础信息数据前，首先要完成该项目各项业务设置，如地面系统建设内容等，然后按照简化后评价表单顺序，完成该项目在信息系统中的线上填报。

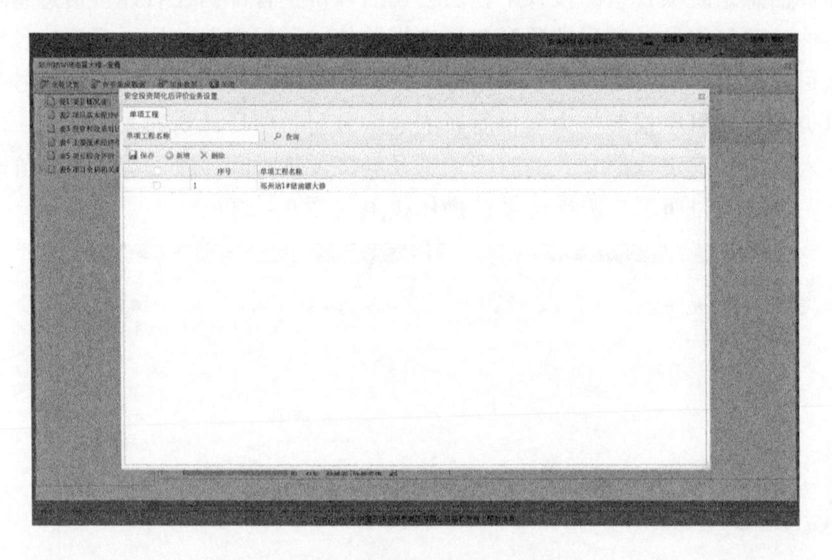

图 9－23　进行管道项目业务设置

管道项目简化后评价表包括 5 个基础数据录入表。图 9－24 为项目概况表。业务人员根据项目实际情况填写项目建设单位、建设地点、建设目的等，对该项目的工程内容及规模进行简要描述。图 9－24 中项目名称和计划下达的项目名称一致，并自动链接计划下达的项目名称；项目类型、建设单位、建设地点和资金来源等根据系统后台数据相关内容的维护，在下拉列表框中选择，其他内容根据项目实际情况填报。

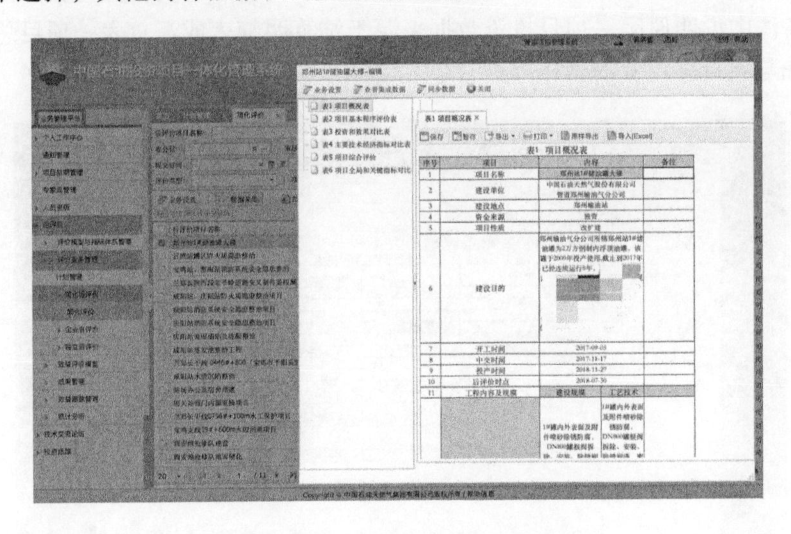

表1 项目概况表

序号	项目	内容		备注
1	项目名称	郑州站1#储油罐大修		
2	建设单位	中国石油天然气股份有限公司管道郑州输油气分公司		
3	建设地点	郑州输油站		
4	资金来源	独资		
5	项目性质	改扩建		
6	建设目的	郑州输油气分公司所辖郑州站1#储油罐为2万方钢制内浮顶油罐，该罐于2008年投产使用，截止到2017年已经连续运行9年。		
7	开工时间	2017-09-03		
8	中交时间	2017-11-17		
9	投产时间	2018-11-27		
10	后评价时点	2018-07-30		
11	工程内容及规模	建设规模	工艺技术	
		1#罐内外表面及附件喷砂除锈防腐，DN800罐根阀拆除、安装、[illegible]	1#罐内外表面及附件喷砂除锈防腐，DN800罐根阀拆除、安装、[illegible]	

图9－24　管道项目概况表截图

二级单位业务人员接到后评价计划后，按照对应的安全项目简化后评价模板，应用项目后评价信息管理系统集中完成线上填报。对于单个项目的单项工程，需在系统中做业务设置，对项目进行特殊定义。

图9－25为项目基本程序评价表。过程完整的判定标准是项目前期工作应归档报告、审查意见书、批复文件等过程资料是否齐全，程序合规的判定标准是各上报/批复时间是否按时间顺序发生。根据该项目立项依据是否合理、规范，技术方案、审查纪要、批复文件等资料是否齐全，各环节是否按时间顺序发生，技术方案是否科学，有无变更等按实际情况填写入系统，填写时将可行性研究报告中对安全隐患及评价结论、安全管理规范要求、项目实施后效果预测等方面的分析进行说明，并与实际完成情况进行对比，评价项目立项依据是否充分、是否科学。根据实际内容填写批复、评估、审计等文件的批复文号。备注中填写了编制、承包、评价单位资质。若缺少基本的方案、批复等程序文件，将在备注中说明原因。

表2 项目基本程序评价表

序号	报告或文件类型/项目名称	批复时间	批复单位	批复文号	备注
1	项目建议书批复	2017-02-29			
2	可行性研究报告编制	2018-11-27	无		无
3	环境影响评价报告批复	2018-11-27	无	无	无
4	安全预评价报告及批复	2018-11-27	无	无	无
5	职业病危害预评价报告批复	2018-11-27	无	无	无
6	可行性研究报告评估	2018-11-27	无	无	无
7	可行性研究报告批复	2018-11-27	无	无	无
8	初步设计	2018-11-27	无	无	无
9	初步设计批复	2018-11-27	无	无	无
10	开工报告批复	2017-09-05		无	
11	开工建设	2017-09-05			
12	中间交接	2018-11-27	无	无	无
13	试运行	2018-11-27	无	无	无
14	消防验收	2018-11-27	无	无	无
15	投产运行	2018-11-27		无	
16	考核标定	2018-11-27	无	无	无
17	安全设施验收	2018-11-27	无	无	无
18	环境保护验收	2018-11-27	无	无	无
19	职业病防护设施验收	2018-11-27	无	无	无
20	项目档案验收	2017-12-30		无	
21	竣工决算审计	2018-11-27	无	无	无
22	竣工验收	2017-11-17		无	

图9－25　管道项目基本程序评价表截图

图9－26为投资效果对比表。根据项目的实际投资数据准确填写，保留小数点后两位，数据缺项需要在备注中说明原因。批复概算低于决算投资，或批复概算与决算投资偏差超过10%的，在备注中说明原因。项目投资数据来源于结算明细表或汇总表，项目总投资分项填报的数据总和与项目总投资的值相等。

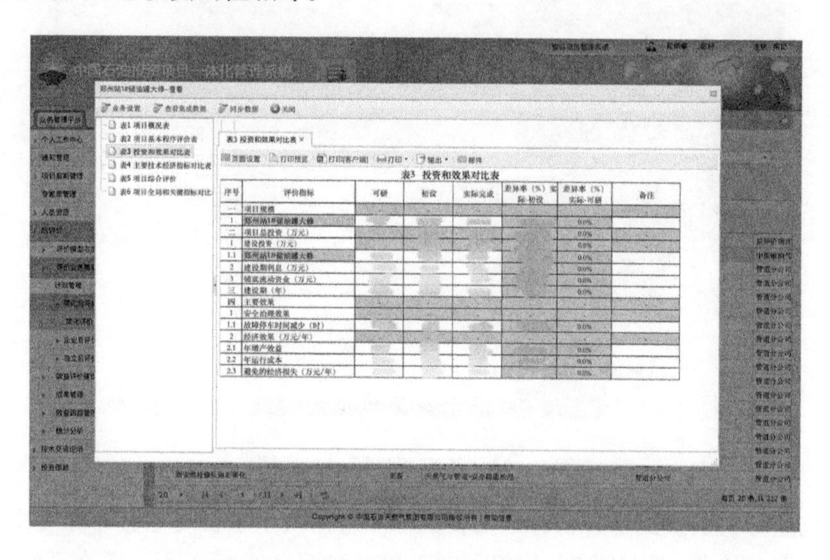

图9－26　管道项目投资效果对比表截图

图9－27为主要经济技术指标对比表。从保障设施的有效运行角度，对资源条件实际配备情况和运行管理等方面的有效性进行评价；从设施维护、运行负荷、稳定性、故障率、非计划停输等情况对设备运行效果进行评价。项目中设施维护、运行负荷、稳定性、故障率、非计划停输情况，能耗指标、直接运行成本和维护维修费情况详细记录于表中。

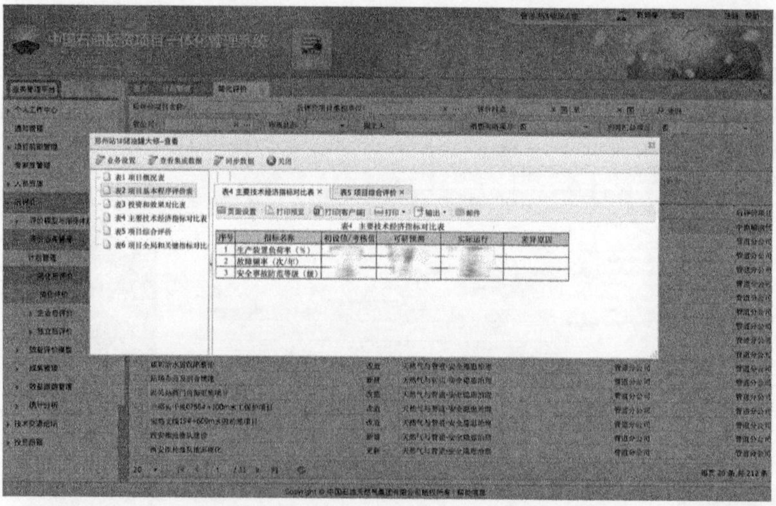

图9－27　管道项目主要经济技术指标表截图

图9－28为项目综合评价，其中主要经验和教训填写的是项目中已经发生了的、该项目无法改变的，但是其他同类项目可以借鉴经验或吸取教训的情况；存在的问题填写的是该项目目前存在的通过解决方案可以弥补的问题；对策建议填写的是针对主要教训提出的推荐做

法和针对存在的问题提出的解决方案。投资和经济效益评价注重对投资控制偏差的量化描述和原因分析。对项目描述具体，能够体现项目自身特点。

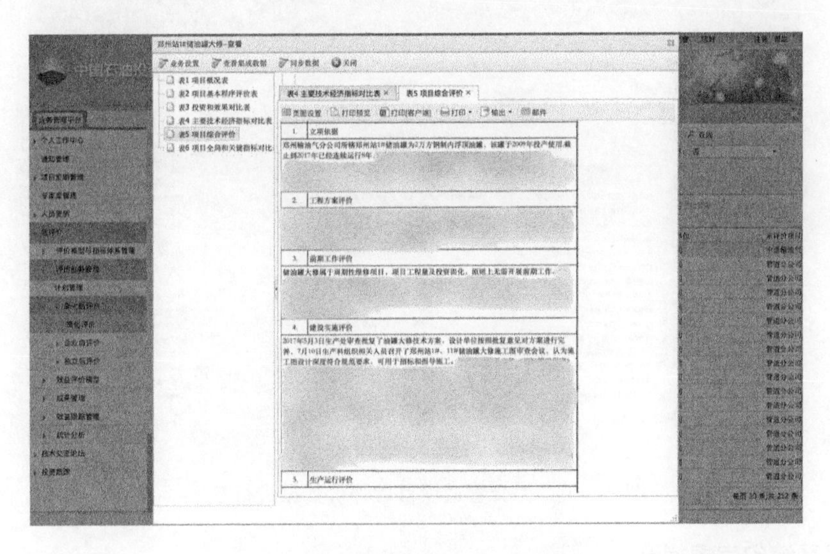

图 9－28　管道项目综合评价表截图

该项目的简化后评价标准数据采集表填报完成后，要通过后评价信息系统的附件管理模块（图 9－29），将完成的表、评价依据的文件及基础资料等一同上传至后评价信息系统保存，待完成审核后最终上传至信息系统备案。

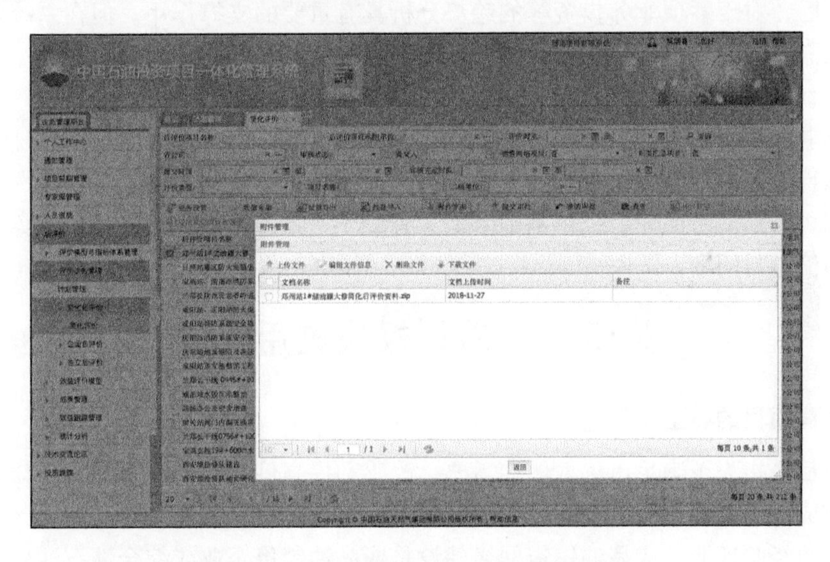

图 9－29　上传管道项目文件进行附件管理

该项目在信息系统完成评价后，按照信息系统设计的审批流程（图 9－30），按级别分别对简化后评价表中的数据及相关结论进行核准，提出修改完善意见，并反馈相关数据填报部门。待项目后评价所有表格中的数据资料及相关结论修改完善，并最终经公司后评价业务主管部门审核确认后，地区公司业务管理人员在系统中选择同意，该项目即审核通过，上传至后评价信息系统数据库。审核通过后地区公司无权对相关数据进行操作，经后评价业务主管部门同意解除数据锁定，要求地区公司重新填报后，方可进行修改完善。

图 9－30　提交管道项目后评价数据进行核准

三、对系统的完善提升

根据公司该项目实际简化后评价过程及系统的相关操作，认为后评价信息系统有利于提高简化后评价的效率，项目管理部门掌握项目评价动态及进度，实现数据信息等的有效积累，尤其是当各地区公司将所有历史后评价项目信息补录完毕，形成一个具有丰富数据信息资源数据库后，对于各项业务投资等的趋势分析具有重要的支撑作用。但在系统的实际应用中，也存在需要通过优化完善解决的问题。

（1）系统界面需进一步的改进。系统界面设计不够，操作不方便，需要进一步优化。

（2）数据挖掘、分析功能需进一步完善。应加大对数据库的建立、数理统计模型分析、基础研究和行业基准研究工作，对数据的获取和筛选需要简便和优化，有效发挥信息系统对数据的挖掘，为横向对比分析提供基础数据，有助于开展基础研究和进行最佳实践的总结，避免其成为信息封闭港。

第四节　销售板块应用实例

一、销售项目的类型与特点

销售项目是指为了满足市场发展的需要，改善和提高炼油产品销售能力，新增成品油销售设备设施或对原有设备设施进行改扩建、技术改造的投资项目。

国内外的经验证明，成品油销售网络建设是成品油销售企业或综合性石油公司增加核心竞争力和可持续发展的“生命线”工程，不仅是销售企业的生存之本，也是企业长远发展的黄金终端。销售业务作为公司产业价值链的最终环节，是公司实现收入、增加价值的重要渠道，也是发挥上下游、产销一体化优势的市场基础，对于保持综合性石油公司产销平衡、提高抵御风险能力、实现整体效益最大化具有重要作用。做大做好销售，是实现中国石油发展战略目标的必然要求，也是销售业务生存与发展的必然选择。成品油销售网络的科学布局、高效配送、规范管理、有效营销对于上下游一体化的综合性石油公司具有重要的战略价值，是提高石油公司市场控制能力、竞争能力和盈利能力的关键。

销售网络项目按照项目总体功能及技术性质，分为成品油销售网络建设项目、加油站项目和油库项目。

1. 成品油销售网络项目特点

成品油销售网络通常是指销售企业在某一地区范围内由若干加油站和油库构成的成品油销售系统，具有明显的网络性和系统性。油库和加油站通常按照“以库带站，以站辅库”的形式分布和布局，有助于克服单个加油站独立经营的局限性，可以将众多加油站组成一个营销网络，相互关联，提升对成品油市场的控制力，发挥整体优势，实现经营效益最大化。

销售网络科学布局的最基本的特点是通过单站的高质量布局，实现高质量的零售网络优化。成品油零售网络的建设应与区域经济发展水平保持协调、同步。在综合分析区域内机动车辆增长、道路往来车流量、车辆加油需求与网点规模需求之间的关系，以加油站基本销量、位置销量、经营销量及预期收益等位主要参考因素，统筹考虑现实需要和未来发展需要，与所在市场区位、经济规模相匹配，与地区基础设施完善、长期规划相适应，避免重复投资，促进成品油零售行业与经济社会全面协调发展。

成品油销售网络投资项目是指同期规划和实施的由若干加油站项目与油库项目构成的销售网络系统，往往对应投资主体的一个或多个年度投资计划，是对一批加油站及油库项目进行整体投资，投资目的主要是进一步完善区域销售网络布局和优化网络结构。销售网络项目投资与单个工程投资相比，具有批量投资、逐个投运的特点，而且新增站库投入运营后，将与已有加油站和油库组成一个系统的销售网络，新增库站投资效益在产生增量效益的同时，也将对销售网络的总量效益产生影响。

2. 加油站项目特点

加油站是指为汽车油箱充装汽油、柴油的专门场所，是投资主体成品油销售网络的终端，是成品油零售网点。加油站项目具有点多、面广、单体项目投资小、土地费用占项目投资比例大、类型多、性质杂等特点。与油库项目相比较，加油站项目具有点多面广、单位投资较小、占地面积小、储罐容积小、依托条件及配套要求标准简单、工艺较为简单、建设内容较少等特点。

加油站项目既可单个立项，也有一批多个同时立项，但都应在市场调研的基础上开展可行性研究和按照投资规模和分级管理要求进行相应的论证评审。市场调研是指拟开发加油站及商圈情况的调研，包括加油站的基本情况、市场容量的大小、市场需求增长率、消费者结构和竞争状态等情况调研。

3. 油库项目特点

油库是指用来接收、储存和发放油品的企业和单位，是销售企业成品油销售网络的重要节点，是协调石油公司成品油生产、原油加工、成品油供应及运输的纽带，是成品油储备和供应的基地，对保障区域经济发展和国防具有重要意义。成品油油库项目是指投资新收购、改扩建或租赁现成成品油油库或投资新建成品油油库的项目。

二、销售项目后评价范围及内容

1. 销售网络投资项目后评价

销售网络投资项目后评价主要是指对一个年度或几个年度销售企业网络投资计划实施情况进行整体后评价，一般是上级主管部门对下级销售公司一段时期内销售网络投资计划及项目的实施效率、效果和效益情况的进行总体评价，对销售网络开发建设项目的投资目的、投资方向、实施过程、实施结果，以及产生的效益和影响所进行的系统、客观地分析，通过对比，判定投资项目的目标实现程度，找出差距、分析原因，及时总结经验、吸取教训、得到启示，通过信息反馈，推广最佳实践，改进投资管理和决策水平。

销售网络投资项目后评价的范围，即后评价的对象，一般是指一段时期内（一个年度或几个年度）销售企业的投资计划及其涉及的若干个新增加油站和油库项目。开展销售网络投资项目后评价的第一步，就是要梳理评价时段或年度的网络开发投资计划和调整计划，明确后评价范围。后评价的对象主要是投资计划所包含的若干新增加油站和油库项目。

由于销售公司一段时期内（一个年度或几个年度）的投资计划所涉及的新增加油站和油库项目数量多少不一，往往需要规范和确定典型项目的数量，并通过解剖典型项目的方式，对后评价相关内容进行评价。

2. *加油站项目后评价*

加油站项目后评价是指对单个或若干个加油站项目进行后评价。对项目投资目的、实施过程、实施结果，以及产生的效益和影响所进行的系统、客观地分析，通过与立项决策确定的目标和技术经济指标的进行对比，判定加油站项目的目标实现程度，找出差距、分析原因，及时总结经验、吸取教训、得到启示，通过信息反馈，改进投资管理和决策水平。

所有投运一年的加油站项目应以项目建设运营单位为主体进行简化后评价。单个加油站项目的详细后评价更适合销售企业自我组织开展的后评价，通过深入分析具体加油站的实施过程、实施效果，以及对销售公司效益和销售能力的增量贡献，总结加油站项目开发建设的经验教训，为未来加油站项目的开发建设和改造提供借鉴。若干个同类型加油站项目“打捆”进行后评价，既适合自上而下由上级主管部门组织开展的后评价，也适合销售企业自我组织开展的后评价，可以在管理层面或更高层次上总结带有共性、规律性、趋势性的经验教训，为改进投资决策和项目管理服务。

3. *成品油油库项目后评价*

成品油油库项目后评价是指油库项目的建设目的、实施过程、实施结果，以及产生的效益和影响所进行的系统、客观的分析，通过与立项决策确定的目标和技术经济指标进行对比，判定油库项目的目标实现程度，找出差距、分析原因，及时总结经验、吸取教训、得到启示，通过信息反馈，改进提高项目投资决策、管理和运营水平。

成品油油库项目建设内容相对复杂、配套条件要求高、影响因素多、建设周期长，项目一般既包括库内工程，也包括库外工程，既是典型的工程项目，又具有销售网络的系统性特征，其布局和功能是否合理对销售企业的综合运营成本、效率和效益有较大影响。

所有投运一年的油库项目应以项目建设运营单位为主体进行简化后评价。单个油库项目的详细后评价既适合自上而下由上级主管部门组织开展的后评价，也适合销售公自我组织开展的后评价。通过深入分析具体油库项目的立项目的、实施过程、实施效果，以及对销售公司降低运营成本和增加销售能力的贡献，总结油库项目建设的经验教训，为未来新建和改造油库项目提供借鉴。

三、销售板块公司后评价工作情况

销售板块的各家公司都运用后评价信息系统开展后评价工作，录入多项简化后评价项目，并严格按照《后评价管理办法》，做到真干实干、加强协调、严格验收，建立了一套适用于其单位自己的后评价体系，以下以四川销售为例进行介绍。

1．*公司基本情况*

中国石油某销售分公司主要从事成品油批发和零售业务，以及便利店、润滑油、天然气、广告和化工产品等非油品销售业务，是该辖区成品油市场的主渠道供应服务商。近年来，公司围绕规划，坚持“有质量、有效益、可持续”的发展方针，持续完善企业治理体系，不断加快信息化建设步伐、提高精细化管理水平，全面提升资源保障能力和风险防控能力，努力确保安全环保与质量计量受控运行，保持了平稳较快发展的良好势头。

2．*后评价信息系统的应用情况*

2015 年，中国石油规划计划部下达了《关于开展投资项目评价管理系统试点实施工作的通知》及《中国石油投资项目评价管理系统实施方案》，该公司作为试点单位参与了上线准备工作，进行了初始化资料的收集、整理和确认，对系统有了初步的认识。

2016 年，中国石油规划计划部再次下达了《后评价管理系统推广实施工作的通知》，组织开展推广单位集中实施工作。该公司将信息录入节点延伸到二级公司，收集填报了各二级公司共计 75 名用户的权限信息、审批信息。

2017 年中国石油规划计划部下达《存量项目信息化录入工作的通知》，公司认真落实文件精神，统筹安排部署存量项目录入工作。

（1）传达贯彻到位。公司接到补录相关通知后，建立工作群组，对补录要求、工作计划逐一传达，重点强调时间节点，确保把此项工作的重要性、必要性和紧迫性传达到各地市分公司。

（2）组织安排到位。考虑到存量项目补录的特殊性，结合工作实际，以“资料完整、数据准确”为原则，分解任务目标，明确工作责任，细化实施步骤，倒排工作日程，落实具体工作人员，合理制订了“分批次、分阶段”的补录计划：按照每个月完成跨度 5 个年度简化项目补录的节奏推进补录工作；公司提前一周完成补录项目梳理、计划对接并下达工作任务，各二级公司负责 4 周内完成下达项目的录入、审批工作。

（3）培训指导到位。为确保补录工作的顺利开展，公司成立了培训小组在网上建立交流群，对重点操作流程进行归纳总结，制作简洁明晰的培训课件，重点对系统界面、操作要领进行解释说明，促进系统录入操作性和正确率，提高补录工作效率，并负责步骤指引、课件答疑、问题跟踪等，帮助操作人员快速上手，为系统补录提供了有力保障。

（4）督促检查到位。为及时了解各二级公司进展情况，指导二级公司按时、保质、保量完成补录，公司按工作计划督促进度实施，每周对各地市公司录入进度和质量进行检查，针对录入推进较慢的单位重点帮扶，本阶段录入工作完成再持续推进下一阶段录入工作。项目组针对补录简化了部分流程，现设置状态为“提交后自动审批”，但公司的补录工作仍然要求二级公司在填报数据后必须经部门领导审核，以确保补录信息的准确度，从源头上把好质量关。

系统录入初期，也因权限、版本、服务器等原因遇到多种问题，通过与投资评价项目组的及时沟通衔接，在项目组的支持帮助下，问题一一得到妥善处理。通过将常见问题解决方法进行了分类汇总、共享，在提高各二级公司补录效率的同时，为以后录入工作打下坚实基础。

3．*加油站简化后评价信息系统应用案例*

根据后评价工作要求，由地区公司筛选投运满一年的批复可研加油（气）站项目或加油（气）站更新改造与大修项目，本案例是位于公司所在辖区某市的新建加油加气站建设简化后评价。由于该县交通便利，国道纵贯全境；省道东、西接连高速公路。该县境内，已建成了各县乡镇逐步延伸的公路网络体系，使该县形成了四通八达的交通网络。近年来，顺应全省建成综合交通枢纽之势，确定了强力打造重要交通节点的工作思路。该加油站项目所处省道延伸线，不但是连接高速公路与县主城区的唯一道路，该区域也是未来新城区的发展方向。项目由公司计划处后评价业务主管在后评价信息管理系统中填写该项目所属二级单位，后评价及经济评价时间范围，并下达给对应的项目承担单位（图9－31）。

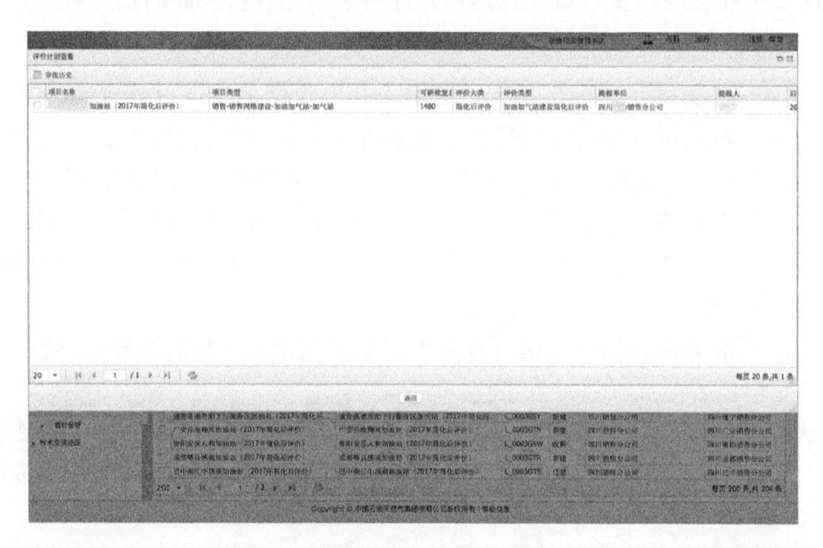

图9－31　加油站后评价计划下达

二级单位业务人员接到后评价计划后，按照集团公司对应的加油加气站建设项目简化后评价模板，应用项目后评价信息管理系统集中完成线上填报。图9－32为项目概况表，业务人员根据项目实际情况填写该加油站项目的项目名称、建设单位、加油站位置、项目性质等，对该加油站项目的建设背景进行大致描述，对该加油站的主要证照情况进行说明。

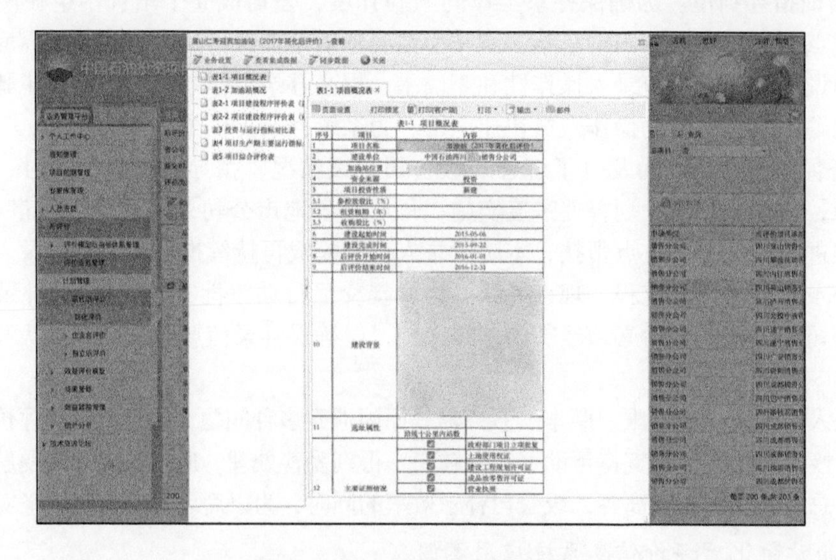

图9－32　加油站项目概况表截图

图 9－33 为加油站概况表，对该加油加气站内配备的柴油储罐数量及规模、汽油储罐数量及规模、加油机、加油枪、占地面积等进行大致描述。

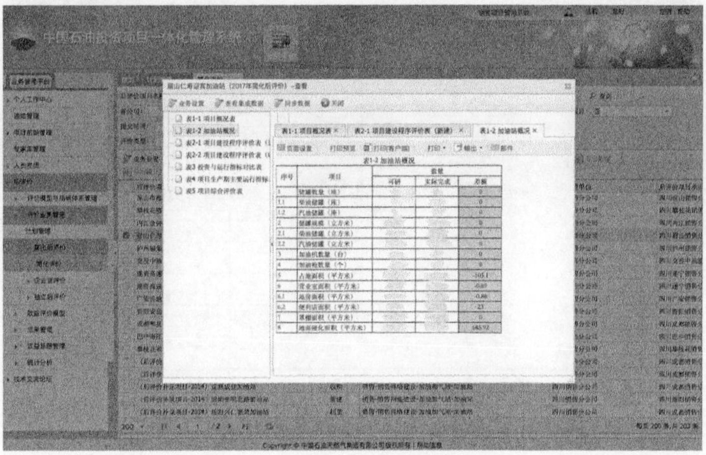

表1-2 加油站概况

序号	项目	数量		
		可研	实际完成	差额
1	储罐数量（座）			0
1.1	柴油储罐（座）			0
1.2	汽油储罐（座）			0
2	储罐规模（立方米）			0
2.1	柴油储罐（立方米）			0
2.2	汽油储罐（立方米）			0
3	加油机数量（台）			0
4	加油枪数量（个）			0
5	占地面积（平方米）			-105.1
6	营业室面积（平方米）			-0.87
6.1	站房面积（平方米）			-0.86
6.2	便利店面积（平方米）			-23
7	罩棚面积（平方米）			0
8	地面硬化面积（平方米）			585.92

图 9－33　加油站概况表截图

图 9－34 为项目基本程序评价表，判定标准项目建设过程是否标准，项目前期工作应归档报告、审查意见书、批复文件等过程资料是否齐全，程序合规的判定标准是各上报/批复时间是否按时间顺序发生。根据该项目立项依据是否合理、规范，技术方案、审查纪要、批复文件等资料是否齐全，各环节是否按时间顺序发生，技术方案是否科学，有无变更等按实际情况填写入系统，填写时将可行性研究报告中对安全隐患及评价结论、安全管理规范要求、项目实施后效果预测等方面的分析进行说明，并与实际完成情况进行对比，评价项目立项依据是否充分、是否科学。根据实际内容填写批复、评估、审计等文件的批复文号。若缺少基本的方案、批复等程序文件，将在备注中说明原因。

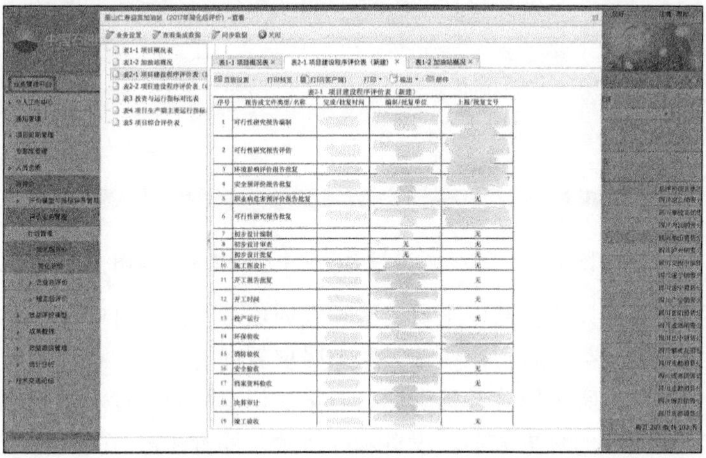

表2-1 项目建设程序评价表（新建）

序号	报告或文件类型/名称	完成/批复时间	编制/批复单位	上报/批复文号
1	可行性研究报告编制			
2	可行性研究报告评估			
3	环境影响评价报告批复			
4	安全预评价报告批复			
5	职业病危害预评价报告批复			无
6	可行性研究报告批复			
7	初步设计编制			无
8	初步设计审查		无	无
9	初步设计批复		无	无
10	施工图设计			无
11	开工报告批复			无
12	开工时间			无
13	投产运行			无
14	环保验收			
15	消防验收			
16	安全验收			无
17	档案资料验收			无
18	决算审计			
19	竣工验收			无

图 9－34　加油站项目基本程序评价表截图

图 9－35 为投资与运行指标对比表，根据项目的实际投资数据准确填写，保留小数点后两位，数据缺项需要在备注中说明原因。项目投资数据来源于结算明细表或汇总表，项目总投资分项填报的数据总和与项目总投资的值相等。加油加气站的柴汽油年销量、柴汽油平均日销量及零售价格应来源于加油站管理系统中的实际销量。

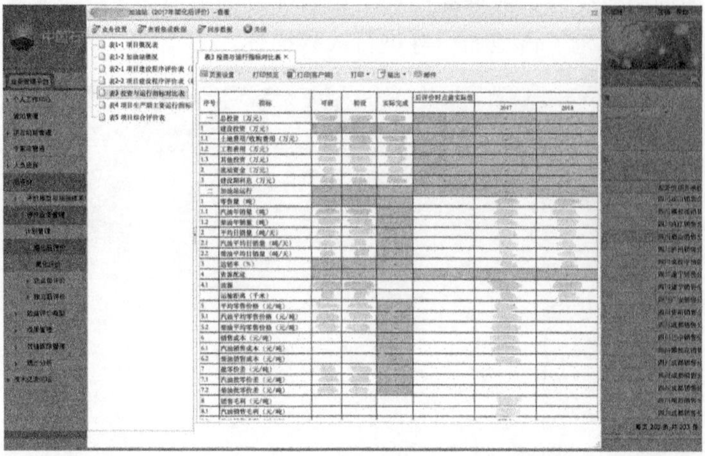

序号	指标	可研	初设	实际完成	后评价时点前实际值	2017	2018
一	总投资（万元）						
1	建设投资（万元）						
1.1	土地费用/收购费用（万元）						
1.2	工程费用（万元）						
1.3	其他投资（万元）						
2	流动资金（万元）						
3	建设期利息（万元）						
二	加油站运行						
1	零售量（吨）						
1.1	汽油年销量（吨）						
1.2	柴油年销量（吨）						
2	平均日销量（吨/天）						
2.1	汽油平均日销量（吨/天）						
2.2	柴油平均日销量（吨/天）						
3	运销率（%）						
4	资源配送						
4.1	油源						
	运输距离（千米）						
5	平均零售价格（元/吨）						
5.1	汽油平均零售价格（元/吨）						
5.2	柴油平均零售价格（元/吨）						
6	销售成本（元/吨）						
6.1	汽油销售成本（元/吨）						
6.2	柴油销售成本（元/吨）						
7	批零价差（元/吨）						
7.1	汽油批零价差（元/吨）						
7.2	柴油批零价差（元/吨）						
8	销售毛利（元/吨）						
8.1	汽油销售毛利（元/吨）						

图9-35　加油站投资与运行指标对比表截图

图9-36为项目生产期主运行指标表，从加油站运行期间的实际盈利角度，对实际运行管理方面的有效性进行评价；主要对加油站实际运行中的营业收入费用、总成本费用、营业税金及附加进行综合评定，加油站运行过程中的设施维护、运行负荷、直接运行成本和维护维修费情况详细记录于表中。

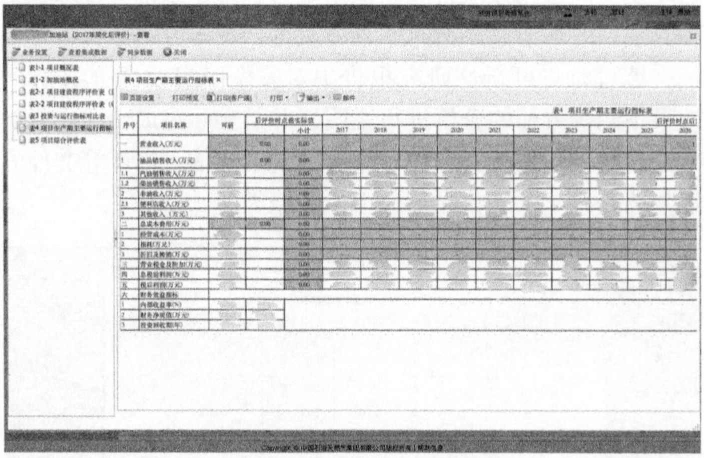

表4　项目生产期主要运行指标表

序号	项目名称	可研	后评价时点前实际值		2017	2018	2019	2020	2021	2022	2023	2024	2025	2026
				小计										
一	营业收入(万元)		0.00	0.00										
1	油品销售收入(万元)		0.00	0.00										
1.1	汽油销售收入(万元)			0.00										
1.2	柴油销售收入(万元)			0.00										
2	非油收入(万元)			0.00										
2.1	便利店收入(万元)			0.00										
3	其他收入（万元）			0.00										
二	总成本费用(万元)		0.00	0.00										
1	经营成本(万元)			0.00										
2	损耗(万元)			0.00										
3	折旧及摊销(万元)			0.00										
三	营业税金及附加(万元)			0.00										
四	息税前利润(万元)			0.00										
五	税后利润(万元)			0.00										
六	财务效益指标													
1	内部收益率(%)													
2	财务净现值(万元)													
3	投资回收期(年)													

图9-36　加油站项目生产期主运行指标表截图

图9-37为项目综合评价，其中主要经验和教训填写的是项目中已经发生了的、该项目无法改变的，但是其他同类项目可以借鉴经验或吸取教训的情况；存在的问题填写的是该项目目前存在的通过解决方案可以弥补的问题；对策建议填写的是针对主要教训提出的推荐做法和针对存在的问题提出的解决方案。投资和经济效益评价注重对投资控制偏差的量化描述和原因分析。对项目描述具体，能够体现项目自身特点。

数据采集表填写完成后，需将项目相关的资料、文件等上传至附件管理，如图9-38所示。

完成后，需将项目提交至地区公司后评价业务管理人员进行下一步的数据核准，地区公司业务管理人员完成数据核准后，在系统中选择同意，该项目即审核通过（图9-39）。

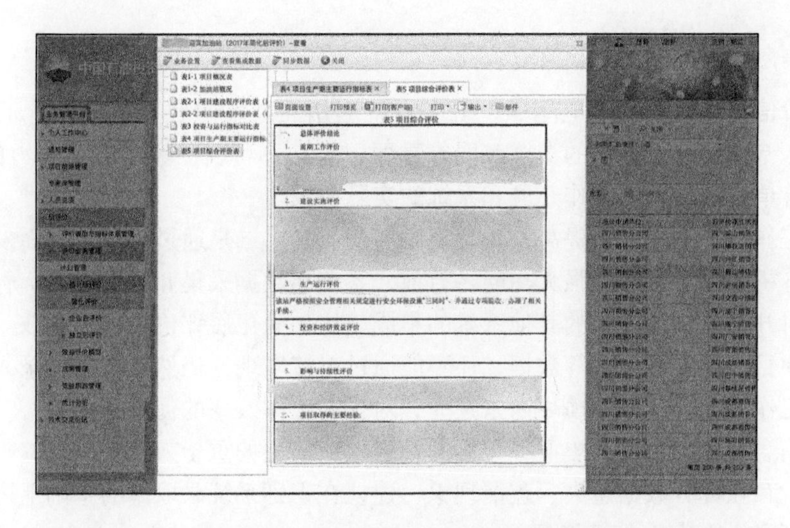

图 9－37　加油站项目综合评价表截图

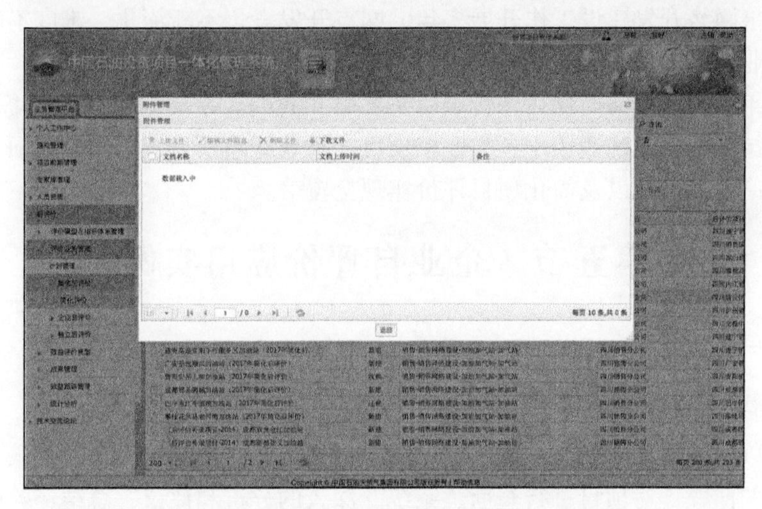

图 9－38　上传加油站项目文件至附件管理

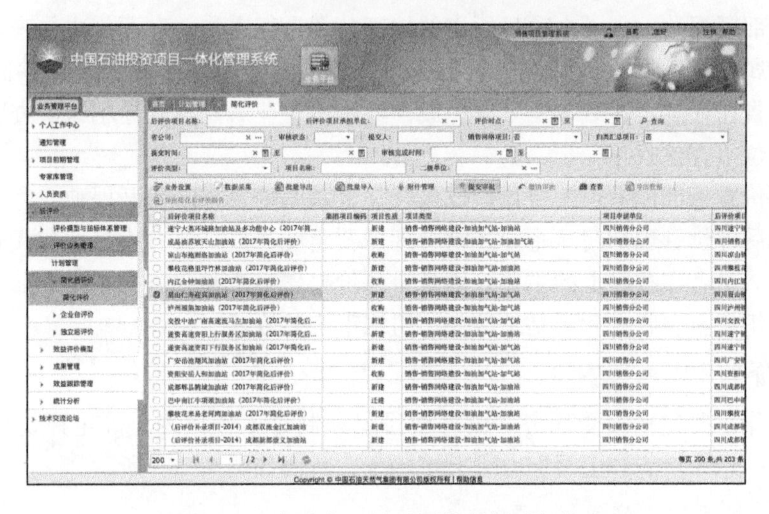

图 9－39　提交加油站后评价数据进行核准

四、对信息系统的展望

在后评价信息系统的推广应用中，既有系统应用的技术问题又有后评价工作的专业问题，因此技术专家和业务专家的支撑都同等重要、缺一不可，专家之间强有力的沟通协作，将更有利于各单位的后评价工作开展和系统的实际应用。

后评价工作信息化水平的提高，一是提高劳动效率，二是通过信息化全面发挥查询、共享、统计、分析等各个方面的强大功能。目前，系统在数据采集和提取方面，暂时还没有实现与投资项目开发、建设相关的其他系统的集成，比如简化后评价项目的选取、纳入评价项目的销量、项目资金支付情况等数据，还不能通过对接实现，仍然采取手工录入的方式；同时项目评价工作的统计、分析模块尚未建立，对提高工作效率的促进还不够。

后评价信息系统中对于历史业务数据的补录，目前更偏重于人工采集。鉴于某些补录项目时间久远，存在部分数据遗失、疏漏现象，建议在识别系统录取率的基础上进一步优化功能，有效识别录入内容的合理范围。

成品油零售网络开发建设工作开展多年，网点开发竞争不断深化、难度不断增大，促使成品油零售企业不断创新、丰富开发形式，特别是合资合作项目比例逐年增大，跨界异业合作项目也在近年出现。目前简化后评价项目主要以“收购、新建”性质的模板简表为基础，模板中的部分指标不能准确适用于各类股权项目、租地新建项目、合作分利项目等，可能影响简化评价结论的准确性以及简化项目评价实现全覆盖。

第五节　企业自评价应用实例

一、企业自评价概述

1. 自评价的特点

自评价是以建设管理单位为实施主体，从项目执行者的角度，对项目决策、管理、建设和运行全过程的回顾，对项目进行全面、系统、深入的分析和评议，总结经验以推广最佳实践，吸取教训以实现自我完善和改进，提出建议以促进管理水平提升。自评价任务既可由上级后评价管理部门下达，也可由项目所在的地区公司自行安排。自评价成果表现形式为自评价报告，是所属企业依据项目基础资料，按照所属项目类型的后评价报告编制细则要求编制，自评价报告在计划下达后 3 个月内完成，经所属企业后评价领导小组审查后，上报后评价计划下达单位审查验收。

上级后评价管理部门下达的自评价任务既是自我总结，也是为开展独立后评价工作做准备；地区公司后评价管理部门从企业经营管理需要角度，选择具有指导性和代表性的项目自行开展自评价。两者在程序上的主要差别是自评价报告审查验收方式不同，前者是上级后评价管理部门组织评审验收，后者是地区公司组织审查验收。

2. 自评价工作实施程序

自评价工作主要包括接受任务、成立项目组和制订工作计划、确定评价内容、收集资料、编制报告、组织审查和上报验收等七个步骤，具体如图 9 -40 所示。

3. 自评价报告编制依据

相应项目类型的后评价报告编制细则，项目可行性研究报告、可行性研究报告的评估报

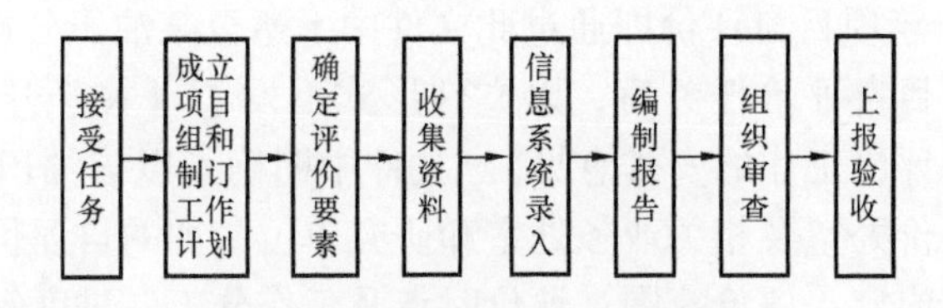

图 9-40　自我评价工作程序

告、可行性研究报告批复文件，股份公司下达的投资计划文件（年度计划和分批计划）、项目（重点设计）调整申请及批复文件、重点技术引进或技术服务项目实施总结、项目工程结算单汇总表、项目决算报告及审计意见书和项目总结报告要点等。以上后评价报告编制依据既是需要上传后评价信息系统的信息，也是后评价信息系统采集的部分信息来源。

二、企业自评价案例

1. 油气勘探项目自评价案例

1）油气勘探项目特点及后评价内容

油气勘探项目是石油工业投资项目类型中的一种。它是在一定的时间内，以特定的地质单元为对象，以完成不同勘探阶段的地质任务及落实油气资源储量为目标，由物化探、钻井、录井、测井、试油和综合地质研究等单项工程构成的系统工程。油气勘探项目除具有一般投资项目的目标性、周期性、局限性等共同特征外，还具有工作的阶段性、地质认识的局限性、投入产出的不确定性、勘探目标的不确定性、勘探计划方案的可变性、勘探效益的虚拟性和间接性等特征，因此油气勘探项目后评价在时点选择、评价范围、评价内容、采用的方法和指标等方面具有显著的行业特点，且不同类型的勘探项目（区域勘探、油气预探和油气藏评价）的评价内容和重点也有所不同。

油气勘探项目后评价的任务是要回答投资前期立项决策是否规范，预计的工程量是否完成，管理过程是否规范，投资完成后目标是否实现，投资是否有效。评价的最终目的是通过项目成功度的评价，总结出值得推广的经验和需要借鉴的教训，为投资决策和管理服务。为实现油气勘探项目后评价任务目标，结合油气勘探项目特点，后评价工作内容包括目标实现程度、决策与部署、物探工程、钻探工程、投资与效益和影响与持续性评价等。

2）自评价案例

本案例为 2011—2012 年陕北石油勘探项目自评价，项目经营管理单位为某油田公司，评价范围为某盆地中部某探区 2011—2012 年勘探部署、勘探计划、勘探实施及勘探成效等。该探区包括四个勘探区带，以 2010 年底项目所在范围内实际勘探现状为基础，将项目部署时预测的探明含油面积、探明石油地质储量、预测石油地质储量和潜在资源量等，与该项目 2011—2012 年实际取得勘探成果进行对比分析。根据该项目各项目标的实现程度和实际取得的地质认识，分析评价综合评价地质研究成果对项目立项和勘探部署的指导作用、项目规划方案和年度部署设计的合理性、项目的组织和工程管理效果、投资及勘探效益和影响与持续性等。根据以上评价内容的结果，给出项目总体评价结论、项目实施取得的经验教训、存在的问题并针对问题提出相应的对策和建议。具体评价程序如下：

（1）接受任务。

后评价主管部门根据以往重点投资项目完成情况，2013 年中国石油天然气集团有限公司以文件形式下达了当年的典型项目自评价工作安排，并在后评价信息系统中下达相应的后评价计划。2011—2012年项目自评价即通过此文件中下达至某油田公司。

该油田公司接到项目自评价任务后，以文件形式下发了《关于开展某地区2011—2012年石油勘探项目详细后评价工作的安排意见》。文件中明确了以该油田公司主管勘探的副总经理为组长，主管后评价处室及相关业务处室和研究单位参加的自评价工作领导小组，同时对该项目自评价的评价内容、评价范围、评价时点及工作分工、进度等进行了详细的部署安排。自评价工作领导小组中，主管后评价的处室负责该项目自评价工作的日常组织协调，并组织后评价报告的预审和上报；各专业处室及相应的研究部门按照分工和勘探项目后评价报告编制细则要求完成相应内容的评价、报告编写及相关附表的填报和附件的准备，最后由主管勘探业务的处室负责汇总形成总报告。

（2）确定自评价主要内容。

油气勘探项目自具有评价范围广、涉及专业多、不确定性因素多和协调难度大等特点。因此，在该项目自评价中，针对其自身特点，有重点、有针对性地展开自评价工作。首先，根据该项目实施效果及各项目标实现程度，评价其规划及年度部署的针对性和合理性，部署调整的必要性，以及勘探理念更新和思路转变对该勘探成果取得的重要作用；开展的地质研究工作及取得的主要地质认识，以及对立项、部署和调整支持作用；物探和钻探工程技术对策的适用性、取得的效果、存在的不足及未的攻关方向等；项目设计、实施及监理等单位选择及相关物资采购、实施过程管理等的规范性；项目投资及勘探成效；项目影响及可持续发展性。结合该项目的行业竞争性分析，给出该项目总体评价结论，总结其经验教训、存在的问题及相应建议，为该项目后续发展及类似项目立项及实施提供参考借鉴。

（3）收集资料。

针对该项目自评价主要内容及相关要求，收集支持自评价工作的相关资料。该项目自评价收集的资料主要包括前期决策、设计、实施、决算及审计等方面资料。可见收集的资料内容多，且由于勘探项目涉及的各专业因主管部门或负责的单位不同，资料分散在多个部门或单位，因此，自评价领导项目为了提高资料收集效率，根据信息系统中勘探项目详细后评价标准数据信息采集表模板及勘探项目详细后评价报告编制细则要求，列出后评价所需资料清单，并下发到相关部门和单位，要求各部门及单位按照自评价工作计划、业务流程及专业分工填报，定期开展实地检查，协调处理资料收集过程存在的问题，并对核实无误的资料进行整理、汇总和分析，为该项目自评价提供可靠依据，保障评价工作顺利开展。

（4）应用信息系统开展评价的具体过程。

针对油气勘探项目后评价特点、内容和后评价报告细则的相关要求，后评价信息管理系统包括综合评分、横向对比分析、效益评价分析、自评价报告编制和相关信息上传等模块。以上模块需要的数据信息及支持后评价报告相关结论的数据信息等既是油气勘探项目后评价标准数据信息采集的内容，同时也是数据集成和查询统计分析等的内容。通过数据信息的采集及自动集成、综合评分和报告编制等的应用，可有效提高后评价工作的效率。

（5）录入的主要信息。

油气勘探项目自评价录入的信息包括探区、区块、子项目、工区，物探和钻探工程设计、施工和监理单位等业务设置，项目物探、钻探、投资、提交的储量等分年度设计、运行等数据信息录入、自评价报告线上编辑及相关基础资料上传等。油气勘探项目自评价采集的标准数据信息包括六大类，26张表。六大类信息为项目概况、项目决策及部署评价、物化探工程评价、钻探工程评价、投资与勘探效益评价和综合后评价，与勘探项目后评价报告编制细则的内容对应；26 张表主要包括勘探项目实施前勘探现状表，项目实施情况表，勘探项目设计、施工、监理单位表，勘探基础数据表，非地震项目原始质量统计表［点（千米)］、二维地震勘探实施与设计对照表和三维地震勘探实施与设计对照表等。

3）应用信息系统的具体过程

油气勘探项目自评价在录入具体的数据信息前，需根据具体油气勘探项目的内容，在后评价信息系统中对探区、区块及工区、物探和钻探工程的设计、施工及监理单位进行定义（图 9－41），保障项目数据信息采集质量和完整性，为后续的查询、统计和分析奠定基础。下面仅选择 2011—2012 年项目自评价中几个典型的标准数据信息采集表的录入情况进行介绍。

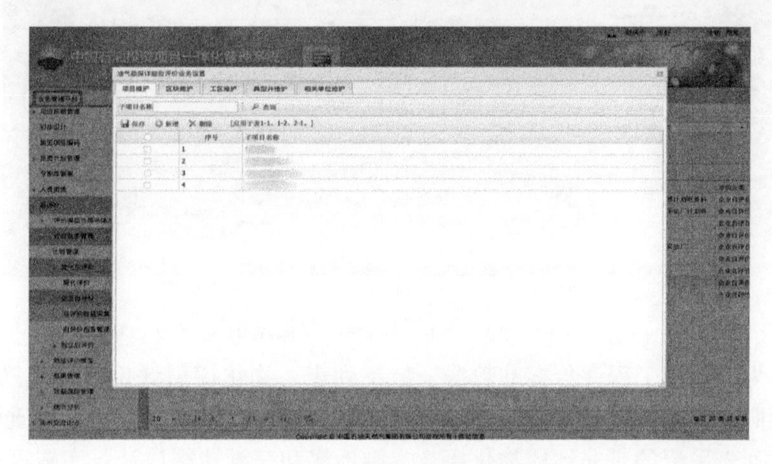

图 9－41　子项目业务设计图

图 9－42 中的表 1－1 至表 1－3 分别为项目实施前勘探现状表、项目实施情况表和勘探项目设计、施工和监理单位表。其中表 1－1 列举了该项目实施前项目范围内包含的子项目，完成非地震物化探、物探、钻探工程的工程量，投资及提交的各级资源量和总资源量等基础信息。该表中的信息可用于计算项目实施前该区的储量探明率。表 1－2 项目实施情况表中列举了截至后评价时点该项目实际完成的工程量、投资和提交的各级资源量，为评价该项目的目标实现程度及勘探成效提供依据。表 1－3 项目设计、施工和监理单位表中提供了该项目总体设计、物探和钻探设计、施工和监理单位资质、选择方式及具体单位等的选择，该表内容无须录入人员输入，而是根据项目开始前的业务设置信息进行选择。该表是该项目设计、施工和监理等管理合规性评价的依据。

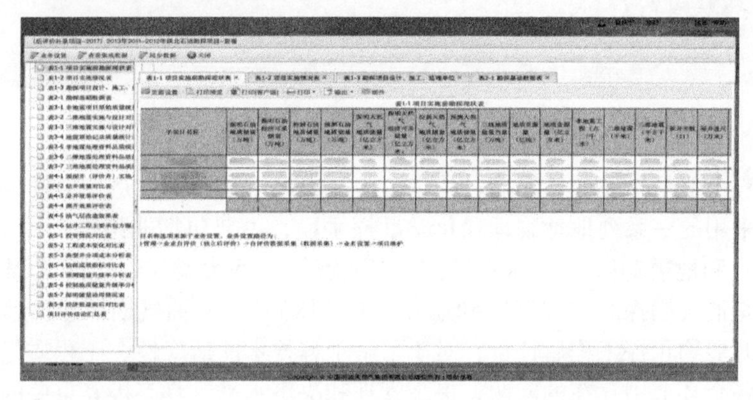

图 9－42　项目概况中相关数据信息采集表录入图

图9-43为勘探基础数据表。该表采集该项目的规划（可研）、计划、调整计划和实际完成等四阶段的主要基础数据。其采集的数据内容包括储量目标、勘探工作量和勘探投资等三部分。为提高数据采集的工作效率和准确率，该表仅采集最基础数据，合计数据通过公司自动计算得出。该表采集的基础数据是计算油气勘探项目储量、工程量和投资及成本等目标实现程度的依据。

（后评价补录项目-2017）2013年2011-2012年陕北石油勘探项目-查看

业务设置　查看集成数据　同步数据　关闭

表1-1 项目实施前勘探现状表
表1-2 项目实施情况表
表1-3 勘探项目设计、施工、[illegible]
表2-1 勘探基础数据表
表3-1 非地震项目原始质量统[illegible]
表3-2 二维地震实施与设计对[illegible]
表3-3 三维地震实施与设计对[illegible]
表3-4 地震原始记录质量统计[illegible]
表3-5 非地震处理资料品质统[illegible]
表3-6 二维地震处理资料品质[illegible]
表3-7 三维地震处理资料品质[illegible]
表4-1 预探井（评价井）实施[illegible]
表4-2 钻井质量对比表
表4-3 录井效果评价表
表4-4 测井效果评价表
表4-5 油气层改造效果表
表4-6 钻井工程主要承包方服[illegible]
表5-1 投资情况对比表
表5-2 工程成本变化对比表
表5-3 典型井分项成本分析表
表5-4 钻探成效指标对比表
表5-5 预测储量升级率分析表
表5-6 控制地质储量升级率分[illegible]
表5-7 探明储量动用情况表
表5-8 经济效益前后对比表
项目评价结论汇总表

表1-1 项目实施前勘探现状表　表1-2 项目实施情况表　表1-3 勘探项目设计、施工、监理单位　表2-1 勘探基础数据表

页面设置　打印预览　打印(客户端)　打印　输出　邮件

项目名称：（后评价补录项目-2017）2013年2011-2012年陕北石油勘探项目

子项目名称：

表2-1 勘探基础数据表

序号	名称	规划（可研）				合计		
			计划	调整计划	实际完成	计划	调整计划	实际完成
一	储量目标							
1	探明石油地质储量（万吨）							
2	探明石油经济可采储量（万吨）							
3	控制石油地质储量（万吨）							
4	控制石油经济可采储量（万吨）							
5	预测石油地质储量（万吨）							
6	探明天然气地质储量（亿立方米）							
7	探明天然气经济可采储量（亿立方米）							
8	控制天然气地质储量（亿立方米）							
9	控制天然气经济可采储量（亿立方米）							
10	预测天然气地质储量（亿立方米）							
11	三级地质储量当量（万吨）							
二	勘探工作量							
1	非地震工程（点（千米））							
2	二维地震（千米）							
3	三维地震（平方千米）							
3.1	三维地震（预探）（平方千米）							
3.2	三维地震（评价）（平方千米）					0.00	0.00	0.00
4	探井井数（口）		0.00	0.00	0.00	0	0	0
4.1	预探井井数（口）					0	0	0
4.4.1	预探井获工业油气流井数（口）					0	0	0
4.2	评价井井数（口）					0	0	0
4.2.1	评价井获工业油气流井数（口）					0	0	0

图9-43　项目勘探基础数据采集图

图9-44为物化探工程评价标准数据采集系列表。物化探后评价以地震勘探评价为主，非地震勘探参照地震勘探进行评价。评价内容主要包括项目组织管理、工程质量、技术效果等。该部分系列表采集的是非地震物化探、二维地震和三维地震设计、实施等相关基础数据信息，是对地震勘探设计及实施效果评价的主要依据。

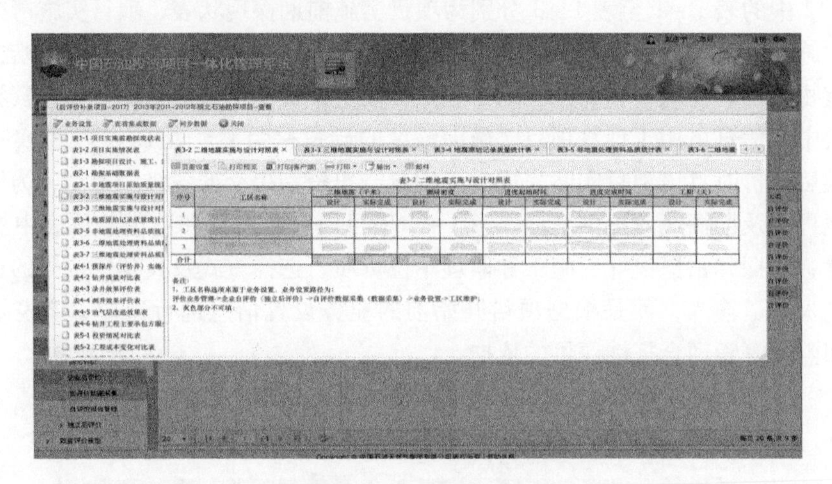

图9-44　项目物化探工程评价标准数据信息采集图

物化探工程主要是指在油气勘探过程中，为获得地下地层、构造、岩性、含油气性质等地质信息，而采用的一系列地球物理和化学勘探手段，主要包括非地震勘探（重力、磁力、电法、化探等）和地震勘探（二维地震、三维地震等）两大类。物化探工程贯穿于油气勘探的全过程，是油气勘探的“先锋”和地质家的“眼睛”，对油气勘探开发起着非常重要的作用。因此，开展物化探工程后评价，对于了解工程技术的适应性、工程质量及可靠性，掌握工程实施中各个环节中存在的问题，提高管理和决策水平，具有极其重要的意义。物化探工程后评价是指在工程项目实施完成后，对技术设计、组织管理、采集质量、技术适应性等

几个方面进行的评价。

该部分通过该项目物化探工程量、技术指标、工期和施工进度等，与设计进行前后对比，通过调查分析，采用因果分析法分析上述指标的变化原因及对项目造成的影响，评价该项目物化探设计方案采用技术的适用性和设计的合理性，并总结经验教训，提出存在的问题并针对问题提出可操作性的建议。

图 9－45 为钻探工程标准数据信息采集系列表。该系列标准数据信息采集表主要收集钻探工程各时间阶段钻井工程量、钻井技术指标、录井效果、测井效果、试油和油层改造效果等数值指标，为前后对比分析等提供支持。

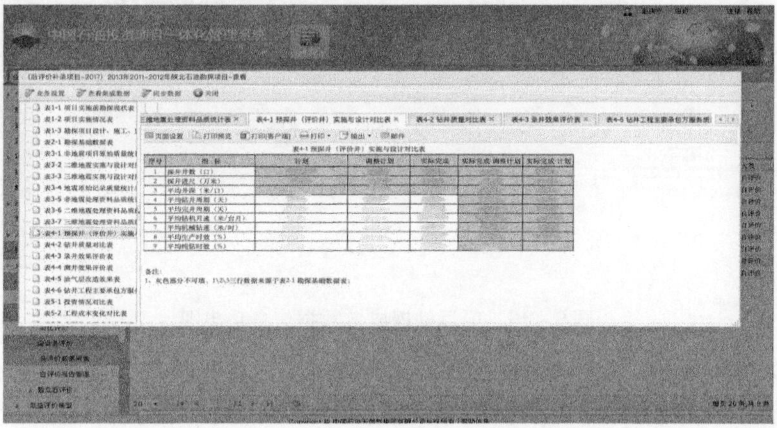

图 9－45　项目钻探工程标准数据采集内容图

钻探工程是直接了解地下情况，发现油气田最直接的手段。通常地质研究、物化探工程只能对油气田资源和地下状况进行预测，是钻探工程的基础，是否存在油气只有经过钻探来揭示。大量的实践证明，钻探工作的好坏直接关系到油气的发现和对储量的准确评价，与油气勘探的总体评价效果密切相关。钻探工程涉及钻井、录井、测井、试油等多个专业，承担着重要的地质任务。钻探工程一般分为三个阶段：一是前期可行性研究阶段，主要根据地质研究、物化探工程对勘探目的层的预测结果及邻区邻井已有资料，从满足地质任务和发现油气储量的要求出发，进行钻探工程技术方案的论证；二是在钻探工程技术方案论证基础上，进行施工设计；三是按照钻探工程设计进行钻探工程作业。钻探工程的后评价也主要是围绕以上阶段开展。

钻探工程后评价是在勘探项目完成后，根据项目工程实施结果，对照有关要求和技术规范，分别对钻探工程的钻井、录井、测井、试油等内容的工程设计和施工评价。采用前后对比方法对标准数据信息采集表采集到的有关工程量、工程质量和工程效果指标进行对比，如果差异较大，采用因果分析法分析差异原因及对项目的影响。如当探井数量较多或预探井和评价井技术差别较大时，应将预探井、评价井分别列表分析，并对重点探井作单独评价说明。

通过评价，分析钻探工程施工作业是否达到油气勘探钻井的目的，评价钻探工程设计的合理性和钻探工程技术的实施效果；围绕降低钻井成本、提高钻井速度和施工质量所采用的主要工程技术的适应性、针对性、经济性以及工程质量是否满足资料获取要求等进行总体评价；对钻井管理工作中的招投标是否规范、工程质量、进度、成本控制是否有效进行分析，评价管理程序的合规性和有效性。对钻探工作中的成功经验、教训和存在的问题进行总结分析，提出进一步优化钻探工程设计和进一步提高钻探工程技术经济指标的建议。

图9－46为投资与勘探效益评价标准数据信息采集系列表。该系列表采集有关该项目勘探总投资及各分项工程投资、各分项工程单位成本、提交的储量成果及勘探效益等数据，为勘探投资及勘探效益目标实现程度等评价提供重要的依据，是该项目相关评价结论的重要支撑。

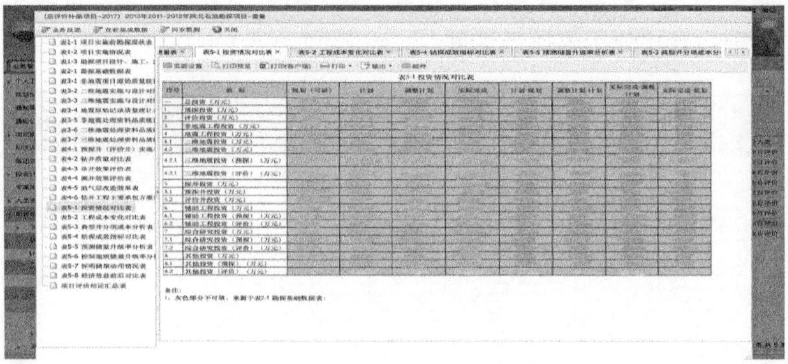

图9－46　项目勘探成效数据信息采集图

投资与效益评价是油气勘探项目后评价的一个主要内容和环节，也是后评价有别于审计和竣工验收的重要特征。通过对勘探项目的投资、成本、勘探成效和效益等指标的对比分析，评价该项目投资效益目标的实现程度。对于实际完成的效益及成本指标与设计有较大差异的，要从影响效益和成本的各项因素进行分析评价。

需要说明的是，在进行勘探项目投资与效益评价中，投资执行情况评价重点是评价项目总投资的控制情况及各单项投资的变化情况；效益评价需要考虑勘探项目阶段，项目类型。在预探阶段，后评价的对象是预探项目，通常采用勘探成效指标进行效益评价；在油藏评价阶段，后评价的对象是油藏评价项目，通常在勘探成效指标评价的基础上，还要进行经济效益指标评价。本项目属于预探项目，其评价重点为勘探成效。

勘探成效评价重点是评价所获得的各级储量成本和价值，以油气储量的发现成本指标为主，它是勘探项目最重要的效益指标。此外，储量动用率反映了储量的经济价值，但该项目虽提交了探明储量，但未动用，因此无法评价储量动用的价值。该项目提交了一定量的控制储量和预测储量，从采集的数据看，控制和预测储量均未升级，因此在计算该项目的效益指标时，可采用EV值计算方法，即参照类似项目的探明、控制和预测储量可升级为可采储量的比例，计算三级储量的经济可采储量总量，计算该项目的EV值，作为前后效益对比的指标，评价其勘探成效。

项目评价结论汇总表为项目的总结性评价表（图9－47）。在进行该项目总体评价前，还应对该项的影响与可持续性进行分析评价。所谓勘探项目的影响与可持续性评价，是以环境允许为前提，以资源潜力为基础进行评价，分析项目持续性。主要评价目前的勘探技术能否适应项目的持续勘探需要；评价所获得的控制和预测储量的升级潜力；简述项目探明储量的品质，评价利用现有技术能否得到有效开发，以及对未来储量可效益动用的建议等。通过对环境与安全影响、风险控制和持续性评价，做出影响与持续性的总体评价结论，预测项目发展前景。

总体评价主要围绕投资是否有效、管理是否到位、程序是否合规等关键因素，以项目目标的实现程度为基础，结合项目决策及部署、物化探工程、钻探工程、投资与勘探效益和影响与持续性等的评价结论，给出总体评价结论。总体评价结论从项目的决策、实施、工程管理、科技创新和应用、影响与持续性等方面，分析项目取得成功的主要因素，提炼出值得推广、借鉴的经验；分析项目存在的问题和失利的主要原因，深刻总结应吸取的主要教训。针对影响项目目标实现和持续发展及项目实施中存在的技术、管理、安全和环保等方面的问题，提出相应的对策和建议。

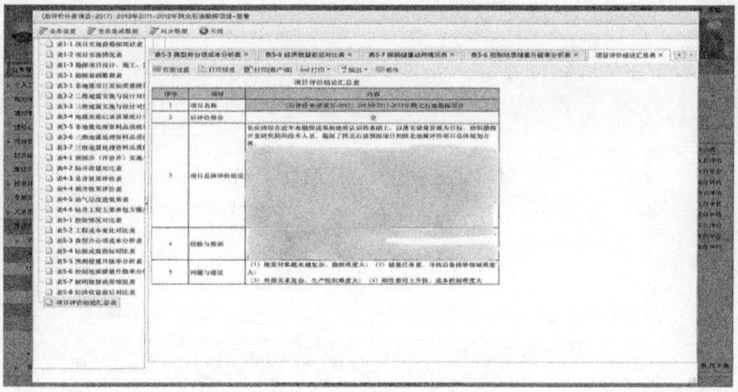

图9－47　项目综合评价相关信息采集图

4）自评价报告编制及地区公司审查

自评价报告的编制由该项目自评价领导小组组织协调，按照分工可在信息系统中完成各自负责专业的报告，然后由报告汇总人依据各专业报告，结合采集数据信息的分析结果，完成自评价报告的编写（图9－48）；也可按照分工在线下完成各自负责专业的报告，然后由报告汇总人汇总完成总报告，再上传信息系统；不管是线上编写报告，还是线下完成报告，报告汇总人对自评价报告的内容和质量负责。编写自评价报告按实事求是原则，既要总结经验，又要总结教训，做到结论客观公正，重点突出。经验教训及针对问题建议要围绕影响项目可持续、高质量发展展开，具有针对性和可操作性。

图9－48　项目自评价报告线上编写内容图

报告引用的有关文件、资料和数据等基础资料，均来自该项目 2011—2013 年实际运行数据及财务部门颁发的经济数据等。评价过程中，首先，项目后评价领导小组按项目建设实施全过程，对收集的基础资料进行归类整理；其次，自评价报告编制要充分考虑被评价项目的具体特点等，明确自评价报告的评价重点，依据勘探项目后评价报告编制细则编制；最后，在编写过程中，后评价领导小组确定的该项目后评价报告汇总人负责召集各部分编写人员讨论评价过程中发现的问题，将拟提出的经验教训和问题发现进行归纳分析，汇总形成自评价报告初稿。项目实施过程中的重要阶段性成果，如会议纪要等作为自评价报告编制的依据，应上传至后评价信息系统附件管理（图 9－49）。

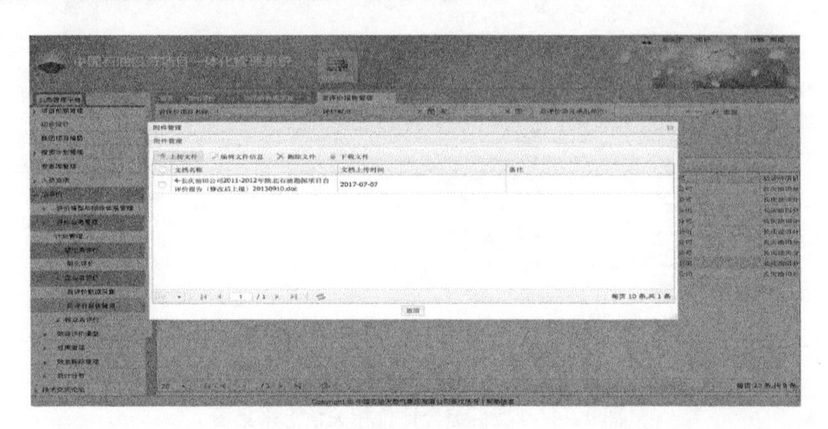

图 9－49　项目自评价上传基础资料图

利用信息系统线上完成的自评价报告，根据系统中涉及的审核流程，进行审查校对，在线上修改完善自评价报告，最终提交该油田公司各级主管部门审查，总报告经公司级审查通过后，上传信息系统并上报。线上完成的自评价报告初稿，也可根据需要导出到线下（图 9－50）进行审查后，再上传至信息系统上报。

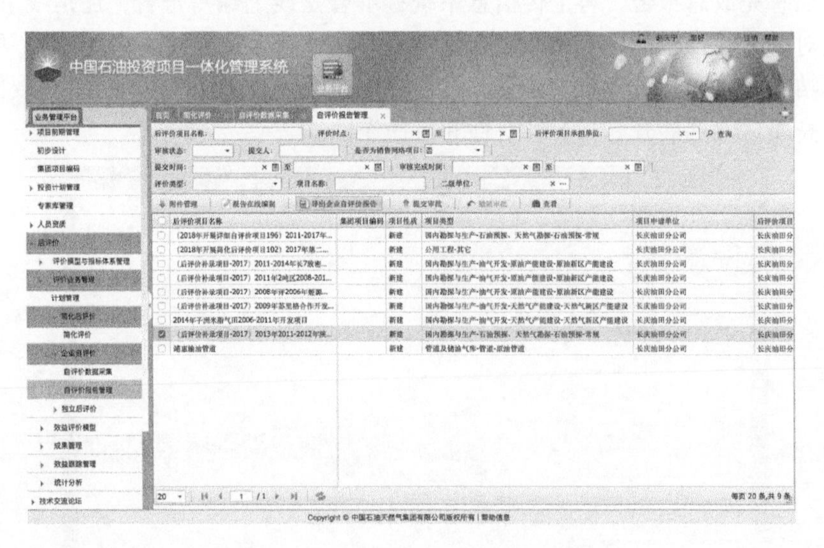

图 9－50　项目自评价报告导出系统图

5）自评价报告评审验收

该油田公司完成该项目的自评价报告并通过 OA 系统和后评价信息系统上传后，由中国石油天然气集团有限公司规划计划部后评价处组织，该项目独立后评价承担单位专家组参加的自评价报告评审验收会。专家组根据该项目特点及勘探项目后评价报告编制细则等文件要求，重点对自评价报告内容是否完整、数据资料信息是否翔实、评价结论是否客观公正和经验教训总结是否到位等进行评审，并形成审查验收意见，经专家组组长签字后下发该油田公司，供自评价报告修改完善参考。该油田公司按照自评价报告审查验收意见要求，在规定的时间内提供反馈意见并修改完善自评价报告，是保证自评价报告质量的重要环节。依据自评价报告生产验收意见修改完善的自评价报告，经该油田公司该项目自评价领导小组内部评审通过后，在后评价信息系统中上传备案，同时通过 OA 系统上报中国石油天然气集团有限公司规划计划部后评价处。

第四篇

后评价信息系统提升与展望

第十章　后评价信息系统未来提升

第一节　后评价信息系统现状

2017年，后评价信息系统开始全面上线推广运行，截至2021年底，系统应用近5年，已有150多家地区公司应用后评价信息系统完成后评价工作，系统中后评价用户3500余人，下达后评价计划20000余项，其中简化后评价18000余项，详细评价1300余项，系统各项功能都已得到了充分检验。

后评价信息系统在地区公司得到了广泛应用，通过各级用户的反馈，系统仍有部分内容和功能未达到预期，还需不断完善、优化和提升。首先，通过实际应用发现系统中所设计的与项目类型及对应的各类数据信息采集表还需要补充；其次，系统设计的标准数据信息采集表与后评价报告编制细则中评价分析的表格不对应，增加了评价人员重复整理数据的工作量；最后，系统各个业务的数据集成度不高，没有充分发挥出中国石油各个部门及各个业务信息系统的整合潜力，进而实现数据信息共享的功能等。

（1）按照中国石油投资项目后评价管理办法要求，所有批复可研的项目都需要进行简化后评价，项目类型多，现有的简化后评价模板难以满足所有项目类型的需要。因此，需要在针对目前信息系统没有覆盖的项目类型，研究相应的简化后评价模板，并添加到信息系统中，为实现中国石油投资项目简化后评价的全覆盖奠定基础，提供工具支持。

（2）企业自评价标准数据采集表类型较少，目前系统仅支持勘探、开发、炼化、管道和销售网络五类业务，尚不能覆盖每年的典型项目后评价类型，还有多类项目的企业自评价没有标准数据信息采集表，后续亟待完善；2021年系统已根据中国石油规划总院后评价中心提供的标准数据采集表模板进行了更新，基本能够满足当前条件下后评价报告编制要求，但要满足目前深化评价，进一步提高后评价质量和水平，需要在横向对比、数据挖掘、专项研究和系统评价等方面加大力度。

（3）后评价信息系统中使用的标准数据信息采集表和下发的后评价报告编制细则中的表格存在一定差异，且目前缺少由标准数据信息采集表采集的信息自动生成或按照需要定制所需数据表的模型，即使建立了相关模型，没有强大的基础数据信息资源的支撑，同样无法实现自评价报告、独立后评价报告和专项报告等所需表图的自动生成。因此，地区公司在进行项目自评价时，不但需要在信息系统中填报标准数据信息采集表，还需要重新在线下整理一套后评价报告分析评价所需的数据表和图，相当于填写了两版不同的表格，额外增加了各层级后评价工作人员的工作量；另外，后评价信息系统中的后评价报告编制模板功能还需要不断完善，需要增加针对项目特点和重点评价内容等的报告结构、图表生成及编辑工程，提高后评价的工作效率和质量。

（4）后评价信息系统的数据集成不仅能提高目前各个专业信息系统的资源利用率，保障数据来源唯一，同时能够减轻评价人员录入数据的工作量，对提高后评价工作效率有显著的效果，是信息系统的一项重要功能。目前已与周边包括财务系统、炼化运行管理系统、销售大数据、销售投资管理系统等进行了集成，且初始化了历史数据，但是由于集成数据量大、逻辑复杂、报表配置烦琐，目前标准数据采集表中数据集成度还比较低，未来需进一步将集成数据应用到报表中，才能真正减少收集数据的工作量并能保证数据的真实可靠。

第二节　后评价信息系统提升的必要性

当前和今后一个时期，中国石油发展面临着复杂严峻的内外部形势。从外部形势看，世界经济复苏缓慢，石油供应总体宽松；新常态下国内经济下行压力较大，油气需求增速放缓，油气行业更加开放，国家监管、安全生产和环境约束更趋严格，市场竞争更加激烈。从公司自身看，多年来主要依靠规模速度发展，资产规模过于庞大、投资回报持续下降、主营业务盈利能力逐年减弱等矛盾和问题比较突出，公司发展面临前所未有的挑战。

如何实现以效益质量为导向的管理，需要对相应的信息化应用进行研究，进一步提升后评价信息系统等相关应用，为投资项目管理和评价提升助力。

（1）提升后评价工作质量和成果水平的关键。

项目后评价信息管理系统建设，是基于对整个后评价工作标准化、规范化和流程化管理的基本理念，采用工作流和数据流技术，实现后评价工作线上操作运行、线下研讨提升和部分成果自动生成，实现不同阶段、不同主体、不同评价人员之间的数据互动、信息共享与传递，提高项目后评价工作效率。通过建立以后评价数据库为基础的后评价信息管理系统，为投资项目后评价提供先进的后评价方法和评价手段等，方便以后从大数据方面进行数据深度挖掘与分析，提升成果水平。结合后评价发展形势和相关管理办法的实施，不断提升后评价信息系统的功能，对加强后评价业务管理，支撑投资项目后评价的制度化、标准化、流程化，进一步提升后评价工作管理水平具有重要意义。

（2）满足中国石油质量效益发展的需要。

在新的经济形势下，中国石油发展将更加注重质量效益，发展模式正向高质量发展转变，在投资规模大幅度降低的现实条件下，如何利用有限的投资带动企业的发展，导致对投资控制的要求进一步提高。而后评价就是为公司的高质量发展服务，通过投资项目数据资料等信息的收集和评价，掌握项目在企业层面的建设和运行情况，通过信息化技术的应用，各级管理部门对项目各个阶段的运行效果等有了更加快速和直观的了解，满足了对项目有效监控的需要。

（3）服务科学决策。

在大力发展大数据和云平台为企业发展提质增效的时代大背景下，中国石油紧跟时代发展步伐，积极推进中国石油数据信息共享的各业务平台建设，充分发掘数据共享发展，推进公司高质量发展的潜力。从信息化发展进程和信息化建设水平来看，也将逐步迈入智能化辅助决策的阶段。一方面，通过深入分析，进一步集成获取各相关系统所需基础支撑数据及项目各阶段的管理和业务数据，加强资源利用和信息共享；另一方面，积极研究支持各业务领域分析决策的智能化应用模型，对集成的数据进行深入加工分析；这些将有效提高各项业务工作的效率，并辅助业务人员进行科学决策。

（4）提升投资项目管理水平的需要。

投资项目作为落实企业发展目标的有效载体，其项目实施成效如何，是企业效益能否实现的关键。后评价作为评判投资项目优劣的有效手段，对评价投资项目的效益是否实现预期目标具有至关重要的作用。通过后评价信息系统的推广应用，在应用中不断优化、完善和提升以后评价数据库为基础的后评价信息系统，来支持各类评价标准的确定，确保评价结论的有效性，发挥后评价业务对投资项目管理的指导作用，从而进一步提高和改进投资决策和管理水平，为提升中国石油的发展质量助力。

（5）系统技术升级和适应技术发展的需要。

在当前软件国产化和大数据技术发展的背景下，进一步加大国产化软件和自主开发软件的比例是对信息化建设工作的普遍要求。综合利用大数据技术实现后评价数据的处理、挖掘和预测分析等，对分析评价投资项目的价值和效率具有重要意义。此外，随着业务发展的要求，需要研究相应的技术提升方案，保障系统所应用技术的先进性和适应性，更好地发挥信息系统的效能。

第三节　后评价信息系统提升设想

根据后评价信息系统的应用现状以及系统未来的发展趋势，针对不同的功能模块，提出以下一些提升设想。

一、评价业务管理

评价业务管理是后评价信息系统的核心功能模块，支持各级单位的后评价管理业务，可以归结为计划管理、数据采集和报告管理三类功能。

1．计划管理

计划管理功能目前大多数地区公司都已经开始使用，5 年累计下达 20000 余个项目。目前，系统已实现计划管理流程的一级审批功能和计划下达后向承担单位经办人发送即时通消息功能，但是还存在着一级审批流程不能满足所有地区公司实际工作需求的问题，部分公司经办人无即时通账号或不经常登录即时通导致后评价工作不及时开展的问题。未来还需根据地区公司个性化需求单独开发或优化后评价计划下达流程以及计划下达后，系统除了发送即时通消息，还应自动向后评价承担单位发送邮件或短信，可以更好地促进后评价工作尤其是典型项目后评价工作的开展。

2．简化后评价

系统中的简化后评价功能得到了充分应用，但为了进一步促进简化后评价工作的深入开展，满足未来项目预警分析的需要，简化后评价项目的类型数量和对应的评价内容还需要不断优化、完善。如提升简化后评价的功能，扩展简化后评价项目类型；将全局性关键指标由用户填报的数据自动计算得出，而非让用户填写，减少个人的影响因素；确立关键指标相关影响因素的计算标准及指标基准值，避免因计算标准的不同，使同类项目间指标失去对比基础，同时也避免用户因缺乏计算标准和指标基准值而随意填报数据，影响未来系统预警的准确性。

3．企业自评价—数据采集

目前地区公司用户应用企业自评价—数据采集功能时，多数采用线下完成自评价报告后，再往系统中录入数据的方式，后评价信息系统仅起到了数据结构化归档的作用，而非利用系统开展后评价工作。主要原因在于数据的录入对地区公司完成后评价报告难以起到帮助作用，无法辅助报告的编制，只是额外增加了工作；多数用户在系统中进行自评价数据录入，是迫于主管部门的检查压力，自身缺乏动力去主动使用信息系统。未来企业自后评价工作应通过业务及流程分解与系统绑定，实现数据采集的流程化，提高工作效率。

企业自评价类型复杂，目前仅有勘探、开发、炼化、管道和销售网络五类采集表，且其中计算数据较多，未能完全实现利用一套标准数据采集表收集项目所有后评价数据的目标。未来提升时应根据中国石油的发展和投资项目类型的变化，不断完善已设计的自评价标准数据信息采集表，同时增加其他新类型项目的企业自评价标准数据信息采集表。

4. 独立后评价—数据采集

独立后评价的数据信息采集通常是在地区公司自评价的基础上，通过对相关数据进行核实，并补充部分独立后评价独有数据。但地区公司通常在临近验收时才能完成数据录入，对咨询单位核实和补充数据带来了一定的困难。未来提升时通过将咨询单位的独立后评价工作在系统中进行业务及流程分解，将工作内容与系统的流程绑定，提升独立后评价工作的效率，如后评价报告通过系统提交给后评价主管部门，后评价主管部门在线委托报告函审等；未来系统在相关模型的支持下，应能自动生成独立后评价报告编制所需的表格，减轻咨询单位报告编制的工作量，提高工作效率。

5. 企业自评价—报告管理

多数地区公司用户对编制自评价报告并不熟练，期望通过信息系统上的后评价报告模板定制功能，在系统上能简单地完成报告编制工作。但报告编制的功能未能完全按照设想实现，目前仅能将少量采集数据导入到编制的报告中，对减轻报告编制的工作量帮助不大；未来应通过将地区公司自评价报告编制工作在系统中按业务及流程分解，用户按照步骤进行，就能编制完成报告。

报告在线编制时无法对图和表进行编辑，仅能编辑文字，难以直观地完成报告编写工作，线上编制完成后线下还有许多调整的工作量。未来提升应在系统中增加相关数据生成及分析模型，利用标准数据信息采集表中的基础数据，直接生成报告编制所需的分析图表；同时优化在线编辑功能，实现报告编制时对图和表的直接编辑。

6. 独立后评价—报告管理

独立后评价—报告管理模块主要是后评价中心在使用，主要使用了附件管理功能，上传报告及后评价相关的过程文档，并未使用报告在线编制的功能。原因在于咨询单位已经有一套行之有效的报告编制方法，通常在自评价报告的基础上进行修改完成独立后评价报告，一般人数较少（1~2个人即可完成编制），在线编辑报告也难以减少用户的工作量，缺乏运用信息系统的动力。未来提升时为使系统的报告编制功能模块能够为用户提供更多帮助，报告在线编辑的功能还需进一步优化、完善和提升，如通过完善系统的后评价报告模板定制功能，实现后评价模板根据评价需要进行定制；通过在信息系统中增加相关数据统计分析模型，实现报告所需图表的自动生成，减轻后评价业务人员的工作量；加强对后评价信息系统各级用户的调研，尤其是系统中报告管理功能模块应用情况的调研，分析掌握咨询单位在报告编制过程中的哪些环节最耗费时间和精力，如何通过信息系统提高这些环节的效率，提高系统应用的积极性。

7. 独立后评价—评分排序

系统中使用的指标体系和评分标准为2014年编制，目前后评价工作中使用的指标体系已经重新进行了修订，但研究工作仍在持续进行，指标体系在不断变化。目前系统中的指标体系和评分标准配置都依赖于系统开发人员的定制开发，难以快速灵活地修改，对不断变化发展的后评价工作适应性不足。未来优化提升时应充分考虑各类项目综合评分指标体系的构成、定量指标计算标准、定性指标定性描述和指标计算及描述的数据来源，以补充完善标准数据信息采集表，优化完善独立后评价综合评分模型；实现综合评分模型根据需要的定制，同时设置参与定性指标评分专家的评分功能；实现对具体项目独立后评价的自动综合评分，并在实践中不断完善评分模型。

8. 数据集成

标准数据采集表的数据集成不仅能提高目前各个专业信息系统的资源利用率，保障数据来源唯一，同时能够减轻评价人员录入数据的工作量，对提高后评价工作效率有重要的作用。虽然目前已与周边包括财务系统、炼化运行管理系统、销售大数据、销售投资管理系统等进行了集成，且初始化了历史数据，但是由于集成数据量大、逻辑复杂、报表配置烦琐，目前标准数据采集表中数据集成度还比较低，未来需进一步将集成数据应用到报表中，才能真正减少收集数据的工作量并能保证数据的真实可靠。此外，除了已集成的系统外，将来可根据实际工作需要，与各专业 ERP、大数据（除销售业务外）、加油站管理系统等进行集成，进一步减少数据收集的工作量。

二、成果管理

成果管理模块实现了后评价成果的发布、共享功能，主要包括同行业评价管理和成果发布的功能。

1. 同行业评价管理

同行业评价管理功能是通过维护同行业评价管理的关键数据指标，作为对比分析行业标准，主要由咨询单位在开展独立后评价过程中将不同企业的数据录入系统，但目前缺乏制度性的规范要求，难以保证相关数据的持续获取更新。未来提升时还需要针对各类型项目的关键数据指标进行优化，保证相关数据与时俱进，符合当前的后评价需要；推动制度化管理，要求相关单位在完成独立后评价工作后，录入相关行业基准及同行业横向对比指标等关键数据；从外部获取或购买其他同类企业的行业标准数据和相关项目关键指标录入系统，作为对比分析的行业标准。

2. 成果发布

成果发布功能用于上级管理部门向下级单位发布后评价成果文件，如后评价报告、后评价意见等，但目前该功能尚未得到充分运用。主要原因是开展系统培训时，参与培训的人员多为一线工作人员，侧重点主要在评价业务管理等日常的管理功能，而成果管理功能主要由各级单位的后评价主管部门管理人员使用，他们参与培训较少，对相关功能的认识不足。未来系统提升时应将成果管理功能纳入整体的后评价工作流程，促进相关功能的使用；将利用该功能定期进行后评价成果分享作为制度化要求，定期通过信息系统成果发布功能向地区公司分享优秀后评价成果，推进该功能的拓展和应用，提高各级后评价业务人员水平和成果质量。

三、统计分析

统计分析功能提供计划信息综合展示，方便用户从多个层面和多个维度掌握后评价工作相关信息，包含综合查询、调查问卷和对比分析两项功能。

1. 综合查询

综合查询功能目前应用场景较少，使用人数较少。主要原因在于对于地区公司来说，评价业务管理中已能满足一般的数据查询需求；对于咨询单位该功能中的查询条件不够细致，对于后评价研究帮助不大。未来提升时，还需要着力完善信息查询汇总功能，例如多个条件组合的模糊查询等，提高系统查询功能的实用性和灵活性，满足后续后评价研究和业务发展的需要。

2. 对比分析

对比分析功能在后评价的研究和分析中具有一定的应用需求，目前系统功能尚不能完全满足。主要原因在于系统中使用对比分析指标是2014年讨论确定的，后评价理论与实践经过几年的发展，现在已经不能满足当前后评价研究和应用的需要；缺乏对比分析模型，功能运用存在困难。未来提升时应着力分析各类型后评价项目的关键对比指标，完善各业务领域内不同类项目的对比分析基准，研究建立对比分析模型，丰富独立后评价的对比分析内容，提高后评价质量和水平。

四、效益跟踪管理

效益跟踪管理是为了实现生产期内项目分年实际投资效益情况跟踪，但由于原定的配套系统的建设尚未完成，相关数据缺乏获取来源。未来优化提升时还需要研究项目效益相关数据来源、评价标准，建立并完善相关模型及功能，尤其是未来实现从其他系统集成相关数据，定期自动实现效益跟踪评价。

五、后评价效益评价

后评价效益评价主要进行效益测算模型的管理和项目效益的测算，主要包含模型管理和模型测算功能。

1. 模型管理

模型管理功能是为了对后评价效益测算所使用的模型进行更新和管理，该功能目前使用较少。主要原因在于目前模型更新的方式比较烦琐，需要开发人员进行定制开发，更新周期较长。未来提升时，为方便咨询单位人员对各类项目效益评价模型进行配置和发布，还需要持续完善模型管理相关功能，实现对后评价效益评价模型的灵活定制与发布，满足各级各类项目效益后评价的需要。

2. 模型测算

后评价的效益测算是地区公司自评价的难点，用户有应用系统的需求，系统中提供了开发、炼化、管道、加油站、油库5类后评价效益测算模型，但应用人数较少。主要原因在于后评价效益测算数据输入工作量较大、耗时较长，且模型的定制更新周期较长，不能与前期经济评价模型完全对应。未来提升时应充分考虑后评价信息系统未来应实现后评价效益测算和前期经济评价、标准数据采集表之间的数据一体化，实现数据的集成与共享，减轻效益评价数据采集、填报及评价的工作量。

六、评分模型与指标体系管理

评分模型与指标体系模型主要用于支持后评价综合评分，目前主要使用对象是进行独立后评价的咨询单位，主要包含评分模型管理和指标体系管理功能。

1. 评分模型管理

评分模型管理功能在咨询单位业务人员完成配置相关评分模板后，还需要开发人员在报表软件中进行定制开发，更新周期较长，难以实现根据项目的特点进行灵活地配置调整。未来提升时应实现评分模型的可配置化，满足评价业务的多样化需求；不断完善评分模型，减轻评分的工作量，实现项目的自动化评分。

2. 指标体系管理

未来系统提升时应实现指标体系的可配置化，即灵活定制功能，满足评价业务的多样化需求，同时完善现有后评价指标体系，根据后评价指标体系中具体指标的变化等，完善标准数据信息采集表，保证指标计算所需基础信息的及时准确采集，实现与后评价标准数据采集表深度结合，提高指标体系的适用性。

七、后评价应用考核

目前，系统已实现对发展计划部后评价处、咨询单位、地区公司后评价工作开展情况进行量化考核的功能，但是缺乏制度化支持，且无法自动识别各单位需进行简化后评价和企业自评价的项目范围。未来系统提升时，系统层面需要解决开展后评价工作的项目范围，同时在管理层面，各单位还需建立相应的考核制度，通过系统自动进行应用考核，提升后评价信息系统的使用价值，促进各单位高效、规范地开展后评价工作。

第十一章　后评价信息系统未来应用展望

第一节　加强后评价数据基础研究

根据未来后评价工作的设想，首先加强后评价标准数据信息采集表的相关研究。在原标准数据信息信息采集表的基础上，结合应用中发现的问题和后评价未来发展的需要，丰富和优化标准数据信息采集表的内容，尤其是加强基础数据及描述性信息的采集，构建功能更加强大的后评价数据库，为各项后评价的分析研究提供数据支撑。

（1）开展标准数据采集表的采集形式、采集内容和数据来源等的基础研究，为不断优化完善标准数据采集表及提高信息采集的质量和价值服务。

（2）开展数据及指标间相关转换模型的研究，实现后评价报告所需图表的自动定制生成，为未来进一步提升后评价智联和效率奠定基础。

（3）开展后评价项目自身纵向、同类项目横向和与行业基准值的对比分析研究模型研究，为未来实现可定制化的对比分析奠定基础。

（4）开展后评价指标体系及后评价指标体系与标准数据采集表的关系研究，实现标准数据信息采集表与后评价指标体系的联动，保障后评价指标体系中的所有指标均有明确的数据来源。

（5）开展综合评分指标体系的指标内容、计算标准和评分标准等综合研究，保障指标计算的规范性和准确性，保障同类项目的相同指标间的可对比性等。

（6）研究建立效益跟踪评价、评价指标和评价模型，为项目跟踪评价服务。

（7）研究不同类型项目简化后评价关键预警指标的构成、关键指标的计算模型，基准值确定标准、预警机制等，为实现简化后评价的预警功能提供有力支持。

（8）研究建立不同业务类型项目的简化后评价简报模板，满足定期发布简化后评价简报的需要（图11－1）。

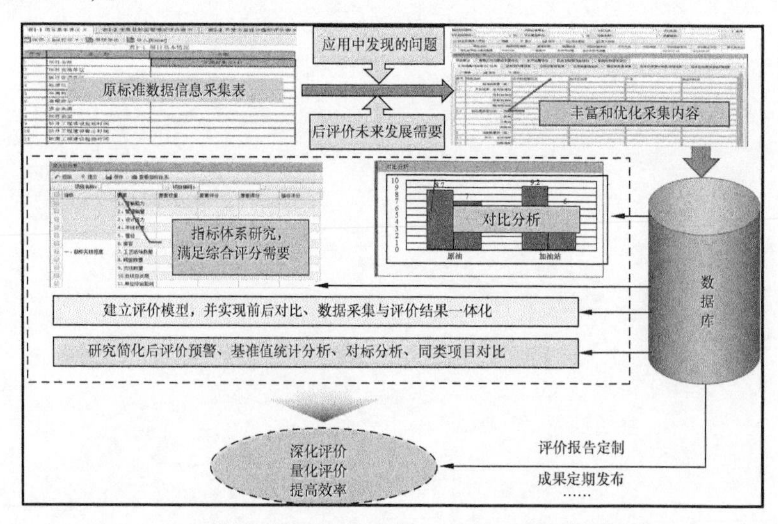

图11－1　系统未来加强研究优化思路

(9) 研究建立前期立项项目与后评价项目维度的匹配与统一机制，解决因前后维度不同导致的数据获取难度大、集成信息利用困难等问题。

(10) 结合评价报告定制和后评价成果的定期发布，最终实现深化评价、量化评价并提高后评价效率。

第二节 加强项目关键指标预警分析

未来系统要依托简化后评价实现项目的自动预警分析，在进行了反复讨论研究后，认为建立基于基准值基础上的简化后评价自动预警机制分三个阶段进行。

(1) 修改完善简化后评价表，增加全局性关键指标。

在完善简化后评价表的过程中，选取或增加最能反映项目运营效率和经济效益的全局性关键指标，如负荷率或投资回报率等，并针对每个关键指标设定不同的影响因素，用于后续的预警分析。

(2) 分析关键指标，得出基准值。

预警功能运行初期可以通过预设一个相对合理的基准值，后续通过不断完善基准值计算及合理区间的方式进行。

(3) 利用基准值进行项目筛选，实现项目预警。

利用基准值筛选出关键指标偏差较大的项目，定期自动生成简报，报送管理部门，实现项目预警。

以管道建设项目为例，管道建设项目中选择负荷率和投资资本回报率作为预警关键指标，如图 11-2、图 11-3 和表 11-1 所示。

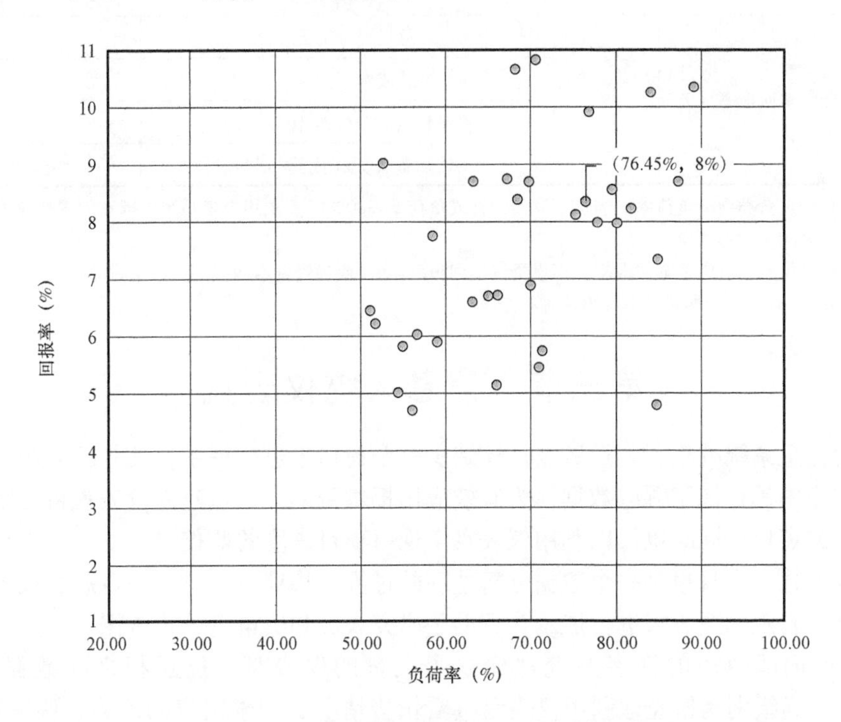

图 11-2 投资资本回报率与负荷率关系图

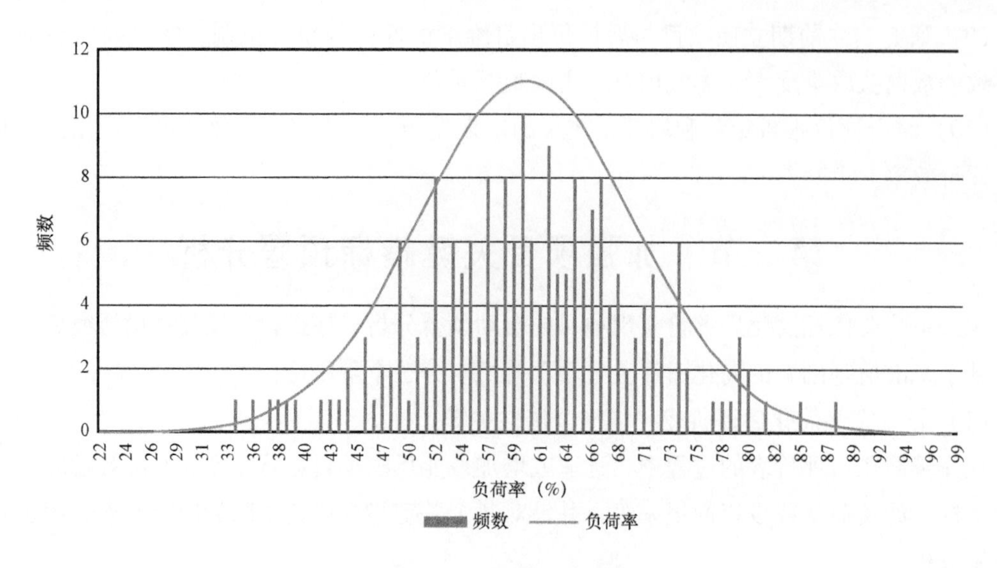

图 11－3　负荷率频数

表 11－1　管道建设项目关键指标表

序号	指标	数值	主要影响因素	影响权重	备注
1	负荷率（%）		资源保障情况		
			市场落实情况		
			工程技术		
			干线建设		
			支线建设		
2	投资资本回报率（%）		总投资（万元）		
			总成本（万元）		
			管输量（10^4t/a 或 10^8m^3/a）		
			管输费（元/t 或元/m^3）		

注：（1）对于运营类指标负荷率，当负荷率≤60%或负荷率≥80%时要求用户填写影响因素的影响权重并触发预警，当 60%≤负荷率≤80%时不需填写；

（2）对于效益类指标投资资本回报率，当投资资本回报率≤6%或投资资本回报率≥10%时填写影响因素的影响权重并触发预警，当 6%≤投资资本回报率≤10%时不需填写。

第三节　信息系统仪表盘

后评价信息系统收集了大量数据，还缺少一个窗口来进行展示，使各级应用人员清楚信息系统数据库中都存储了哪些数据，为有效应用提供帮助。通过建立仪表盘将为系统提供一个对外展示的窗口，同时也可以利用仪表盘实现对项目进度的监控。

仪表盘的建立本身也是一个数据分析整理的过程，将项目数量、投资总额或者项目关键数据等，通过直观的图表来进行展示，有助于研究人员和决策者分析数据。

Microsoft 内部使用的许多系统都建立了大量的仪表盘，且互相之间数据互联互通（图 11－4）。高级别销售经理利用仪表盘查看销售情况、洞察销售的趋势、调整销售策略，普通的销售人员利用仪表盘的统计数据决策面对客户时采取的策略，Program manager 通过仪表盘的分析了解用户需求、调整项目计划。各层级的用户都利用这些仪表盘辅助他们的日常工作，可以说，仪表盘在他们的工作中是一个极重要又必不可少的工具。

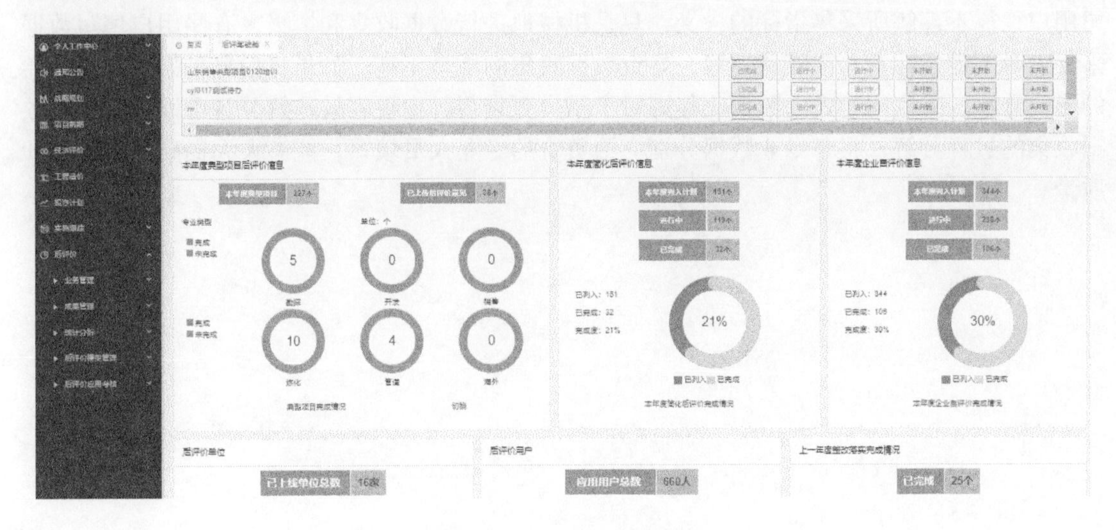

图 11－4　系统仪表盘举例

第四节　信息系统数据集成利用

后评价业务信息化应用主要依托于投资一体化系统的后评价模块，借助信息化手段，加强业务管控，提升信息化协同和投资决策水平。为进一步增强横向对比和行业内对标分析，发挥数据剖析项目成效的作用，辅助支撑投资决策，需要大量项目各阶段多维度数据信息作为支撑和依据。在实际业务开展过程中，后评价工作需多部门配合，数据收集过程烦琐，涉及财务、企管法规、规划计划等业务部门甚至二级单位，需协调多个部门共同参与，沟通成本高，收集时间长，收集难度较大。

未来后评价信息系统要持续洞察行业数字化发展，了解数据资源的产生源头，全面、准确的定义业务指标，精准定位集成系统，充分利用信息化优势，通过系统间数据集成，提升各业务指标采集范围，获取各类业务指标的年度连续数据，为业务现状分析和智能化应用提供更为准确、翔实的数据样本，确保评价结论的准确性和适用性，满足监控项目异常情况、跟进整改效果的业务需要，满足实现业务数字化转型、提升效率的工作需要，满足加强数据分析，推动企业智能化发展的管理需要。

第五节　信息系统优化其他设想

（1）通过中国石油的后评价信息系统，将后评价工作详细分解，实现流程化的管理。

（2）通过后评价工作的标准化、规范化和集成应用，对已有和外来成果的结构化处理，建立项目后评价数据库，突破目前后评价工作中信息不对称、信息源匮乏和信息质量不高的瓶颈，做到数据的充分共享，提高后评价工作效率。

（3）通过后评价信息系统，实现制度规范、项目管理、数据信息、统计分析、成果管理、人员培训和资质管理等功能的信息化管理。

（4）基于后评价数据库和应用模型，实现不同维度的对比分析，开展项目经济效益分析及跟踪评价、项目综合评价与打分排序，以及为开展专项评价、专题研究等提供支撑，将有利于咨询服务业务从项目评价向管理咨询方面拓展，同时不断提高咨询服务水平。

（5）后评价信息系统目前采用信息采集表的形式收集数据，但这种方式下许多地区公司用户往往不理解所采集指标的含义，只是机械地进行数据收集和填报，有些用户填写数据采集表时关键指标空着或随意填写，导致数据收集的质量不高。如果将信息采集表通过问卷的形式分解，采取问卷式的数据收集则对于用户更直观，也更容易理解。且可以将后评价数据收集的过程分解，将各专业数据分别交给负责的专业人员填写，能够大大提高采集效率和质量。

附录一

中央政府投资项目后评价管理办法

第一章 总 则

第一条 为健全政府投资项目后评价制度，规范项目后评价工作，提高政府投资决策水平和投资效益，加强中央政府投资项目全过程管理，根据《国务院关于投资体制改革的决定》要求，制定本办法。

第二条 本办法所称项目后评价，是指在项目竣工验收并投入使用或运营一定时间后，运用规范、科学、系统的评价方法与指标，将项目建成后所达到的实际效果与项目的可行性研究报告、初步设计（含概算）文件及其审批文件的主要内容进行对比分析，找出差距及原因，总结经验教训、提出相应对策建议，并反馈到项目参与各方，形成良性项目决策机制。根据需要，可以针对项目建设（或运行）的某一问题进行专题评价，可以对同类的多个项目进行综合性、政策性、规划性评价。

第三条 国家发展改革委审批可行性研究报告的中央政府投资项目的后评价工作，适用本办法。国际金融组织和外国政府贷款项目后评价管理办法另行制定。

第四条 项目后评价应当遵循独立、客观、科学、公正的原则，保持顺畅的信息沟通和反馈，为建立和完善政府投资监管体系服务。

第五条 国家发展改革委负责项目后评价的组织和管理工作。具体包括：确定后评价项目，督促项目单位按时提交项目自我总结评价报告并进行审查，委托承担后评价任务的工程咨询机构，指导和督促有关方面保障后评价工作顺利开展和解决后评价中发现的问题，建立后评价信息管理系统和后评价成果反馈机制，推广通过后评价总结的成功经验和做法等。项目行业主管部门负责加强对项目单位的指导、协调、监督，支持承担项目后评价任务的工程咨询机构做好相关工作。项目所在地的省级发展改革部门负责组织协调本地区有关单位配合承担项目后评价任务的工程咨询机构做好相关工作。项目单位负责做好自我总结评价并配合承担项目后评价任务的工程咨询机构开展相关工作。承担项目后评价任务的工程咨询机构负责按照要求开展项目后评价并提交后评价报告。

第二章 工 作 程 序

第六条 本办法第三条第一款规定范围内的项目，项目单位应在项目竣工验收并投入使用或运营一年后两年内，将自我总结评价报告报送国家发展改革委。其中，中央本级项目通过项目行业主管部门报送同时抄送项目所在地省级发展改革部门，其他项目通过省级发展改革部门报送同时抄送项目行业主管部门。

第七条 项目单位可委托具有相应资质的工程咨询机构编写自我总结评价报告。项目单位对自我总结评价报告及相关附件的真实性负责。

第八条 项目自我总结评价报告应主要包括以下内容：

（一）项目概况：项目目标、建设内容、投资估算、前期审批情况、资金来源及到位情况、实施进度、批准概算及执行情况等；

（二）项目实施过程总结：前期准备、建设实施、项目运行等；

（三）项目效果评价：技术水平、财务及经济效益、社会效益、资源利用效率、环境影响、可持续能力等；

（四）项目目标评价：目标实现程度、差距及原因等；

（五）项目总结：评价结论、主要经验教训和相关建议。项目自我总结评价报告可参照项目后评价报告编制大纲进行编制。

第九条 项目单位在提交自我总结评价报告时，应同时提供开展项目后评价所需要的以下文件及相关资料清单：

（一）项目审批文件。主要包括项目建议书、可行性研究报告、初步设计和概算、特殊情况下的开工报告、规划选址和土地预审报告、环境影响评价报告、安全预评价报告、节能评估报告、重大项目社会稳定风险评估报告、洪水影响评价报告、水资源论证报告、水土保持报告、金融机构出具的融资承诺文件等相关的资料，以及相关批复文件。

（二）项目实施文件。主要包括项目招投标文件、主要合同文本、年度投资计划、概算调整报告、施工图设计会审及变更资料、监理报告、竣工验收报告等相关资料，以及相关的批复文件。

（三）其他资料。主要包括项目结算和竣工财务决算报告及资料，项目运行和生产经营情况，财务报表以及其他相关资料，与项目有关的审计报告、稽查报告和统计资料等。

第十条 项目自我总结评价报告内容不完整或深度达不到相应要求的，项目行业主管部门或者省级发展改革部门应当要求项目单位限期补充完善。

第十一条 国家发展改革委根据本办法第十二条规定，结合项目单位自我总结评价情况，确定需要开展后评价工作的项目，制定项目后评价年度计划，印送有关项目行业主管部门、省级发展改革部门和项目单位。

第十二条 列入后评价年度计划的项目主要从以下项目中选择：

（一）对行业和地区发展、产业结构调整有重大指导和示范意义的项目；

（二）对节约资源、保护生态环境、促进社会发展、维护国家安全有重大影响的项目；

（三）对优化资源配置、调整投资方向、优化重大布局有重要借鉴作用的项目；

（四）采用新技术、新工艺、新设备、新材料、新型投融资和运营模式，以及其他具有特殊示范意义的项目；

（五）跨地区、跨流域、工期长、投资大、建设条件复杂，以及项目建设过程中发生重大方案调整的项目；

（六）征地拆迁、移民安置规模较大，可能对贫困地区、贫困人口及其他弱势群体影响较大的项目，特别是在项目实施过程中发生过社会稳定事件的；

（七）使用中央预算内投资数额较大且比例较高的项目；

（八）重大社会民生项目；

（九）社会舆论普遍关注的项目。

第十三条 国家发展改革委根据项目后评价年度计划，委托具备相应资质的工程咨询机构承担项目后评价任务。国家发展改革委不得委托参加过同一项目前期、建设实施工作或编写自我总结评价报告的工程咨询机构承担该项目的后评价任务。

第十四条 承担项目后评价任务的工程咨询机构，在接受委托后，应组建满足专业评价要求的工作组，在现场调查、资料收集和社会访谈的基础上，结合项目自我总结评价报告，对照项目的可行性研究报告、初步设计（概算）文件及其审批文件的相关内容，对项目进行全面系统地分析评价。

第十五条 承担项目后评价任务的工程咨询机构，应当按照国家发展改革委的委托要求和投资管理相关规定，根据业内应遵循的评价方法、工作流程、质量保证要求和执业行为规范，独立开展项目后评价工作，在规定时限内完成项目后评价任务，提出合格的项目后评价报告。

第十六条 国家发展改革委制定项目后评价编制大纲，指导和规范项目后评价报告的编制工作。

第十七条 项目后评价应采用定性和定量相结合的方法，主要包括：逻辑框架法、调查法、对比法、专家打分法、综合指标体系评价法、项目成功度评价法。具体项目的后评价方法应根据项目特点和后评价的要求，选择一种或多种方法对项目进行综合评价。

第十八条 项目后评价应按照适用性、可操作性、定性和定量相结合原则，制定规范、科学、系统的评价指标。承担项目后评价任务的工程咨询机构，应根据项目特点和后评价的要求，在充分调查研究的基础上，确定具体项目后评价指标及方案。

第十九条 工程咨询机构在开展项目后评价的过程中，应当采取适当方式听取社会公众和行业专家的意见，并在后评价报告中设立独立篇章予以客观反映。

第三章 成 果 应 用

第二十条 国家发展改革委通过项目后评价工作，认真总结同类项目的经验教训，后评价成果应作为规划制定、项目审批、资金安排、项目管理的重要参考依据。

第二十一条 国家发展改革委应及时将后评价成果提供给相关部门、省级发展改革部门和有关机构参考，加强信息沟通。

第二十二条 对于通过项目后评价发现的问题，有关部门、地方和项目单位应认真分析原因，提出改进意见，并报送国家发展改革委。

第二十三条 国家发展改革委会同有关部门，定期以适当方式汇编后评价成果，大力推广通过项目后评价总结出来的成功经验和做法，不断提高投资决策水平和政府投资效益。

第四章 监 督 管 理

第二十四条 列入后评价年度计划的项目，项目单位应当根据后评价工作需要，积极配合承担项目后评价任务的工程咨询机构开展相关工作，及时、准确、完整地提供开展后评价工作所需要的相关文件和资料。

第二十五条 工程咨询机构应对项目后评价报告质量及相关结论负责，并承担对国家秘密、商业秘密等的保密责任。

第二十六条 国家发展改革委委托中国工程咨询协会，定期对有关工程咨询机构和人员承担项目后评价任务的情况进行执业检查，并将检查结果作为工程咨询资质管理及工程咨询成果质量评定的重要依据。

第二十七条 国家发展改革委委托的项目后评价所需经费由国家发展改革委支付，取费标准按照《建设项目前期工作咨询收费暂行规定》（计价格〔1999〕1283 号）关于编制可行性研究报告的有关规定执行。承担项目后评价任务的工程咨询机构及其人员，不得收取项目单位的任何费用。项目单位编制自我总结评价报告的费用在投资项目不可预见费中列支。

第二十八条 项目单位存在不按时限提交自我总结评价报告，隐匿、虚报瞒报有关情况和数据资料，或者拒不提交资料、阻挠后评价等行为的，根据情节轻重给予通报批评，在一定期限内暂停安排该单位其他项目的中央投资。

第五章 附 则

第二十九条 各地方、各项目行业主管部门可参照本办法，制定本地区、本部门的政府投资项目后评价办法和实施细则。

第三十条 本办法由国家发展改革委负责解释。

第三十一条 本办法自发布之日起施行，《中央政府投资项目后评价管理办法（试行)》(发改投资〔2008〕2959 号）同时废止。

附录二

中央政府投资项目后评价报告编制大纲（试行）

第一部分 项目概况

一、项目基本情况。对项目建设地点、项目业主、项目性质、特点（或功能定位）、项目开工和竣工、投入运营（行）时间进行概要描述。

二、项目决策理由与目标。概述项目决策的依据、背景、理由和预期目标（宏观目标和实施目标）。

三、项目建设内容及规模。项目经批准的建设内容、建设规模（或生产能力），实际建成的建设规模（或生产能力）；项目主要实施过程，并简要说明变化内容及原因；项目经批准的建设周期和实际建设周期。

四、项目投资情况。项目经批准的投资估算、初步设计概算及调整概算、竣工决算。

五、项目资金到位情况。项目经批准的资金来源，资金到位情况，竣工决算资金来源及不同来源资金所占比重。

六、项目运营（行）及效益现状。项目运营（行）现状，生产能力（或系统功能）实现现状，项目财务及经济效益现状，社会效益现状。

七、项目自我总结评价报告情况及主要结论。

八、项目后评价依据、主要内容和基础资料。

第二部分 项目全过程总结与评价

第一章 项目前期决策总结与评价

一、项目建议书主要内容及批复意见。

二、可行性研究报告主要内容及批复意见。

（一）可行性研究报告主要内容。主要包括项目建设必要性、建设条件、建设规模、主要技术标准和技术方案、建设工期、总投资及资金筹措，以及环境影响评价、经济评价、社会稳定风险评估等专项评价主要结论等内容。

（二）可行性研究报告批复意见。包括项目建设必要性、建设规模及主要建设内容、建设工期、总投资及资金筹措等内容。

（三）可行性研究报告和项目建议书主要变化。对可行性研究报告和项目建议书主要内容进行对比，并对主要变化原因进行简要分析。

三、项目初步设计（含概算）主要内容及批复意见（大型项目应在初步设计前增加总体设计阶段）。主要包括：工程特点、工程规模、主要技术标准、主要技术方案、初步设计批复意见。

四、项目前期决策评价。主要包括项目审批依据是否充分，是否依法履行了审批程序，是否依法附具了土地、环评、规划等相关手续。

第二章　项目建设准备、实施总结与评价

一、项目实施准备。

（一）项目实施准备组织管理及其评价。组织形式及机构设置，管理制度的建立，勘察设计、咨询、强审等建设参与方的引入方式及程序，各参与方资质及工作职责情况。

（二）项目施工图设计情况。施工图设计的主要内容，以及施工图设计审查意见执行情况。

（三）各阶段与可行性研究报告相比主要变化及原因分析。根据项目设计完成情况，可以选取包括初步设计（大型项目应在初步设计前增加总体设计阶段）、施工图设计等各设计阶段与可行性研究报告相比的主要变化，并进行主要原因分析。

对比的内容主要包括：工程规模、主要技术标准、主要技术方案及运营管理方案、工程投资、建设工期。

（四）项目勘察设计工作评价。主要包括：勘察设计单位及工作内容，勘察设计单位的资质等级是否符合国家有关规定的评价，勘察设计工作成果内容、深度全面性及合理性评价，以及相关审批程序符合国家及地方有关规定的评价。

（五）征地拆迁工作情况及评价。

（六）项目招投标工作情况及评价。

（七）项目资金落实情况及其评价。

（八）项目开工程序执行情况。主要包括开工手续落实情况，实际开工时间，存在问题及其评价。

二、项目实施组织与管理。

（一）项目管理组织机构（项目法人、指挥部）。

（二）项目的管理模式（法人直管、总承包、代建、BOT 等）。

（三）参与单位的名称及组织机构（设计、施工、监理、其他）。

（四）管理制度的制定及运行情况（管理制度的细目、重要的管理活动、管理活动的绩效）。

（五）对项目组织与管理的评价（针对项目的特点分别对管理主体及组织机构的适宜性、管理有效性、管理模式合理性、管理制度的完备性以及管理效率进行评价）。

三、合同执行与管理。

（一）项目合同清单（包括正式合同及其附件并进行合同的分类、分级）。

（二）主要合同的执行情况。

（三）合同重大变更、违约情况及原因。

（四）合同管理的评价。

四、信息管理。

（一）信息管理的机制。

（二）信息管理的制度。

（三）信息管理系统的运行情况。

（四）信息管理的评价。

五、控制管理。

（一）进度控制管理。

（二）质量控制管理。

（三）投资控制管理。

（四）安全、卫生、环保管理。

六、重大变更设计情况。

七、资金使用管理。

八、工程监理情况。

九、新技术、新工艺、新材料、新设备的运用情况。

十、竣工验收情况。

十一、项目试运营（行）情况。

（一）生产准备情况。

（二）试运营（行）情况。

十二、工程档案管理情况。

第三章　项目运营（行）总结与评价

一、项目运营（行）概况。

（一）运营（行）期限。项目运营（行）考核期的时间跨度和起始时刻的界定。

（二）运营（行）效果。项目投产（或运营）后，产品的产量、种类和质量（或服务的规模和服务水平）情况及其增长规律。

（三）运营（行）水平。项目投产（或运营）后，各分项目、子系统的运转是否达到预期的设计标准；各子系统、分项目、生产（或服务）各环节间的合作、配合是否和谐、正常。

（四）技术及管理水平。项目在运营（行）期间的表现，反映出项目主体处于什么技术水平和管理水平（世界、国内、行业内）。

（五）产品营销及占有市场情况。描述产品投产后，销售现状、市场认可度及占有市场份额情况。

（六）运营（行）中存在的问题

1. 生产项目的总平面布置、工艺流程及主要生产设施（服务类项目的总体规模、主要子系统的选择、设计和建设）是否存在问题，属什么性质的问题。

2. 项目的配套工程及辅助设施的建设是否必要和适宜。配套工程及辅助设施的建设有无延误，原因是什么，产生什么副作用。

二、项目运营（行）状况评价。

（一）项目能力评价。项目是否具备预期功能，达到预定的产量、质量（服务规模、服务水平）。如未达到，差距多大。

（二）运营（行）现状评价。项目投产（或运营）后，产品的产量、种类和质量（或服务的规模和服务水平）与预期存在的差异，产生上述差异的原因分析。

（三）达到预期目标可能性分析。项目投产（或运营）后，产品的产量、种类和质量（或服务的规模和服务水平）增长规律总结，项目可达到预期目标的可能性分析。

第三部分　项目效果和效益评价

第一章　项目技术水平评价

一、项目技术效果评价。主要内容包括：

（一）技术水平。项目的技术前瞻性，是否达到了国内（国际）先进水平。

（二）产业政策。是否符合国家产业政策。

（三）节能环保。节能环保措施是否落实，相关指标是否达标，是否达到国内（国际）先进水平。

（四）设计能力。是否达到了设计能力，运营（行）后是否达到了预期效果。

（五）设备、工艺、功能及辅助配套水平。是否满足运营（行）、生产需要。

（六）设计方案、设备选择是否符合我国国情（包括技术发展方向、技术水平和管理水平）。

二、项目技术标准评价。主要内容包括：

（一）采用的技术标准是否满足国家或行业标准的要求。

（二）采用的技术标准是否与可研批复的标准吻合。

（三）工艺技术、设备参数是否先进、合理、适用，符合国情。

（四）对采用的新技术、新工艺、新材料的先进性、经济性、安全性和可靠性进行评价。

（五）工艺流程、运营（行）管理模式等是否满足实际要求。

（六）项目采取的技术措施在本工程的适应性。

三、项目技术方案评价。主要内容包括：

（一）设计指导思想是否先进，是否进行多方案比选后选择了最优方案。

（二）是否符合各阶段批复意见。

（三）技术方案是否经济合理、可操作性强。

（四）设备配备、工艺、功能布局等是否满足运营、生产需求。

（五）辅助配套设施是否齐全。

（六）运营（行）主要技术指标对比。

四、技术创新评价。主要内容包括：

（一）项目的科研、获奖情况。

（二）本项目的技术创新产生的社会经济效益评价。

（三）技术创新在国内、国际的领先水平评价。

（四）分析技术创新的适应性及对工程质量、投资、进度等产生的影响等。

（五）对新技术是否在同行业等相关领域具有可推广性进行评价。

（六）新技术、新工艺、新材料、新设备的使用效果，以及对技术进步的影响。

（七）项目取得的知识产权情况。

（八）项目团队建设及人才培养情况。

五、设备国产化评价（主要适用于轨道交通等国家特定要求项目）。主要内容包括：

（一）所选用的设备国产化率评价，进口设备是否可采用国产设备。

（二）设备采购对工程带来的利弊评价。

（三）国产化设备与国外同类产品的技术经济对比分析。

（四）国产设备对运营、维修保养的影响评价。

第二章　项目财务及经济效益评价

一、竣工决算与可研报告的投资对比分析评价。主要包括：分年度工程建设投资，建设期贷款利息等其他投资。

二、资金筹措与可研报告对比分析评价。主要包括：资本金比例，资本金筹措，贷款资金筹措等。

三、运营（行）收入与可研报告对比分析评价。主要包括：分年度实际收入，以后年度预测收入。

四、项目成本与可研报告对比分析评价。主要包括：分年度运营（行）支出，以后年度预测成本。

五、财务评价与可研报告对比分析评价。主要包括：财务评价参数，评价指标。

六、国民经济评价与可研报告对比分析评价。主要包括：国民经济评价参数，评价指标。

七、其它财务、效益相关分析评价。比如，项目单位财务状况分析与评价。

第三章　项目经营管理评价

一、经营管理机构设置与可研报告对比分析评价。

二、人员配备与可研报告对比分析评价。

三、经营管理目标。

四、运营（行）管理评价。

第四章　项目资源环境效益评价

一、项目环境保护合规性。

二、环保设施设置情况。项目环境保护设施落实环境影响报告书及前期设计情况、差异原因。

三、项目环境保护效果、影响及评价。

四、公众参与调查与评价。

五、项目环境保护措施建议。

六、环境影响评价结论。

七、节能效果评价。项目落实节能评估报告及能评批复意见情况，差异原因，以及项目实际能源利用效率。

第五章　项目社会效益评价

一、利益相关者分析。

（一）识别利益相关者。可以分为直接利益相关者和间接利益相关者。

（二）分析利益相关者利益构成。

（三）分析利益相关者的影响力。

（四）项目实际利益相关者与可行性研究对比的差异。

二、社会影响分析。

（一）项目对所在地居民收入的影响。

（二）项目对所在地区居民生活水平的生活质量的影响。

（三）项目对所在地区居民就业的影响。

（四）项目对所在地区不同利益相关者的影响。

（五）项目对所在地区弱势群体利益的影响。

（六）项目对所在地区文化、教育、卫生的影响。

（七）项目对当地基础设施、社会服务容量和城市化进程的影响。

（八）项目对所在地区少数民族风俗习惯和宗教的影响。

（九）社会影响后评价结论。

对上述第（一）至（八）部分，分别分析影响范围、影响程度、已经出现的后果与可行性研究对比的差异等。

三、互适应性分析。

（一）不同利益相关者的态度。

（二）当地社会组织的态度。

（三）当地社会环境条件。

（四）互适应性后评价结论。

对上述第（一）至（三）部分，分别分析其与项目的适应程度、出现的问题、可行性研究中提出的措施是否发挥作用等。

四、社会稳定风险分析。

（一）移民安置问题。

（二）民族矛盾、宗教问题。

（三）弱势群体支持问题。

（四）受损补偿问题。

（五）社会风险后评价结论。

对上述第（一）至（四）部分，分别分析风险的持续时间、已经出现的后果、可行性研究中提出的措施是否发挥作用等。

第四部分　项目目标和可持续性评价

第一章　项目目标评价

一、项目的工程建设目标。

二、总体及分系统技术目标。

三、总体功能及分系统功能目标。

四、投资控制目标。

五、经济目标。对经济分析及财务分析主要指标、运营成本、投资效益等是否达到决策目标的评价。

六、项目影响目标。项目实现的社会经济影响、项目对自然资源综合利用和生态环境的影响以及对相关利益群体的影响等是否达到决策目标。

第二章　项目可持续性评价

一、项目的经济效益。主要包括：项目全生命周期的经济效益，项目的间接经济效益

二、项目资源利用情况。

（一）项目建设期资源利用情况。

（二）项目运营（行）期资源利用情况。主要包括：项目运营（行）所需资源，项目运营（行）产生的废弃物处理和利用情况，项目报废后资源的再利用情况。

三、项目的可改造性。主要包括：改造的经济可能性和技术可能性。

四、项目环境影响。主要包括：对自然环境的影响，对社会环境的影响，对生态环境的影响。

五、项目科技进步性。主要包括：项目设计的先进性，技术的先进性。

六、项目的可维护性。

第五部分　项目后评价结论和主要经验教训

一、后评价主要内容和结论。

（一）过程总结与评价。根据对项目决策、实施、运营阶段的回顾分析，归纳总结评价结论。

（二）效果、目标总结与评价。根据对项目经济效益、外部影响、持续性的回顾分析，归纳总结评价结论。

（三）综合评价。

二、主要经验和教训。

按照决策和管理部门所关心问题的重要程度，主要从决策和前期工作评价、建设目标评价、建设实施评价、征地拆迁评价、经济评价、环境影响评价、社会评价、可持续性评价等方面进行评述。

（一）主要经验。

（二）主要教训。

第六部分　对 策 建 议

一、宏观建议。对国家、行业及地方政府的建议。

二、微观建议。对企业及项目的建议。

附表：逻辑框架表和项目成功度评价表。

一、后评价项目逻辑框架表

后评价项目逻辑框架表

项目描述	实施效果（可客观验证的指标）			原因分析		项目可持续能力
	原定指标	实现指标	变化情况	内部原因	外部条件	
项目宏观目标						
项目直接目标						
产出/建设内容						
投入/活动						

二、后评价项目成功度评价表

后评价项目成功度评价表

评定项目指标	项目相关重要性	评定等级
宏观目标和产业政策		
决策及其程序		
布局与规模		
项目目标及市场		
设计与技术装备水平		
资源和建设条件		
资金来源和融资		
项目进度及其控制		项目质量及其控制
项目投资及其控制		
项目运营		
机构和管理		
项目财务效益		
项目经济效益和影响		
社会和环境影响		
项目可持续性		
项目总评		

注：1. 项目相关重要性：分为重要、次重要、不重要。

2. 评定等级分为：A—成功；B—基本成功；C—部分成功；D—不成功；E—失败。

附录三

中央企业固定资产投资项目后评价工作指南

一、总则

（一）为加强中央企业固定资产投资项目管理，提高企业投资决策水平和投资效益，完善投资决策机制，建立投资项目后评价制度，根据《中华人民共和国公司法》、《企业国有资产监督管理暂行条例》（国务院令第378号）、《国务院关于投资体制改革的决定》（国发〔2004〕20号）以及《国务院办公厅关于印发国务院国有资产监督管理委员会主要职责内设机构和人员编制规定的通知》（国办发〔2003〕28号）赋予国资委的职责，国务院国有资产监督管理委员会（以下简称国资委）编制《中央企业固定资产投资项目后评价工作指南》（以下简称《工作指南》）。

（二）《工作指南》所称中央企业是指经国务院授权由国资委履行出资人职责的企业。本指南适用于指导中央企业固定资产投资项目后评价工作（以下简称项目后评价）。

（三）《工作指南》所称固定资产投资项目，是指为特定目的而进行投资建设，并含有一定建筑或建筑安装工程，且形成固定资产的建设项目。

二、项目后评价概念及一般要求

（一）项目后评价是投资项目周期的一个重要阶段，是项目管理的重要内容。项目后评价主要服务于投资决策，是出资人对投资活动进行监管的重要手段。项目后评价也可以为改善企业经营管理提供帮助。

（二）项目后评价一般是指项目投资完成之后所进行的评价。它通过对项目实施过程、结果及其影响进行调查研究和全面系统回顾，与项目决策时确定的目标以及技术、经济、环境、社会指标进行对比，找出差别和变化，分析原因，总结经验，吸取教训，得到启示，提出对策建议，通过信息反馈，改善投资管理和决策，达到提高投资效益的目的。

（三）按时点划分，项目后评价又可分为项目事后评价和项目中间评价。项目事后评价是指对已完工项目进行全面系统的评价；项目中间评价是指从项目开工到竣工验收前的阶段性评价。

（四）项目后评价应坚持独立、科学、公正的原则。

（五）项目后评价要有畅通、快捷的信息流系统和反馈机制。项目后评价的结果和信息应用于指导规划编制和拟建项目策划，调整投资计划和在建项目，完善已建成项目。项目后评价还可用于对工程咨询、施工建设、项目管理等工作的质量与绩效进行检验、监督和评价。

（六）中央企业的项目后评价应注重分析、评价项目投资对行业布局、产业结构调整、企业发展、技术进步、投资效益和国有资产保值增值的作用和影响。

三、项目后评价内容

（一）项目全过程的回顾。

1. 项目立项决策阶段的回顾，主要内容包括：项目可行性研究、项目评估或评审、项目决策审批、核准或批准等。

2. 项目准备阶段的回顾，主要内容包括：工程勘察设计、资金来源和融资方案、采购招投标（含工程设计、咨询服务、工程建设、设备采购）、合同条款和协议签订、开工准备等。

3. 项目实施阶段的回顾，主要内容包括：项目合同执行、重大设计变更、工程“三大控制”（进度、投资、质量）、资金支付和管理、项目管理等。

4. 项目竣工和运营阶段的回顾，主要内容包括：工程竣工和验收、技术水平和设计能力达标、试生产运行、经营和财务状况、运营管理等。

（二）项目绩效和影响评价。

1. 项目技术评价，主要内容包括：工艺、技术和装备的先进性、适用性、经济性、安全性，建筑工程质量及安全，特别要关注资源、能源合理利用。

2. 项目财务和经济评价，主要内容包括：项目总投资和负债状况；重新测算项目的财务评价指标、经济评价指标、偿债能力等。财务和经济评价应通过投资增量效益的分析，突出项目对企业效益的作用和影响。

3. 项目环境和社会影响评价，主要内容包括：项目污染控制、地区环境生态影响、环境治理与保护；增加就业机会、征地拆迁补偿和移民安置、带动区域经济社会发展、推动产业技术进步等。必要时，应进行项目的利益群体分析。

4. 项目管理评价，主要内容包括：项目实施相关者管理、项目管理体制与机制、项目管理者水平；企业项目管理、投资监管状况、体制机制创新等。

（三）项目目标实现程度和持续能力评价。

1. 项目目标实现程度从以下四个方面进行判断：

项目工程（实物）建成，项目的建筑工程完工、设备安装调试完成、装置和设施经过试运行，具备竣工验收条件。

项目技术和能力，装置、设施和设备的运行达到设计能力和技术指标，产品质量达到国家或企业标准。

项目经济效益产生，项目财务和经济的预期目标，包括运营（销售）收入、成本、利税、收益率、利息备付率、偿债备付率等基本实现。

项目影响产生，项目的经济、环境、社会效益目标基本实现，项目对产业布局、技术进步、国民经济、环境生态、社会发展的影响已经产生。

2. 项目持续能力的评价，主要分析以下因素及条件：

持续能力的内部因素，包括财务状况、技术水平、污染控制、企业管理体制与激励机制等，核心是产品竞争能力。

持续能力的外部条件，包括资源、环境、生态、物流条件、政策环境、市场变化及其趋势等。

（四）经验教训和对策建议。

项目后评价应根据调查的真实情况认真总结经验教训，并在此基础上进行分析，得出启示和对策建议，对策建议应具有借鉴和指导意义，并具有可操作性。项目后评价的经验教训和对策建议应从项目、企业、行业、宏观4个层面分别说明。

上述内容是项目后评价的总体框架。大型和复杂项目的后评价应该包括以上主要内容，进行完整、系统的评价。一般项目应根据后评价委托的要求和评价时点，突出项目特点等，选做一部分内容。项目中间评价应根据需要有所区别、侧重和简化。

四、项目后评价方法

（一）项目后评价方法的基础理论是现代系统工程与反馈控制的管理理论。项目后评价亦应遵循工程咨询的方法与原则。

（二）项目后评价的综合评价方法是逻辑框架法。逻辑框架法是通过投入、产出、直接目的、宏观影响四个层面对项目进行分析和总结的综合评价方法。

（三）项目后评价的主要分析评价方法是对比法，即根据后评价调查得到的项目实际情况，对照项目立项时所确定的直接目标和宏观目标，以及其它指标，找出偏差和变化，分析原因，得出结论和经验教训。项目后评价的对比法包括前后对比、有无对比和横向对比。

1. 前后对比法是项目实施前后相关指标的对比，用以直接估量项目实施的相对成效。

2. 有无对比法是指在项目周期内“有项目”（实施项目）相关指标的实际值与“无项目”（不实施项目）相关指标的预测值对比，用以度量项目真实的效益、作用及影响。

3. 横向对比是同一行业内类似项目相关指标的对比，用以评价企业（项目）的绩效或竞争力。

（四）项目后评价调查是采集对比信息资料的主要方法，包括现场调查和问卷调查。后评价调查重在事前策划。

（五）项目后评价指标框架。

1. 构建项目后评价的指标体系，应按照项目逻辑框架构架，从项目的投入、产出、直接目的3个层面出发，将各层次的目标进行分解，落实到各项具体指标中。

2. 评价指标包括工程咨询评价常用的各类指标，主要有：工程技术指标、财务和经济指标、环境和社会影响指标、管理效能指标等。不同类型项目后评价应选用不同的重点评价指标。

3. 项目后评价应根据不同情况，对项目立项、项目评估、初步设计、合同签订、开工报告、概算调整、完工投产、竣工验收等项目周期中几个时点的指标值进行比较，特别应分析比较项目立项与完工投产（或竣工验收）两个时点指标值的变化，并分析变化原因。

五、项目后评价的实施

（一）项目后评价实行分级管理。中央企业作为投资主体，负责本企业项目后评价的组织和管理；项目业主作为项目法人，负责项目竣工验收后进行项目自我总结评价并配合企业具体实施项目后评价。

1. 项目业主后评价的主要工作有：完成项目自我总结评价报告；在项目内及时反馈评价信息；向后评价承担机构提供必要的信息资料；配合后评价现场调查以及其他相关事宜。

2. 中央企业后评价的主要工作有：制订本企业项目后评价实施细则；对企业投资的重要项目的自我总结评价报告进行分析评价；筛选后评价项目；制订后评价计划；安排相对独立的项目后评价；总结投资效果和经验教训，配合完成国资委安排的项目后评价工作等。

（二）中央企业投资项目后评价的实施程序。

1. 企业重要项目的业主在项目完工投产后6~18个月内必须向主管中央企业上报《项目自我总结评价报告》（简称自评报告）。

2. 中央企业对项目的自评报告进行评价，得出评价结论。在此基础上，选择典型项目，组织开展企业内项目后评价。

（三）中央企业选择后评价项目应考虑以下条件：

1. 项目投资额巨大，建设工期长、建设条件较复杂，或跨地区、跨行业；

2. 项目采用新技术、新工艺、新设备，对提升企业核心竞争力有较大影响；

3. 项目在建设实施中，产品市场、原料供应及融资条件发生重大变化；

4. 项目组织管理体系复杂（包括境外投资项目）；

5. 项目对行业或企业发展有重大影响；

6. 项目引发的环境、社会影响较大。

（四）中央企业内部的项目后评价应避免出现“自己评价自己”，凡是承担项目可行性研究报告编制、评估、设计、监理、项目管理、工程建设等业务的机构不宜从事该项目的后评价工作。

（五）项目后评价承担机构要按照工程咨询行业协会的规定，遵循项目后评价的基本原则，按照后评价委托合同要求，独立自主认真负责地开展后评价工作，并承担国家机密、商业机密相应的保密责任。受评项目业主应如实提供后评价所需要的数据和资料，并配合组织现场调查。

（六）《项目自我总结评价报告》和《项目后评价报告》要根据规定的内容和格式编写，报告应观点明确、层次清楚、文字简练，文本规范。与项目后评价相关的重要专题研究报告和资料可以附在报告之后。

（七）项目后评价所需经费原则上由委托单位支付。

六、项目后评价成果应用

（一）中央企业投资项目后评价成果（经验、教训和政策建议）应成为编制规划和投资决策的参考和依据。《项目后评价报告》应作为企业重大决策失误责任追究的重要依据。

（二）中央企业在新投资项目策划时，应参考过去同类项目的后评价结论和主要经验教训（相关文字材料应附在立项报告之后，一并报送决策部门）。在新项目立项后，应尽可能参考项目后评价指标体系，建立项目管理信息系统，随项目进程开展监测分析，改善项目日常管理，并为项目后评价积累资料。

七、附则

各中央企业可参照本《工作指南》，制订本企业的项目后评价实施细则。《工作指南》也可供其他不同类型、不同形式的投资项目后评价参考。

参 考 文 献

[1] 中国石油天然气股份有限公司. 销售项目后评价 [M]. 北京：石油工业出版社，2014.

[2] 中国石油天然气股份有限公司. 油气管道项目后评价 [M]. 北京：石油工业出版社，2014.

[3] 中国石油天然气股份有限公司. 勘探项目后评价 [M]. 北京：石油工业出版社，2014.

[4] 中国石油天然气股份有限公司. 炼化项目后评价 [M]. 北京：石油工业出版社，2014.

[5] 王华. 炼油化工运行系统应用技术研究 [M]. 北京：石油工业出版社，2010.

[6] 王华. 炼化物料优化与排产技术应用研究 [M]. 北京：石油工业出版社，2010.

[7] 谢阳群. 信息化的兴起与内涵 [J]. 图书情报工作，1996 (2)：36 -40.

[8] 贾婷. 浅谈企业信息化建设的实施策略及深远意义 [J]. 科技信息，2009 (9)：347 -348.

[9] 韩雪. 企业信息化建设的理论分析及流程构造设计 [J]. 商业时代，2009 (24).

[10] 许红利，刘庆芳. 浅谈企业信息化建设的误区与发展思路 [J]. 煤矿现代化，2008 (1)：67 -68.

[11] 常桂英. 浅谈我国企业信息化建设的现状及对策 [J]. 北方经济，2008 (6)：38 -39.

[12] Cabbage. 企业信息化建设 [EB/OL]. https：//wiki. mbalib. com/wiki/企业信息化建设，2010 -12 -10.

[13] Kluver，Randy. Globalization，Informatization and Intercultural Communication [EB/OL]. https：//web. archive. org/web/20080725001511/http：//acjournal. org/holdings/vol3/Iss3/spec1/kluver. htm，2008 -07 -25.

[14] Federal Law on Information，Informatization，and the Protection of Information Enacted By the State Duma 25 January 1995 [EB/OL]. https：//fas. org/irp/world/russia/docs/law_ info. htm，2008 -08 -07.

[15] Violet. 信息化 [EB/OL]. http：//www. zwbk. org/MyLemmaShow. aspx？ lid =424703，2013 -12 -13.

[16] 赵高斌. 解析现代企业信息化管理 [J]. 现代国企研究，2015 (10)：17 -18.

[17] 孔令玉. 企业信息化建设中的管理创新 [J]. 中国经贸，2017 (21)：67.

[18] 方兴君，李华启，安丰春，等. 对推进投资项目后评价工作实践的思考 [J]. 中国工程咨询，2012 (2)：39 -41.

[19] 吴唯涤. 基于云计算的集团企业信息化基础设施平台建设方案设计和实现 [J]. 信息与电脑：理论版，2016 (1)：11 -13.

[20] 李蛟. 云计算时代企业信息化管理模式创新与构建 [J]. 商业时代，2012 (33)：97 -88.

[21] 赵岩. 国有企业信息化建设制约因素及对策探讨 [J]. 中国管理信息化，2014 (4)：69 -70.

[22] 廖吉林，刘建一. 论企业信息化建设进程中的业务流程重构问题 [J]. 科技管理研究，2009 (9)：400 -402.

[23] 齐晓云，毕新华，于宝君，等. 信息系统成功影响因素的阶段差异研究 [J]. 软科学，2011 (2)：36 -39.

[24] 孙嘉彬. 云计算在企业信息系统整合的应用研究 [J]. 数字通信世界，2018 (12)：220.

[25] 陈志斌. 企业信息系统整合战略 [J]. 新理财, 2007 (10): 63-66.
[26] 彭宇. 云计算在企业信息系统整合的应用 [J]. 电子技术与软件工程, 2018 (14): 183.
[27] 李阳. 现代企业信息系统的协同化研究 [J]. 信息通信, 2015 (11): 145-146.
[28] 黄佳佳, 赵文博. 企业信息系统建设的探索与思考 [J]. 科技资讯, 2015 (4): 142.
[29] 张长春. 论企业实现长效管理的有效手段 [J]. 中国管理信息化, 2011 (17): 145-146.
[30] 昝永宁. 企业管理信息系统的设计原则及实现途径 [J]. 数字通信世界, 2018 (5): 279.
[31] 车红丽. 信息管理与信息系统在企业中的应用 [J]. 商场现代化, 2017 (13): 117-118.
[32] 綦宝帅. 企业管理信息系统分析 [J]. 数字通信世界, 2018 (5): 224.
[33] 顾玲. 当前我国企业管理信息化问题研究 [J]. 现代营销: 学苑版, 2014 (10): 28-29.
[34] 李琳琳, 巩慧芳. 信息化时代企业管理的创新思考 [J]. 企业改革与管理, 2016 (1): 55-56.
[35] 李朕, 游佳. 大数据技术在我国的应用研究 [J]. 数字技术与应用, 2017 (8): 68-69.